SHENGTAI ROUNIU

GUIMOHUA
YANGZHI JISHU

生态肉牛规模化养殖技术

王建平　刘宁　主编

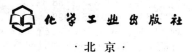
化学工业出版社

·北京·

本书由五位博士合作编写而成，系统地介绍了当前国内外生态肉牛规模化养殖的实用技术、研究成果和先进理念。内容包括生态肉牛规模化养殖概述、适宜生态肉牛规模化养殖的主要品种、生态肉牛养殖方式与设施、肉牛的生物学特点及其在生态养殖中的利用、生态肉牛的选种选育技术、生态肉牛的繁育技术、生态肉牛规模化养殖放牧草地的管理和利用技术、生态肉牛规模化养殖的饲料配方设计技术、生态肉牛规模化养殖的饲养管理与育肥技术、生态肉牛养殖中的疾病防治技术、生态肉牛规模化养殖场的经营管理。其中重点介绍了生态肉牛规模化养殖中的育肥方式及相关技术。本书是肉牛养殖场和畜牧业生产管理人员的必备用书，也是大中专院校畜牧和兽医专业方面学生的重点参考用书。

图书在版编目（CIP）数据

　　生态肉牛规模化养殖技术/王建平，刘宁主编. —北京：化学工业出版社，2014.7（2017.6重印）
　　ISBN 978-7-122-20555-1

　　Ⅰ.①生…　Ⅱ.①王…②刘…　Ⅲ.①肉牛-饲养管理
Ⅳ.①S823.9

　　中国版本图书馆CIP数据核字（2014）第087033号

责任编辑：漆艳萍　邵桂林　　　　　　装帧设计：史利平
责任校对：宋　夏

出版发行：化学工业出版社（北京市东城区青年湖南街13号　邮政编码100011）
印　　装：北京云浩印刷有限责任公司
850mm×1168mm　1/32　印张10¼　字数300千字
2017年6月北京第1版第5次印刷

购书咨询：010-64518888（传真：010-64519686）
售后服务：010-64518899
网　　址：http://www.cip.com.cn
凡购买本书，如有缺损质量问题，本社销售中心负责调换。

定　　价：35.00元

编写人员名单

主　　编　王建平　刘　宁

副 主 编　李元晓　杨又兵　张　才

记得有一次同美国著名农业专家 Richard O. Kellemes 谈到欧美饮食习惯时，他说西方人喜欢吃牛肉喝牛奶，是因为他们有一个信仰，即上帝赐予了人类两件宝物：一件是牛的瘤胃，能够把 99% 人类不能利用的植物转化为牛肉和牛奶供人类利用；另一件是大豆的根瘤菌，能够将空气中的氮转化为蛋白质供人类利用，所以他们也喜欢吃大豆。相信"瘤胃"和"根瘤菌"也应该是我们解决食物紧缺的重要途径。

牛是草食动物，具有庞大的瘤胃，在生态系统中的原始地位是将植物纤维转化为动物蛋白和能量，供给食物链次级生物利用，维持生态平衡。我们应该学习发达国家的经验，大力发展肉牛生态规模化养殖，让牛回到其本身原有的生态地位，将牧草、农作物秸秆、工农业加工副产品转化为动物产品，提高农民的收入；降低我国城镇化过程粮食紧缺的压力；减轻畜牧业依赖于粮食的负担；提高畜产品的质量安全；增加牛肉市场的供给水平，满足特殊人群需求，稳定社会治安；减少秸秆焚烧和废弃对空气的污染，保护生态环境；实现秸秆过腹还田，增加土壤有机质含量，形成"牛多—肥多—粮多—秸秆多—牛多"的良性循环。

为促进传统肉牛养殖方式向肉牛生态规模化养殖的转变，普及肉牛生态规模化养殖知识，推广实用技术，我们结合自己的研究结果，查阅大量资料，编写本书，系统介绍国内外生态肉牛规模化养殖状况，适宜的肉牛品种，生态肉牛规模化养殖方式，生物学特点及利用，繁育技术，饲养管理技术，育肥技术，草地利用技术，饲料加工技术，营养需要与日粮配合技术，疫病防控技术以及经营管理知识，以供肉牛养殖场和畜牧业生产管理人员参考，也可供畜牧兽医专业大中专学生参考。

本书编写过程力求实用、科学、先进和系统。编者王建平博士，主要从事养牛生产研究，曾到澳大利亚考察学习，负责本书内容的整体设计和第三、第四、第七、第九章内容的编写；刘宁博士，主要从事动物营养代谢的基础研究，曾到美国和澳大利亚考察学习，负责本书的审核、校订工作，参与第五、第七、第八章内容的编写；李元晓博士，主要从事反刍动物营养与饲料研究，曾到日本访问学习，负责第一、第八、第十一章内容的编写；杨又兵博士，主要从事肉牛繁育技术研究，在韩国全北大学获得博士学位，负责第二、第五、第六章内容的编写；张才博士，主要从事牛病防治研究，具有中华人民共和国执业兽医师资格，负责第十章内容的编写。

由于编者知识水平所限，书中难免有不妥之处，敬请读者批评指正。

编者

2014 年 1 月

目录

第一章 生态肉牛规模化养殖概述

第一节 生态肉牛规模化养殖的意义

2014年中共中央一号文件明确指出："促进生态友好型农业发展，开展农业资源休养生息试点，加大生态保护建设力度"的农业发展方针，这是一项具有战略意义的决策，对于我国农业和农村经济的发展，对于农村生态环境的改善，对于整个经济建设的顺利进行，都将起到巨大的作用。生态肉牛业是生态农业的重要组成部分，2013年8月份，国家发改委还发布了《全国牛羊肉生产发展规划》（2013—2020年），现阶段对我国的生态肉牛规模化养殖有重要意义。

一、发展生态肉牛规模化养殖能够保障食品安全

发展肉牛规模化养殖是增加优质肉类食品的有效途径之一。同时，发展生态养殖可以从源头上解决畜产品的质量安全。肉类是优质动物蛋白食品，食肉量的多少，是衡量人们生活水平高低的重要标志。我国正处于经济快速发展、人们生活水平日益提高的重要时期，对肉类需求量越来越大，加上我国地少人多，粮食资源有限。所以，如何增加肉类产量，已经成为社会关注的问题。

二、发展生态肉牛规模化养殖能保护生态环境

发展肉牛饲养业能够促进实现生态农业良性循环。牛食入大量的作物秸秆等饲料，排出大量的富含氮、磷、钾等植物养分的粪便。秸

秆过腹还田有利于改良土壤，培肥地力和增产粮食。1头肉牛每天排泄粪便30千克左右，年产粪肥11吨，折合氮、磷、钾总量达97.37千克。若按含氮量折算，相当于400千克碳酸氢铵。大力发展养牛，大量牛粪还田，可以提高土壤有机质，促进粮食高产稳产，形成"牛多—肥多—粮多—草（秸秆）多—牛多"的良性循环。

同时，发展生态肉牛规模化养殖可以大量利用农作物秸秆。有报道，目前我国秸秆利用率不到20%，大量的农作物秸秆被放弃或者焚烧，严重污染生态环境。如何利用这些农作物秸秆，尽管有很多报道和方法，绝大多数方法都存在或能源消耗大、或投资多、或工艺复杂等问题，只有秸秆过腹还田是最理想的利用方法，而且只有就地还田是能量消耗最少的方法。

三、发展生态肉牛规模化养殖能显著增加农民收入

生态养殖，产品质量绿色、安全、无公害，产品售价远高于一般养殖业。我国有大量的草山草坡和农作物秸秆，用于发展生态肉牛养殖，可以显著增加农民收入。我国一般条件的草山、草坡、草地上放牧育肥牛群，盛草期可不补饲精料，日增重0.6千克以上，若每天补饲1.5千克精料，日增重就能达到1千克以上。枯草期放牧的同时补饲精料和干草、秸秆，日增重也能保持在0.45千克左右；在平原农区，利用氨化及青贮秸秆，最后3～4个月增喂玉米、饼粕、糠麸，日增重能够达到1千克以上。

四、发展生态肉牛规模化养殖能够实现节能减排，提高资源利用率

从消化特点看，牛对粗料的消化率显著高于猪、马、禽等单胃动物。牛是反刍家畜，具有复胃结构，由瘤胃、网胃、瓣胃和皱胃四部分组成。瘤胃容积很大，成年牛的瘤胃约占4个胃总容量的80%，其中生存着大量的纤毛原虫和细菌，能起发酵作用，分解粗饲料中的纤维素和半纤维素，产生各种化合物而被牛体消化吸收，饲料中约有70%～80%的能够消化的营养物质及50%以上的粗纤维在瘤胃中消化。直接利用的农作物秸秆、藤蔓和各种草及其他农副产品，转变为

人类所需的营养物质。牛的瘤胃微生物可利用非蛋白含氮物质在瘤胃中分解释放氨合成菌体蛋白，并在真胃和小肠中消化吸收，最后为牛体所利用。因此，发展生态肉牛规模化养殖，能够有效利用农业及食品加工业的副产品，避免这些副产品再加工和废物处理过程的能量消耗，实现节能减排，提高资源利用率。

第二节　世界生态肉牛规模化养殖的发展经历与特点

一、世界主要发达国家肉牛饲养业的发展经历

肉牛饲养业是近代发展起来的一项畜牧产业，世界各国因历史、自然和经济状况的不同，各自经历了不同的发展过程。

美国肉牛饲养业发展较早，从 500 多年前哥伦布发现新大陆时起，养牛就以食肉为主。随着其经济技术的高度发展，肉牛饲养业也得到了发展，目前是世界肉牛生产头号大国，1984 年牛肉产量达1092.7 万吨，约占世界总产量的 23.88％。

澳大利亚 1788 年仅有 7 头牛，1800 年也只不过 1044 头牛。到1921 年，仅 120 多年的时间，牛的饲养头数就发展到 1350 万头，增长了近 1.3 万倍，以惊人的速度一跃成为世界牛肉主要输出国。到1976 年，牛饲养头数发展到 3343.4 万头，比 1921 年又增长近 1.5倍。之后养牛业呈现下降的趋势，1984 年降到低谷，牛饲养头数为2216 万头，比 1976 年下降 33.7％。1985 年之后，养牛业又开始缓慢回升，到 1987 年，牛饲养头数恢复到 2330 万头，但仍比最高年份少 1000 万头。

德国历史上养牛业以奶用为主，直到 20 世纪 60 年代才开始重视肉牛生产。原西德 1960 年牛肉产量为 105 万吨，到 1980 年发展到157 万吨，增长 49.5％并成为牛肉输出国。

日本肉牛饲养业的发展经历了役畜阶段、役肉兼用阶段和肉用阶段。役畜阶段（1955 年以前）养牛主要是为了使役和积肥，一般户养 1～2 头。1956 年全日本养牛户数为 222 万户，养牛 272 万头，户均 1.2 头。役肉兼用阶段（1956—1966 年）随着日本经济的发展，加快了农业机械化进程，使役牛的饲养头数减少，1963 年养牛户下

降到 167 万户，养牛 220 万头，分别比 1956 年下降 22.8% 和 19.0%，之后养牛户继续下降，到 1966 年养牛户仅有 102 万户，养牛 147 万头，户均 1.4 头。在推行农业机械化的同时，化学肥料也迅速推广普及，从而彻底改变了养牛主要为使役和肥田的基本生产目的。肉牛阶段（1967 年以后）是随着日本经济的发展和牛肉输入量增加，刺激了日本肉牛饲养业的发展。一方面利用奶牛生产牛肉日益兴旺，另一方面加快了日本和牛向肉用方向的改良。1967 年，日本奶牛饲养量 22.9 万头，其中去势育肥 3.6 万头，占 15.7%；1970 年奶牛饲养量 73.6 万头，其中去势育肥 31.4 万头，占 42.7%；到 1983 年奶牛饲养量达到 93.3 万头，其中去势育肥 45.8 万头，占 49.1%。在利用奶牛育肥生产牛肉的同时，加强了日本和牛的改良和培育，使原来的役用牛变成了肉用牛，1975 年以后成为日本肉牛生产中的主要品种，饲养量不断扩大，到 1985 年，日本牛的饲养总量恢复到 258 万头。

20 世纪 60 年代以来，由于国际市场对牛肉需求量的日益增加，以及肉牛饲养成本低、获利大等原因，肉牛业发展很快，饲养头数急剧增加，牛肉产量连续上升。1994 年，世界牛肉产量 5309 万吨，占肉类总产量的 27.3%，仅低于猪肉产量。世界人均牛肉产量已达 9.43 千克，加拿大、美国、丹麦、荷兰已超过 30 千克，而新西兰、澳大利亚已超过 138 千克。国外牛肉的消费量在肉类中亦占有较大比重，如乌拉圭牛肉消耗量占肉食的 76%，美国占 67.5%，阿根廷占 67%，加拿大占 47%。

二、世界发达国家肉牛饲养业的特点

世界发达国家由于经济的高度发展和技术的不断进步，从而带动了肉牛饲养业向优质、高产、高效方向发展，其特点如下。

1. 发展生态养殖模式

国外肉牛生产注重生态平衡，为了生产优质粗饲料，英国用 59% 的耕地栽培苜蓿、黑麦草和三叶草，美国用 20% 的耕地、法国用 9.5% 的耕地种植人工牧草。耕地十分紧缺的日本，1983 年用于栽培饲料作物的面积仍然达到了 18.6%。国外对秸秆的加工利用也做了大量研究，利用氨化、碱化秸秆饲养的肉牛在英国、挪威等国家也有一定规模。国外在肉牛饲养中，精料主要用在育肥期和繁殖母牛的分娩前后，架子牛主要靠放牧或喂以粗饲料进行生态养殖，粗饲料大部分是优质人工牧草。

2. 利用奶牛群发展牛肉生产

欧共体国家生产的牛肉有 45% 来自奶牛。美国是肉牛业最发达的国家，仍有 30% 的牛肉来自奶牛。日本肉牛饲养量比奶牛多，但所产牛肉的 55% 来自奶牛群。利用奶牛群生产牛肉，一方面是利用奶牛群生产的奶公犊进行育肥。过去奶公犊多用来生产小牛肉。随着市场需求的变化和经济效益的比较，目前小牛肉生产有所下降，大部分奶公犊被用来育肥生产牛肉。另一方面是发展乳肉兼用品种来生产牛肉，欧洲国家多采用此种方法进行牛肉生产。

利用奶牛群及乳肉兼用牛群生产牛肉，经济效益较高。在能量和蛋白质的转化效率上，奶牛是最高的，乳肉兼用品种也是比较高的。例如，肉牛的热能和蛋白质转化效率分别为 3% 和 9%，而乳肉兼用牛分别为 14% 和 20%，奶牛分别为 17% 和 37%、在发达国家奶牛的数量较大，其中可繁殖母牛的比例高达 70%，欧洲最高达 90%。

三、广泛利用杂交优势

利用杂交优势，可提高肉牛的产肉性能，扩大肉牛来源。近年在国外肉牛业中，广泛采用轮回杂交、"终端"公牛杂交、轮回杂交与"终端"公牛杂交相结合三种杂交方法。两品种轮回杂交，可使犊牛的初生重平均提高 15%；三品种轮回杂交，可提高 19%；两品种轮回杂交与"终端"公牛杂交相结合，可使犊牛出生重提高 21%；三品种轮回与"终端"公牛杂交相结合可使犊牛出生重提高 24%。

四、肉牛品种趋向大型化

20 世纪 60 年代以来，消费者对牛肉质量的需求发生了变化，除少数国家（如日本）外，多数国家的人们喜食瘦肉多、脂肪少的牛肉。他们不仅从牛肉的价格上加以调整，而且多数国家正从原来饲养体型小、早熟、易肥的英国肉牛品种转向饲养欧洲的大型肉牛品种，如法国的夏洛来、利木赞和意大利的契安尼娜、皮埃蒙特等。因为这些牛种体型大、增重快、瘦肉多、脂肪少、优质肉比例大、饲料报酬高，故深受国际市场欢迎。

五、肉牛生产规模化水平提高

国外肉牛的饲养规模不断扩大，大的饲养场可以养到 30 万～50 万头。美国科罗拉多州芒弗尔特肉牛公司育肥肉牛 40 万～50 万头，产值 3 亿美元。肉牛生产从饲料的加工配合、清粪、饮水到疫病的诊断全面实现了机械化、自动化和科学化。把动物育种、动物营养、动物生产、机械、电子学科的最新成果有机地结合起来，创造出了肉牛生产惊人的经济效益。

第三节 我国养殖肉牛的现状与生态规模化养殖

一、我国肉牛养殖发展现状

1. 发展势头迅猛

我国 2011 年牛存栏和出栏量分别是 10360.5 万头和 4670.7 万头，牛肉产量是 647.5 万吨，占肉类总产量的 8.1%；肉牛出栏率达 45.1%，比 2006 年提高 4.8%。1996 年全国牛存栏头数达 1.4 亿头，比 1979 年增长 96.2%，年平均增长 4.04%，牛存栏头数占世界牛存栏总量 14.7 亿头的 9.5%，仅次于印度和巴西，居世界第三位。牛肉产量达 306.8 万吨，与 1990 年的 125.6 万吨相比，翻了近两番，年递增率 16%，这在中国乃至世界肉牛发展史无前例，中国已成为世界第三个牛肉生产大国，仅次下美国和巴西。从 1979 年到 1992 年，出栏率提高了 2 倍，达到 14.03%，超过发展中国家的平均水平 12.33%；平均胴体重从 77.5 千克提高到 129 千克。近年来肉牛生产发展势头迅猛。

2. 品种改良和选育步伐加快

我国从 20 世纪 70 年代末开始，先后从德国、奥地利、法国、加拿大等国引进乳肉兼用型西门塔尔、肉用型夏洛来、利木赞、海福特、抗旱王和辛地红牛等 16 个品种的良种公牛近 1000 头，改良我国黄牛，使黄牛从单一的役用向乳、肉、役兼用的方向发展。经过各地大量试验研究，确定了以西门塔尔、夏洛来和利木赞为当家品种，根据不同地区、不同品种和不同的经济发展水平，采用不同的杂交方法和杂交组合。在河南、河北、辽宁、安徽、山东等省，用夏洛来、利木赞和西门塔尔等几个肉用品种或乳肉兼用品种对当地黄牛及其杂种后代进行二元或三元杂交，生产肉杂牛。在河南省南阳、驻马店、周口和安徽阜阳及山东菏泽一带广大的黄淮海平原上，肉牛改良集中连片，形成数十万头的肉杂牛群体，与当地的粮棉种植业结合起来，经济效益显著，正在形成中原肉牛带的雏形。

乳肉兼用的西杂牛在松辽平原、科尔沁草原、太行山麓、皖北、豫东和苏北农区形成了近百万头的群体。我国地方良种黄牛导入国外优良品种的血液后，体型结构得以改变，产肉性能得以提高，出栏周期得以缩短。在安徽、河北、湖北、甘肃等省还利用国内地方的品种改良当地小型黄牛，也普遍加大了体型，提高了挽力，提高了产肉性能，黄牛低产的缺点也得到了改善。

3. 肉牛育肥向规模化提高

20 世纪 70 年代以来，我国的肉牛育肥业，首先是从供港活牛育肥开始的。香港市场优质牛肉价高，普通牛肉的售价与优质牛肉售价几乎相差一半，达不到优质标准，盈利就少，甚至亏本。因此，我国各地外贸部门或自建肉牛育肥场，或组织农户进行育肥。各地农村出现了 5～10 头的育肥户、50～200 头的育肥场和上千头的育肥专业村，同时还出现了许多年出栏过万头的肉牛育肥场。2011 年，全国肉牛年出栏 50 头以上规模养殖场的出栏量为 1149 万头，比 2006 年增加 557 万头，增长 94%。

4. 市场条件不断得到改善

随着城乡人们的生活水平不断提高，瘦肉率高的牛肉消费量增长迅速，所以内地市场的牛肉价格一直居高不下。东南部沿海城市和经济发达地区牛肉更是供不应求，价格比内地高出 1～2 倍。河南、山东、安徽等省，近几年来已经捷足先登，把活牛及牛肉产品率先打入东南沿海市场，建立了比较稳定的销售渠道。港澳市场，每天屠宰销售活牛 500 多头，年需活牛 25 万余头。20 世纪 70 年代以来，港澳与内地建立了比较稳定的活牛贸易关系，大部分活牛由内地供应，经济效益较内地高出 1 倍以上。中东一些伊斯兰国家，对中国的牛羊肉和活牛活羊很感兴趣，年成交额不断增加，而且这些地区收入水平高，农副产品紧缺，对牛羊肉的档次、检疫标准要求相对较为宽松。东欧及独联体国家对牛肉的需求量更大，对牛肉的档次和检疫要求也较宽松。但是，这些国家目前经济比较困难，偿还能力有限，大多数是易货贸易。近年来，俄罗斯对我国牛肉进口量也较大。日本对中国的牛肉和活牛很有兴趣，20世纪80年代以来，曾多次派团到中国考察，搞育肥屠宰试验。

5. 牛肉产品逐渐出现多样性

我国高档牛肉已经开始批量生产，供应国内上星级的宾馆和饭店，在做西餐时部分替代进口的高档牛肉。牛肉分级分割，优质牛肉供应高档饭店用于烤、涮，普通牛肉大众化消费，满足消费者多元化的要求，提高了养牛业整体的经济效益。

二、我国肉牛业存在的问题

与肉牛业发达的国家相比，我国肉牛出栏率低，头均胴体重和存栏牛产肉量偏低；节粮型的草食家畜在整个畜牧业结构中的比重较小，以及肉牛配合饲料、绿色添加剂的比重低和科技含量少；人均牛肉占有量较少是我国肉牛生产存在的关键问题。在母畜存栏方面，母畜养殖周期长、比较效益低，养殖积极性不高，母畜存栏持续下降，已成为制约产业发展的主要瓶颈。"十一五"期间，全国能繁母牛存栏比"十五"期间下降了10.2%。在生产模式方面，肉牛以分散养殖为主体，2011年肉牛年出栏10头以下的散养比重分别达57.1%，规模养殖场大部分设施条件简陋，标准化生产水平低。在疫病和自然灾害方面，局部地区牛羊布病等人、畜共患病疫情回升，口蹄疫等重大动物疫病防控形势依然严峻；牧区雪灾、旱灾频繁，牲畜暖棚、饲草料储备库等配套率低，抗灾能力较弱。

三、生态肉牛规模化养殖现状

1. 生态肉牛模式

发达国家对生态农业的研究已有几十年的历程，1970年美国土壤学家W. A lbreche首次提出生态农业的概念，而后国外对生态农业模式和技术的研究也随之开展起来。我国对生态农业的研究也有30年的历史。但是，到目前为止，仍缺乏规范化的生态农业模式。

生态畜牧业是生态农业的重要组成，一般认为建设生态畜牧业有两个内涵，一是要恢复生态，保护生态；二是牲畜养殖头数要达到一定规模，质量符合天然绿色，同时满足市场供需。在恢复生态和发展畜牧业的问题上比较突出的矛盾是畜草矛盾、放牧与禁牧的矛盾，虽然看似简单，但实际上需要多方协调，解决这个过程中存在的一系列问题，比如草牧场的管理问题、农牧民的收入问题、林业公安与禁牧工作队职责问题等。因此，建设生态畜牧业就成为一个比较庞大的系统工程，需要各级政府、各有关部门、全体养殖者的参与，需要制定科学的、符合实际的政策措施，需要所有参与这个工程的单位与个人严格执行规定的政策与措施。由于我国目前还没有标准化的生态畜牧业模式，加上市场对生态畜牧业产品的需求，各地都对自己生产称为生态养殖，肉牛养殖也是如此。

2. 生态肉牛养殖资源

在资源环境约束方面，牧区草原退化严重，推行禁牧、休牧、轮牧和草畜平衡制度、转变草原畜牧业发展模式、保护草原生态环境的任务艰巨；农区土地资源紧缺，养殖场和饲草基地建设"用地难"问题突出。在良种繁育方面，我国自主培育的肉牛专用品种少，生产核心种群依赖进口，地方品种选育改良进展滞后、性能退化严重，因此生态养殖受到生态资源的严重制约。但是随着十八大对农业政策的调整，土地流转、家庭农场都将有利于生态养殖业的发展，生态肉牛资源将得到充分的保护、开发和利用。

3. 生态肉牛产品供求矛盾

市场对牛肉的需求不断增加。2010年，我国人均牛肉消费量为4.87千克，比2005年增长12%，年均增长2.3%。目前，人均牛肉消费量为世界平均水平的51%，特别是与欧美发达国家的消费水平差距较大。从今后一段时期看，随着人口增长、居民收入水平提高和城镇化步伐加快，牛肉消费总体上仍将继续增长。国家权威机构预测，综合考虑我国居民膳食结构、肉类消费变化、牛肉价格等因素，预计2015年全国人均牛肉消费量为5.19千克，比2010年增加0.32千克，年均增长1.28%。按照2015年全国13.9亿人口测算，牛肉消费需求总量由2010年的653万吨增为721万吨，增加68万吨；2020年全国人均牛肉消费量为5.49千克，比2015年增加0.3千克，年均增长 1.13%。按照 2020 年全国 14.5 亿人口测算，牛肉消费需求总量由 2015 年的 721 万吨增为 796 万吨，增加 75 万吨。由于人们消费观念的改变和生态产品认识的增加，牛肉消费量的增加将主要集中在生态产品方面。

从牛肉市场供给方面的总体来看，我国牛肉消费供求基本平衡，但在牧区和穆斯林群众聚居区，牛肉供求较为紧张。新疆是国内主要的穆斯林群众聚居区之一，肉类消费以牛、羊肉为主且不可替代，由于近年来人口快速增长，加上因旅游开发、援疆计划等增加的外来人口，牛肉供求矛盾加剧，价格涨幅较大，需要从周边地区大量调入。随着对口援疆工作的深入推进，新疆外来人口将继续增加，需求还将刚性增长，保障供给面临较大压力。

总的来看，随着消费者生活水平的提高，牛羊肉消费量稳步增长，近年来猪肉瘦肉精等食品安全问题频发，消费者食品安全意识增强，减少了猪肉消费，也相应增加了牛肉消费量；同时，受养殖成本上升、母畜养殖效益偏低等多重因素的影响，全国肉牛存栏量减少，产量增长减缓，个别年份略有下降，供求关系趋紧，局部地区出现牛肉供不应求。预计今后一段时期，随着消费需求增长拉动和生产成本进一步上升，牛肉价格仍将保持上涨态势。特别是随着人们对生态肉牛产品认识的增加，供求矛盾更加突出。

第四节　生态肉牛养殖的类型

一、生态肉牛养殖模式

生态养殖是指根据不同养殖生物间的共生互补原理，利用自然界物质循环系统，在一定的养殖空间和区域内，通过相应的技术和管理措施，使不同生物在同一环境中共同生长，实现保持生态平衡、提高养殖效益的一种养殖模式。肉牛业的生态养殖，就是以农林牧相结合，获得经济、生态和社会的综合效益。由于生态农业本身在理论和实践上的复杂性或不完善性，至今生态农业模式尚缺乏系统的并为人们所广泛接受的定义，不同学者多结合自己的研究领域和研究成果从不同角度对生态农业模式的内涵进行定义，因此对生态农业的概念也有不同见解。国外生态农业模式研究比较典型的有美国低投入和可持续农业模式，德国的农场内部物质循环和有机农作模式，日本的自然农业和立体农业模式以及印度生态农民协会组织下的生态农业模式等。

二、世界典型生态肉牛养殖类型

由于各国的地理、自然条件、饲养习惯、饲养效益以及消费者对牛肉不同的要求，牛肉生产者为适应不同市场需求，根据各国饲料条件采用不同的生产模式进行肉牛育肥。育肥牛生产模式不同，生产的牛肉成本、质量、档次也有较大的差距。目前，一些国家主要的肉牛生产模式有：美国生态肉牛养殖模式、英国生态肉牛养殖模式、澳大利亚生态肉牛养殖模式、日本生态肉牛养殖模式。

1. 美国生态肉牛养殖模式

美国的肉牛生产，根据肉牛生长阶段的区别以及牧场经营范围的不同，可以分为种牛场、商品犊牛繁殖场、育成牛场、强度育肥牛场。肉牛育肥绝大多数采用异地育肥。把西部地区繁殖的犊牛，断奶后转入农业发达的中部玉米产区，短期育肥后出售或屠宰。

种牛场主要是为当地繁育场培育适合该地区使用的种公牛，向带犊母牛繁育场提供优质种公牛，服务半径一般在 200 千米左右。美国肉牛本交比例在 95% 以上，人工授精只在种牛场和一些试验场以及饲养量 10 头左右母牛的养殖户应用。美国肉牛品种大约有 100 多个，但是较常用的有 10 个。在美国，无论是英国品种的肉牛还是欧洲大陆品种的肉牛都已进行了严格改良，其生产性能也有了一定的变化，能够更加适应美国的自然环境和饲养模式。

带犊母牛繁育场是繁育犊牛的牧场，在美国，非常注重资源利用和生态平衡，繁育牛的饲养量主要根据资源和粪污消纳能力而定，饲养 300～500 头基础母牛的牧场基本可以维持一家人的生活，美国养殖规模为 100 头以下的小型牧场约占 90%，其中 50 头以下的牧场占到 75% 以上，这些小型牧场饲养了全美国 50% 的母牛，其余 10% 的大型牧场饲养了全美国 50% 的母牛。所以，低成本小牧场和适度规模的集约化牧场就成为了美国肉牛养殖业的主力军。母牛繁育场广泛开展经济杂交，出栏的犊牛几乎全部为杂交犊牛。但是，约 95% 的牧场是采用本交形式配种，只有 5% 的育种场开展人工授精。1 头公牛可配 20~25 头母牛，每年进行两季配种，春季和秋季各 1 次，每次 60 天，三个情期，繁殖率一般能达到 85%，越是本交配种，越充分体现了天然和生态生产的理念。母牛初配年龄为 13~14 月龄，成年牛体重 540 千克左右，其营养需求主要来自草地，只有在寒冷地区的冬季才会给予适当补饲，草场较好的地区不予补饲，充分利用天然生态资源。犊牛随母牛在草场放牧，通常为 7 个月左右断奶，体重 270 千克左右时出售。养殖场 80% 的断奶犊牛出售给架子牛饲养场，20% 留作后备母牛饲养。

架子牛饲养场一般会在冬季或夏季收购断奶犊牛，然后将其放到草场上放牧饲养 4~5 个月，直至其年龄达到 1 周岁，体重达到 350 千克。该阶段主要是过渡性饲养，饲养较为粗放，主要采食粗饲料，补饲一些黑麦草和作物秸秆，有时也可补饲一些小麦。

育肥场对架子牛或 1 周岁的公牛进行集中饲养，并根据体重和预计出栏时达到的品质，给予不同的饲料。美国大约有 16000 个大型的育肥场，均采用机械化饲喂，场地采用开放式，没有棚圈，用围栏围成小圈，散养。饲料采用全价饲料配方，以玉米为主，同时搭配一些豆粕和棉籽。以精饲料为主，可以迅速增重，并改善肉质，育肥期一般为 100 天左右，出栏体重 500 千克左右。美国育肥牛不追求过大的体重，其主要原因是饲养成本增加，饲料转化率低，影响经济效益和生态效益。所以，美国肉牛品种选育已不再向大型化发展，选育目标以体长和体宽为主要选择性状，并要求降低体高，增加净产肉量和优质肉块产量。

2. 英国生态肉牛养殖模式

英国牛肉生产量中由奶牛群提供的牛肉占牛肉总产量的 60% 以上，架子牛育肥不超过 5%，其他肉牛均为专用肉牛群提供，约占 35%。英国是一种直线育肥模式。英国肉牛生产是根据犊牛生产类型、品种、产犊时间以及可利用饲料资源条件等而建立的一套生态养殖模式。繁殖牛群的饲养多利用粗放放牧场与部分永久性草地生态模式，育肥则多利用优质永久性草地和谷物集中产区的饲料资源生态模式。

英国舍饲生态肉牛养殖模式是将公犊饲养 10 周龄左右，约消耗精料 150 千克、干草 23 千克、代乳品 12 千克，平均日增重 700 克左右，转入精料育肥期饲养，此期在室内育肥至 10～12 月龄、体重达 400～450 千克时出售屠宰，期间平均日增重 1～1.2 千克，平均饲料报酬为（4～4.8）：1，平均每头育肥牛消耗精料 1600 千克左右或配合饲料 750 千克左右和青贮饲料 4.5 吨左右。

草地放牧生态肉牛养殖模式在英国约占 32%。通常犊牛 7 月龄断奶，断奶后再根据其性别、品种、出生时间和饲料资源等不同，一般经 20～30 月龄完成育肥，育肥牛在草地上渡过一个或两个夏季，体重达 350～550 千克时屠宰。每头牛需草地 2～3 公顷（1 公顷＝10000 米²），冬季补饲青贮料 2.5～5 吨及一定数量的精料，牛平均日增重 0.5～1 千克。

3. 澳大利亚生态肉牛养殖模式

由于澳大利亚的气候和草场条件，其肉牛生产主要以两种模式进行。第一种生产模式是全天然生态养殖，主要在澳洲的北方各州，依靠未经改良的天然草场实行自由放牧。在这样的条件下，草场载畜量较低，为求得相应的经济效益，农户的经营规模一般都很大，平均农户的草原面积都在 4000～37000 公顷，牛群规模也在 800～10000 头。在这种模式下喂养的肉牛，一般要到 4～5 岁时方可出售、屠宰，也有些在出售之前专门催肥。第二种生产模式是人工控制生态养殖，主要集中在澳大利亚南部的高雨量地区和小麦产区。这一地区的气候温和多雨、草场条件较好，肉牛生长较快，一般饲养不到 3 年左右出售。这种模式的肉牛生长周期短，管理较精细，农场的规模相对也较小，一般每户养牛都在 40 头左右。前期在原始的草场放牧，在肉牛上市之前，把牛转移到改良过的草场或进入集约化牛场中进行短期催肥。

4. 日本生态肉牛养殖模式

日本肉牛的两大支柱是以和牛品种为代表的肉用牛及以荷斯坦牛为代表的乳用牛，后者年生产量占全日本自产牛肉产量的 70% 左右，和牛品种的产量只占国产肉量的 30% 左右。用乳用牛生产牛肉的途径有乳用品种的去势公牛育肥、乳用公母牛淘汰后育肥、乳用犊牛育肥。用和牛生产牛肉时，主要为成年去势公母牛育肥，育肥期 10～12 个月，因育肥时间长，日增重较低；饲养精细，管理科学，一般舍内饲养；饲喂啤酒，给育肥牛按摩、听音乐方式培育特优、特高价和牛，出栏时体重均达到 650～700 千克。日本肉牛生产中极少有大规模的肉牛育肥场，每个肉牛场的头数平均为 24 头，以农户饲养为主，农户自繁自养和异地育肥相结合。

三、我国肉牛生产模式

我国的肉牛生产模式包括杂交改良、繁殖配种、饲草料生产加工、科学饲养管理、肉牛育肥制度和育肥技术、疾病防治和产品加工销售。我国没有专门的肉牛品种，主要是地方良种黄牛和杂交改良一般地方黄牛。我国肉牛生产模式多种多样，但基本的生产模式均为千家万户饲养繁殖带犊母牛，繁殖犊牛，培育犊牛和架子牛，母牛或杂交后代母牛不作为商品肉用，而留作种牛，继续繁殖后代，杂交后代售出或就地吊架子饲养，然后卖给肉牛育肥场进行育肥后出售。我国肉牛饲养方式大部分为散放饲养，小部分为舍饲饲养，繁殖母牛群绝大部分为散放饲养，育肥牛群中大部分为舍饲饲养。由于近年来架子牛资源紧张，价格上涨明显，繁殖母牛群的饲养方式有向半舍饲发展的趋势。

我国肉牛以自然交配为主，结合冷冻精液人工授精进行肉牛繁殖。在杂交改良中，一般用国外肉用牛品种、兼用牛品种和我国地方良种黄牛作父本，地方良种黄牛和地方黄牛作母本进行改良。以期利用我国地方良种的一系列优点，如饲养成本较低、极少难产、繁殖年限长且温顺、肉质鲜嫩、风味绵长丰厚等优点。

生产组织一般在广大农区或农牧交错带，有较好肉牛养殖基础和大的养殖区域，广大农牧民养牛积极性高，以一个或多个带动能力强的肉牛育肥企业或集贸市场为龙头，建立稳固的肉牛养殖基地，进行生态养殖生产。在大农区与牧区之间采用肉牛异地育肥，在牧区和山区有较充裕的饲料资源且肉牛养殖基础好，广大农牧民养牛积极性高，发展架子牛生产；在有先进的饲养管理技术、交通便利、宜于销售的地区，建立大规模的育肥场，从架子牛基地购置架子牛进行集中育肥销售，这种模式在我国较为普遍。

第二章 适宜生态肉牛规模化养殖的主要品种

第一节　我国引入的主要肉牛品种

一、夏洛来牛

1. 原产地及分布

夏洛来牛原产于法国中部、西部和东南部的夏洛来和涅夫勒地区，属于法国的大型肉牛品种。夏洛来牛是法国古老的牛种之一，同时也是现代大型肉用育成品种之一。在 18 世纪末，该品种主要为役用。18 世纪开始系统选育，主要是通过本品种严格地选育而成。1964 年成立有五大洲 22 个国家参加的国际夏洛来牛协会，促进了该品种牛品质的进一步提高。

2. 体型外貌

夏洛来牛体躯高大而强壮，属于大型的肉用型牛。其最显著的特点是被毛为白色或乳白色，牛角和蹄呈蜡黄色。鼻镜、眼睑等为肉色。皮肤常有色斑。夏洛来牛头小而宽，额部和吻宽广，颚发育良好，角中等粗细，向两侧或前方伸展，角为白色。胸深肋圆，背肌多肉，腰宽而厚，臀部大而丰满，肌肉发育良好，整体结构良好，并向后和侧面突出。大腿深而圆。四肢粗壮结实，正直。公牛常有双鬐甲或凹背的弱点（图 2-1）。

图 2-1　夏洛来牛

3. 生产性能

夏洛来牛生长速度快，瘦肉多，增重快，早熟性、产奶性能良好，但肌肉纤维比较粗糙，肉质嫩度不够好。夏洛来牛具有很快的生长速度，尤其在早期生长中表现特别显著。除此之外，夏洛来牛还具有增重快与瘦肉多两大特点，可以用较低的饲养成本，在较短的时期内生产出较多的肉量。夏洛来牛骨量较大，且肉内脂肪含量高。屠宰率也高达 67.8%，但是，在肌肉的比例和屠宰率两个指标上，夏洛来牛比法国的其他一些肉用品种牛略低。

由于夏洛来牛 15 月龄以前的日增重超过其他品种牛，故常用来作为经济杂交的父本。据统计，在良好的饲养环境条件下，3 月龄公犊重量平均可达 151.7 千克，母犊可达 135.3 千克；6 月龄公犊重量平均可达 256 千克，母犊可达 219 千克。有关资料显示，在法国用夏洛来牛生产牛肉有几种传统方式。一是母牛带犊放牧。这种方式下产犊期都在冬季和初春，犊牛随母牛吃青，到秋天断奶，一般为 8~9 月龄，即达到 240 千克左右的活重，为屠宰犊牛提供生产犊牛肉的牛源。二是持续育肥，将断奶后公犊去势，以半粗放的方式育肥到 500 千克左右宰杀。三是在饲粮耕作区集中喂养，将不去势的小公牛喂到 18 月龄，阉牛喂到 24 月龄，甚至喂到 34 月龄。在放牧地区以半舍饲方式将不再留种的公、母牛育肥到 26~34 月龄。

据法国国家农业研究院 1967 到 1970 年间测定，夏洛来牛平均日增重公犊 1～1.2 千克、母犊 1.0 千克。在育肥期的日增重为 1.88 千克。屠宰率为 65%～70%。日耗饲料 9.26 千克，400 日龄体重 553 千克。阉牛在 14～15 月龄时体重达 495～540 千克，最高达 675 千克。

夏洛来牛母牛出生后 396 天开始发情，在长到 17～20 月龄时可配种，但此时期难产率高达 13.7%。因此，在原产地将配种时间推迟到 27 月龄，要求配种时母牛体重达 500 千克，约在三岁时产犊。该品种牛具有良好的产乳量，母牛平均产乳量在 1700～1800 千克，个别达到 2700 千克，乳脂率在 4.0%～4.7%。

4. 与我国黄牛杂交效果

在中国用夏洛来牛改良本地牛效果良好，杂种一代多为乳白色，骨骼粗壮，肌肉发达，20 月龄体重可达 494 千克，屠宰率 56%～60%，净肉率在 46% 以上。但是，个体小的母牛往往难产，应予注意。在较好的饲养条件下，24 月龄可达 494 千克。当选配的母牛是其他品种的改良牛时，尤其是西门塔尔改良母牛则效果更加明显。在粗放饲养的条件下，以本地牛为母牛，用夏洛来牛改良，1.5 岁的公牛屠宰即可获得胴体重 111 千克的效果，很容易达到目前国内平均水平。用西门塔尔一代母牛与夏洛来牛杂交，1.5 岁公犊屠宰时胴体重可以达到 180 千克。

二、利木赞牛

1. 原产地及分布

利木赞牛原产法国中部利木赞高原，现已培育成专门化肉用品种，为欧洲重要的大型肉牛品种。在法国，其主要分布在中部和南部的广大地区，数量仅次于夏洛来牛。1850 年开始培育，在 1860～1880 年，由于农业生产的提高和草地改良，利木赞牛的体质和生产性能都有很大的提高，1886 年创立种畜登记簿，经多年的改良和选育，到 1900 年以后转化为专一的肉用型。1924 年宣布育成专门化肉用品种。现已输入欧美各国，利木赞牛在世界各国都有分布。

2. 体型外貌

利木赞牛体型较大，早熟，骨骼较细。毛色由棕黄色到深红色，深浅不一，眼圈、鼻端和四肢下端的毛色较浅，均为粉红色。角为白色，公牛角较粗短，向两侧伸展，并略向外卷；母牛角细，向前弯曲。头较短小，嘴小，额宽，胸部宽深，肩峰隆起，全身肌肉丰满，肉垂发达，前肢和后躯肌肉块突出明显，胸部肌肉特别发达，肋骨开张，背腰结实，平而宽。体躯长而宽，四肢较短，强健而细致。蹄质良好，呈红褐色。皮肤厚而较软，有斑点（图 2-2）。

图 2-2　利木赞牛

3. 生产性能

利木赞牛具有产肉性能高、在幼年期生长发育快、早熟、性情温顺、适应性强、耐粗饲、食欲旺盛、肉嫩、瘦肉含量高、胴体质量好、生长补偿能力强、母牛很少难产、容易受胎等特点。严冬季节，无弓腰缩体的畏寒表现，喜在舍外采食和运动，不易发生感冒或卷毛现象。在整个生长期都能生产商品肉，由于生长速度快，不少国家用来生产"小牛肉"，所以有多种多样的生产类型，在肉牛市场上很有竞争力。在饲养环境良好的条件下，犊牛断奶后生长很快，6 月龄体重即可达到 280～300 千克，公牛 10 月龄能长到 408 千克，周岁时体重可达 480 千克左右。公犊牛初生重平均 39 千克，平均日增重 1040克；母犊初生重 37 千克，平均日增重 860 克。屠宰率通常在 63%～71%，肉质好，脂肉间层具明显的大理石花纹。

利木赞牛还有很好的产乳性能，乳脂率高，成年母牛平均泌乳量1200千克，个别可达4000千克，保证犊牛的正常生长和生产优质牛肉。该品种牛在8月龄就可以生产出具有大理石纹的牛肉。

利木赞牛性成熟早，通常性成熟时间为12～14月龄，开始配种年龄为2.5～3岁，利用年限为5～7年。母牛初情期为1岁左右，发情周期为18～23天，后备母牛一般21月龄进行初配，初配年龄是18～20月龄，妊娠期为272～296天，2岁生产第一胎。难产率低是利木赞牛的优点之一，一般其难产率只有0.5%。

4. 与我国黄牛杂交效果

据有关单位试验，用利木赞牛改良蒙古牛，利蒙一代进行育肥，13月龄体重可达408千克，育肥期内的日增重可高达1429克，屠宰率为56.7%，净肉率为47.3%。根据山东农科院畜牧研究所试验资料，用利木赞牛与鲁西黄牛杂交，其杂交后代毛色表现一致，体格高大、体躯宽厚，肌肉丰满，臀尻发育良好，克服了鲁西黄牛后躯发育不良的缺点，初生重可比鲁西黄牛的初生重提高较多，公犊初生重30千克以上，12月龄体重可达325千克，提高了20%左右，屠宰率为60.0%，净肉率为49.44%，而且肉质好，大理石花纹明显，是较理想的父本。

三、海福特牛

1. 原产地及分布

海福特牛是英国最古老的中小型早熟肉牛品种，原产于英国威尔士地区的海福特县及邻近诸县，该地天然牧场广阔，牧草生长繁茂，牛群全靠放牧饲养。海福特牛是在威尔士地方土种牛的基础上选育而成的。在培育过程中，采用了选种配种和加强饲养管理的措施，培育出成熟早、腿短、骨骼较细和肉用良好的肉用牛。1846年建立纯种海福特牛登记簿，1876年成立海福特品种协会，在1883年只对双亲在本品种良种登记簿上注册过的个体进行登记，这样对该品种牛性能的稳定与提高起到了良好的作用。该品种牛现分布于世界各地。

2. 体型外貌

海福特牛分有角和无角两种，角呈蜡黄色或白色，公牛角向下方弯，母牛角尖向上挑起。毛色主要为浓淡不同的红色，头、颈下、四肢下部、腹下部毛色为白色，皮肤为橙黄色。头短，额宽，四肢端正而短，背腰宽平，肋骨张开，臀部宽厚，颈短粗，颈垂及前后区发达，躯干呈圆筒形，肌肉丰满、发达、皮薄毛细。耳肥大灵活，向两侧平伸。眼大有神。具有典型的肉用牛的长方形体型（图2-3）。

图2-3　海福特牛

3. 生产性能

海福特牛属小型肉用牛。其适应能力强，育肥年龄早，增重快，饲料转化率高，肉质细嫩，味道鲜美，肌纤维间沉积脂肪丰富，肉呈大理石状。在断奶后12个月，每增重1千克消耗混合精料1.2千克、干草4.13千克。产肉力高，肉质较好，脂肪主要沉积于内脏，皮下结缔组织和肌肉间脂肪较少。成年牛体重，公牛为1000～1100千克，母牛为600～750千克。犊牛初生重，公牛为34千克，母牛为32千克；在饲养条件良好的情况下，12个月龄体重达400千克，平均日增重1千克以上。出生后400天屠宰时，屠宰率为60%～65%，净肉率达57%。

海福特牛性成熟早，繁殖能力强。6月龄的小母牛就开始发情，育成母牛15～18月龄、体重445千克开始配种。妊娠期平均为277天。该品种牛体重大，爬跨灵活，种用性能良好。除此之外，该品种牛适应性好，在气温发生较大的变化时仍表现为良好的生产性能。

4. 与我国黄牛杂交效果

由于该品种牛适应能力强，在干旱高原牧场夏季酷暑条件下，或冬季严寒的条件下，杂交牛后代的正常生活繁殖和放牧饲养都不受影响，具有良好的适应性和生产性能高的特点。因此，我国分别在1913 年、1965 年曾陆续从美国引进该品种牛，现在我国东北、西北广大地区均有分布。我国引入海福特牛杂交改良当地牛效果较好。杂种一代低身广躯，结构紧凑，表现出良好的肉用体型。杂交后代通常表现为体躯被毛为红色，头、腹下和四肢部位多有白毛。体格加大，体型改善，宽度显著提高。犊牛生长快，适应性强，抗病耐寒。

四、安格斯牛

1. 原产地及分布

安格斯牛属于古老的小型肉用品种，原产于英国苏格兰北部的阿伯丁和安格斯地区，因毛色纯黑且无角，也叫无角黑牛。现在世界各地分布广泛，以美国、加拿大、澳大利亚、新西兰及美洲一些国家饲养得较多。安格斯牛的育种工作始于 18 世纪末，近几十年来，在美国、加拿大等国家育成了红色安格斯牛。在美国的肉牛总数中，安格斯牛占 1/3。在世界上的主要养牛国家都养殖安格斯牛。我国先后从英国、澳大利亚和加拿大等国引入，生产基地在东北和内蒙古，目前主要分布在新疆、内蒙古、东北、山东等北部省、自治区。

2. 体型外貌

安格斯牛无角，全身被毛黑色而有光泽，有时腹下脐部有白色，也有红色。体格低矮，体质结实。头小额宽，头部清秀，体躯深广而呈圆筒状，皮肤松软，弹性强，被毛均匀且富光泽，四肢短，全身肌肉丰满（图 2-4）。

3. 生产性能

安格斯牛具有早熟、易肥、生长快、耐粗饲料、性情温顺、放牧性能好、出肉多、肉用性能良好、适应性强、耐寒、抗病、胴体品质高、连产性好、初生重小、极少难产、犊牛的成活率高且体型适中、易管理、易分娩、分布合适肉质的肌间脂肪含量高、口感好等特点，给牛的饲养管理提供了很好的条件。可以说是世界上专门化肉牛品种中的典型品种之一。由于这些特点的存在，该品种牛是作为较好的母

图 2-4　安格斯牛

系品种首选之一。安格斯牛肉用性能良好，屠宰率一般为 60%～65%，哺乳期日增重 900～1000 克。育肥期日增重（1.5 岁以内）平均 0.7～0.9 千克。肌肉大理石纹很好。该品种牛早熟易配，连产性好，极少难产，12 月龄性成熟，一般在 18～20 月龄初配，但在美国育成的较大型的安格斯牛可在 13～14 月龄初配。一般产犊间隔时间为 12 个月左右。用来改良渤海黑牛，克服其体成熟晚产肉性能低的缺点，效果良好。

4. 与我国黄牛杂交效果

安格斯牛是仅次于日本和牛的高档肉牛品种，始终以高肌间脂肪、肉质细嫩、口感好而著称，是生产高档牛肉的主要品种，美国和澳大利亚等肉牛产业发达地均以养殖和出口安格斯牛为主。我国近年来也开始利用安格斯牛提高本地牛的品质，效果均比较好。由于红安格斯牛有以下特点：①红安格斯牛的毛色同地方良种黄牛一致，呈红褐色或偏黄色；②红安格斯牛肉质细嫩，与日本和牛同属世界一流的优质肉牛品种，是世界高档牛肉的主要供应者；③红安格斯牛体型外貌非常标致，背腰平直，体躯宽深，四肢较短，稳健有力，性情温顺，饲养管理粗放；④在同等条件下，18 月龄纯种红安格斯牛的活重达到 500 千克，18 月龄利木赞牛的活重为 497 千克，18 月龄西蒙塔尔牛的活重达到 440～480 千克，相比之下，红安格斯牛的早熟性优于其他良种肉牛。因此，利用红安格斯牛早熟性和肉品质量特佳的特点，改进本地黄牛背腰和后躯发育水平，提高早熟性和肉品质量，从而促进我国肉牛产业的发展。

五、皮埃蒙特牛

1. 原产地及分布

皮埃蒙特牛是在役用牛基础上选育而成的专门化肉用品种，原产于意大利北部皮埃蒙特地区，包括都灵、米兰等地。该品种牛具有双肌肉基因，是国际公认的终端父本，已被世界多个国家引进，用于杂交改良。并且在我国也大量推广使用。在1986年，该品种以冻精和胚胎方式引入中国。在南阳市移植少数胚胎，生育了最初几头纯种皮埃蒙特牛后，开始在全国推广，杂种一代牛被证明平均能提高10%以上的屠宰率，而且肉质明显改进。

2. 体型外貌

皮埃蒙特牛属于肉乳兼用品种。毛色有浅灰色和乳白色，公牛在性成熟时颈部、眼圈和四肢下部为黑色。母牛为全白色，有的个别眼圈、耳朵四周为黑色。犊牛幼龄时毛色为乳黄色，鼻镜为黑色。体型大，肌肉发育良好，体躯呈圆筒状（图2-5）。

图2-5　皮埃蒙特牛

3. 生产性能

该品种牛生长迅速，肉质好，胴体瘦肉量高，泌乳性能强，肉内脂肪含量低，比一般牛肉低 30%，饲料利用率高，成本低，为肉用品种之首。肉用性能好，肉质细嫩，比较适合国际牛肉消费市场的需求。育肥期平均日增重为 1360～1657 克，屠宰率在 65%～70%。生长速度为肉用品种之首。早期增重快，0～4 月龄日增重为 1.3～1.5 千克，周岁公牛体重 400～430 千克，12～15 月龄体重达 400～500 千克，每增重 1 千克体重消耗精料 3.1～3.5 千克。胴体瘦肉量高达 340 千克，皮埃蒙特牛眼肌面积达 121.8 厘米^2。该品种作为肉用牛种有较高的泌乳能力，泌乳期平均产奶量为 3500 千克，乳脂率 4.17%。

4. 与我国黄牛杂交效果

皮埃蒙特牛在 1986 年引入我国南阳地区，选用皮埃蒙特牛改良本地牛，双肌肉型牛普及率高，平均能提高 10% 以上的屠宰率，而且肉质明显改进。皮南杂交一代牛初生重平均 35.0 千克，比南阳牛增长 5.0 千克，8 月龄平均断奶体重 197 千克，18 月龄体重 479 千克，日增重 0.96 千克，屠宰率 61.4%，净肉率 53.8%。之后逐步向全国各个地区推广。

在组织三元杂交的改良体系时，皮埃蒙特牛改良母牛再作母系，对下轮的肉用杂交十分有利。皮埃蒙特牛与西门塔尔牛和本地牛的三元杂交组合的后代，在生长速度和肉用体型上都有父本的特征。与荷斯坦牛的杂交公牛 12 月龄活重为 451 千克，平均日增重在 1197 克，屠宰率 61.4%；与我国黄牛杂交，公犊在适度育肥的情况下，18 月龄可达 496 千克，眼肌面积 114 厘米^2，生长速度达国内肉牛领先水平。

六、西门塔尔牛

1. 原产地及分布

西门塔尔牛原产于瑞士西部的阿尔卑斯山区、西门塔尔平原和萨能平原，而以西门塔尔平原产牛最为出色而得名。1878 年建立良种登记簿，选育工作成效特别显著。19 世纪中期，世界上许多国家也都引进西门塔尔牛，在本国选育或培育成了自己的西门塔尔牛并冠以本国国名而命名。成为世界上分布最广，数量最多的乳、肉、役兼用品种之一。目前，西门塔尔牛主要分布于欧美、亚洲、南美、北美、南非等地区。中国西门塔尔牛品种 2006 年在内蒙古和山东省梁山县同时育成。

2. 体型外貌

西门塔尔牛毛色为黄白花或淡红白花，头、胸、四肢、腹下、尾帚多为白色，皮肤为粉红色。体型大，呈圆筒状，前体躯发达，且前体躯较后体躯发育好，胸较深，骨骼粗壮结实，体躯长，中躯呈圆筒形，整个体形为正方形。肌肉发育良好，乳房发育中等，乳头大，乳静脉发育良好。头长面宽，角细而向外上方弯曲，尖端稍向上。颈长中等。四肢强壮，蹄圆而厚，大腿肌肉发达（图 2-6）。

图 2-6　西门塔尔牛

3. 生产性能

西门塔尔牛适应性强、耐粗饲、易管理、母牛难产率低，是兼具奶牛和肉牛特点的典型品种。该品种牛的产肉性能特点为体躯高大，腿部肌肉发达，体躯呈圆筒状且脂肪少。早期生长速度快、产肉性能高、胴体瘦肉多、脂肪少而分布均匀，肉质良好。肉色鲜红、纹理细致、富有弹性、大理石花纹适中、脂肪色泽为白色或带淡黄色、脂肪质地有较高的硬度、胴体体表脂肪覆盖率 100%。普通的牛肉很难达到这个标准。西门塔尔牛公牛体高可达 150～160 厘米，母牛可达135～142 厘米。

该品种牛的乳用性能较好，平均产奶量为 4070 千克，乳脂率为3.9%。在欧洲良种登记牛中，年产奶 4540 千克者约占有 20%。该品种牛增重快，育肥能力强，肉质良好。初生至 1 周岁平均日增重可达 1.5～2 千克，12～14 月龄重高于 540 千克，生长速度与其他大型肉用品种相近。较好饲养条件下屠宰率为 55%～60%，胴体肌肉多、脂肪少而分布均匀，育肥后屠宰率可达 65%。由于西门塔尔牛是在阿尔卑斯山的粗放条件下育成的，适应性好，耐粗饲，性情温顺，因此具有晚熟性。一般 2 岁半至 3 岁开始有计划地配种。青年母牛的初情期与荷兰牛相近，母牛妊娠期为 290 天。

4. 与我国黄牛杂交效果

西门塔尔牛是瑞士著名的乳、肉、役兼用品种。我国自 20 世纪初就开始引入西门塔尔牛，据 1923 年统计达 218 头，饲养在我国的东北、内蒙古、华北和西北等地，对当地养牛影响极大。到 1981 年，我国已有西门塔尔纯种牛 3000 余头，杂交种 50 余万头。中国西门塔尔牛核心群平均产奶量 3550 千克，乳脂率 4.74%。与我国北方黄牛杂交，西杂一代牛的初生重为 33 千克，本地牛仅为 23 千克。平均日增重，杂种牛 6 月龄和 18 月龄分别为 608.09 克和 519.9 克，本地牛相应为 368.85 克和 343.24 克；6 月龄和 18 月龄体重，杂种牛分别为 144.28 千克和 317.38 千克，而本地牛相应为 90.13 千克和 210.75 千克。所生后代体积增大，生长加快。据测定，西杂牛产奶量为 2871 千克，乳脂率为 4.08%。

七、短角牛

1. 原产地及分布

短角牛是英国最早登记的品种，原产于英国的诺森伯兰、达勒姆、约克和林肯等郡，由于该品种牛是由当地土种长角牛经改良而成，开始为肉用，后因泌乳量亦高，一部分又改良为乳肉兼用，角较短小，故取其相对的名称而称为短角牛。短角牛的培育始于 16 世纪末 17 世纪初，1822 年开始品种登记，1874 年成立品种协会。20 世纪初，英国育种家进一步对肉的品质及乳用特征进行了严格的选育工作。育成了乳用与肉用品质优良的兼用品种。目前，短角牛有肉用、乳用和乳肉兼用等三种类型。现已分布在美国、澳大利亚、新西兰、欧洲等国家和地区。

2. 体型外貌

短角牛是大型牛种，其被毛卷曲、较长而柔软，颈部生有卷曲长毛的为公牛。短角牛有肉用和乳用短角牛两个类型。肉用短角牛体躯宽大，肌肉发育良好，皮下结缔组织很发达，体躯呈长方形，具有典型的肉用体型。肉用短角牛毛色不一，红色被毛占主要部分，有白色和红白交杂的少数沙毛个体。鼻镜粉红色，眼圈色淡。大部分有角，角型外伸、稍向内弯。胸宽而深，胸骨突出于前肢前方。颈短粗厚，且与胸部结合良好，肋骨开张良好，鬐甲宽平，垂肉大。四肢短，肢间距离宽。乳房大小中等，乳头分布较均匀（图 2-7）。

图 2-7　短角牛

3. 生产性能

短角牛早熟性好，肉用性能突出，利用粗饲料能力强，增重快，产肉多，肉质细嫩，大理石纹好，但脂肪沉积不够理想。成年肉用短角牛体重，公牛为 1000～1200 千克，母牛为 600～800 千克；犊牛初生重为 30～40 千克，屠宰率为 65％以上。据英国测定，该品种牛在 200 日龄公犊平均体重 209 千克，400 日龄高达 412 千克，育肥期日增重高于 1 千克。母牛泌乳力良好。兼用短角牛，外貌体征与肉用短角牛具有相似性，但乳房发育良好，体格较大。平均产乳 4020 千克，乳脂率 3.5％～3.7％；同时还具有较高的育肥能力，其肉用性能与肉用短角牛相似。

短角牛具有很好的繁殖性，小母牛 16～20 月龄进行配种，2 岁半进行产犊，公牛 1 岁作种用。该品种牛是英国著名的兼用品种，遗传性能稳定，增重快，早熟，产肉和产乳性能高。

4. 与我国黄牛杂交效果

短角牛的杂交效果非常好，我国在 1920 年前后曾多次引入，主要分布于内蒙古翁牛特旗海金山种牛场、巴林右旗短角牛场、呼和浩特市大黑河奶牛场、阿鲁科尔沁旗的道德牧场、乌兰察布盟的江岸牧场等地。在东北、内蒙古等地改良当地黄牛，普遍反映杂种牛毛色紫红、体型改善、体格加大、肉用性能良好，产乳量提高，杂种优势明显。中国草原红牛就是用乳用短角牛同吉林、河北和内蒙古等地的七种黄牛杂交而选育成的。

八、蓝白花牛

1. 原产地及分布

蓝白花牛原产于比利时，是比利时的大型肉牛品种，由于原产于比利时北部短角型兰花牛与荷兰弗里生牛杂交而获得的混血牛。同时也是欧洲大陆黑白花牛血缘的一个分支，是这个血统中唯一被育成纯肉用的专门品种，其分布在比利时中北部。从 1960 年开始，经过选育而成。现已分布到美国、加拿大等多个国家。1996—1997 年，我国引入该品种。

2. 体型外貌

蓝白花牛毛色多为蓝白相间或乳白，也有灰黑和白相间色。体躯有蓝色或黑色斑点，色斑大小变化较大，四肢下部、尾帚多为白色，在耳缘、鼻镜、尾巴大部分为黑色。该品种牛的体型较大，呈长筒状，肌肉发达，肌肉束发达，后臀肌肉隆起或向外侧凸出。颈粗短，前胸宽而深，背腰宽平。头呈轻型，背腰平直，尻部肌肉发达，肩、背、腰和大腿肉块重褶。角细并向侧向下伸出（图 2-8）。

3. 生产性能

由于蓝白花牛具有生长速度快、体型大、早熟、适应性广、瘦肉率高、肉质细嫩、肌纤维细、性情温顺、蛋白质含量高、胆固醇少、热能低、产肉性能高、胴体瘦肉率高、饲料转化率高等特点，因此，已被许多国家引入，作肉牛杂交的"终端"父本。在早期，犊牛生长发育快，最高日增重高达 1400 克，屠宰率 65%。据测定，成年公牛体高 148 厘米、体重 1200 千克左右，成年母牛体高

图 2-8 蓝白花牛

134 厘米、体重 725 千克左右；犊牛初生重比较大，初生公犊牛重 46 千克，初生母牛重 42 千克。周岁公牛体重为 530 千克，体高 1.22 米，日增重 1.49 千克。蓝白花牛早熟，适合生产小牛肉。在 1.5 岁左右时初配，比同类大型牛略早成熟，妊娠期 282 天。初次分娩年龄早于 25 月龄，妊娠期 282 天左右。产肉性能高，胴体瘦肉率高，屠宰率 68%～70%。肌肉纤维细，肉质细嫩，符合国际牛肉市场的要求。

4. 杂交改良效果

李静华等利用蓝白花牛与青海本地黄牛进行杂交，结果蓝本杂交一代各阶段体重明显高于本地黄牛，经测定蓝本杂交一代初生重为 38.6 千克，本地黄牛为 17.26 千克，比本地黄牛高 21.34 千克，相对提高 123.6%；6 月龄蓝本杂交一代的体重为 178.24 千克，本地黄牛为 70.32 千克，比本地黄牛高 107.92 千克，相对提高 153.12%；12 月龄蓝本杂交一代体重为 271.08 千克，本地黄牛为 95.40 千克，比本地黄牛高 175.68 千克，相对提高 184.08%。蓝本杂交一代的 6 月龄前平均日增重为 774.66 克，本地黄牛为 294.77 克，比本地黄牛高 162.8%；蓝本杂交一代 12 月龄前平均日增重为 645.77 克，本地黄牛为 217.05 克，比本地黄牛提高 197.5％。

九、丹麦红牛

1. 原产地及分布

丹麦红牛是由安格勒牛、乳用短角牛与当地牛杂交改良的基础上育成的，属乳肉兼用品种。1878 年形成品种，1885 年出版良种登记簿。该品种牛因具有乳脂率高、乳蛋白率高等显著特点而著称。丹麦红牛被许多国家引入。我国在陕西省关中地区、在甘肃庆阳市、宁夏、吉林、辽宁瓦房店市、河南等省区均有分布。

2. 体型外貌

丹麦红牛被毛具有光泽且软，被毛为红色或深红色，毛短，公牛毛色一般较母牛深，鼻镜浅灰色至深褐色，蹄壳为黑色，部分牛只乳房或腹部有白斑毛。丹麦红牛体格大，体躯呈长方形，背长、腰宽，尻宽平，四肢强壮而结实，全身肌肉发育中等。皮肤薄、有弹性。胸宽，胸骨向前凸出，背腰平直，角短而致密，乳头长，乳房发育良好且匀称，乳头长 8～10 厘米。常见有背线稍凹，后躯隆起的个体（图 2-9）。

图 2-9　丹麦红牛

3. 生产性能

丹麦红牛具有产肉性能好、性成熟早、生长速度快、肉品质好、体质结实、耐热、抗寒、耐粗饲、采食快、产乳性能强等特点。丹麦红牛产肉性能好，成年牛体重公牛为 1000～1300 千克、母牛为 650 千克；体高相应为 148 厘米和 132 厘米，屠宰率一般为 54%。12～16 月龄的小公牛，在育肥条件良好的情况下，平均日增重可达到 1 千克，平均屠宰率 54%，胴体中肌肉占 72%；22～26 月龄的去势小公牛，平均日增重为 640 克，屠宰率为 56%，胴体中肌肉占 65%；犊牛哺乳期日增重 0.7～1.0 千克。丹麦红牛的乳用性能也比较好，1985—1986 年丹麦红牛有产乳记录的母牛 8.35 万头，平均产乳量为 6275 千克、乳脂率为 4.17%。在 1989 之后的两年丹麦的平均产奶量为 6712 千克，乳脂率为 4.31%、乳蛋白率 3.49%。据美国测定，2000 年 53819 头母牛的平均产奶量为 7316 千克，乳脂率 4.16%、乳蛋白率 3.57%。

4. 与我国黄牛杂交效果

丹麦红牛于 1984 年引入我国，多年来，经观察发现该品种对陕西关中地区的自然生态条件有较强的适应性，且泌乳性能好。20 世纪 60 年代初，泰国、印度引进丹麦红牛改良当地牛取得了良好效果。80 年代初该品种导入了美国瑞士褐牛血液后，产奶和产肉性能有明显提高。近年来，利用父本丹麦红牛和母本秦川牛杂交，杂交改良之后，丹秦杂交一代与父本和母本的外貌特征具有相似性。该品种牛具有良好的适应能力，无论气候和生态环境如何，只要营养充足，对牛的生长没有影响，其仍能够正常的生长发育和繁殖。不挑食，对粗饲料的利用率高，可以提高粗饲料的利用率。

十、瑞士褐牛

1. 原产地及分布

瑞士褐牛原产于瑞士中部山区，在瑞士全境均有分布，仅次于西门塔尔牛，为瑞士的古老品种。瑞士褐牛有乳、肉、役兼用，在后期经过选育，成为以乳用为主的兼用品种。现已分布较广，在美国、加拿大、德国、波兰、奥地利等国均有饲养。

2. 体型外貌

瑞士褐牛毛色不一，从浅褐色到灰褐色不等，个别个体几乎呈白色。蹄壳、角尖、鼻镜上通常有黑色素沉积，四肢内侧、鼻镜、乳房毛色比较淡。该品种牛体格比西门塔尔牛小，体格粗壮，头宽而短，额稍凹陷，颈短粗，垂皮不发达，胸深，背线平直，尻宽而平，四肢粗壮结实，角长中等，乳房匀称，发育良好（图 2-10）。

图 2-10 瑞士褐牛

3. 生产性能

瑞士褐牛成熟较晚，一般 2 岁才配种。具有耐粗饲、适应性强、产奶量较高等特点。瑞士褐牛是兼用品种，四肢强壮，骨骼坚实，使用寿命长。该品种牛具有很好的适应能力，不受气候和饲养管理条件的影响，热带的高湿、高温和高海拔地带的冷风它都能适应。其最优秀的性能之一是用来杂交改良的效果好，杂交后代健壮。在任意的环境条件下，通常都能正常地生长发育。瑞士褐牛成年公牛体重1000～1200 千克；成年母牛体重 600～700 千克，平均乳脂率为 4%、乳蛋白 3.5% 以上，用来制作奶酪和其他乳制品会使产品有较高的产量；犊牛初生重 30～50 千克。18 月龄活重可达 485 千克，屠宰率为50%～60%；母牛年产奶量为 2500～3800 千克，乳脂率为 3.2%～3.9%。瑞士褐牛对新疆褐牛的育成起过重要作用。

4. 与我国黄牛杂交效果

瑞士褐牛与本地黄牛经过杂交得到杂交后代，其后代体型大，个体之间体型外貌具有相似性，被毛呈褐色，毛色深浅不一，鼻镜、眼睑、蹄、尾尖呈深褐色，体躯结构协调，具有肌肉发达、肉质好、抗病力强、耐寒、耐粗饲等优良性状。

第二节 我国培育的主要肉牛品种

一、三河牛

1. 原产地及分布

三河牛是由内蒙古培育的乳肉兼用优良品种牛，原产于内蒙古自治区的呼伦贝尔草原，在根河、得勒布尔河、哈布尔河分布较集中，是中国培育的第一个乳肉兼用牛种，具有抗寒、耐粗饲、适宜放牧等优点。三河牛现在呼伦贝尔盟分布较多，该品种牛约占牛总头数的90%。三河牛是19世纪末开始杂交育种，由输入我国的十多个乳用及乳肉兼用品种与本地蒙古牛杂交选育，1982年制定了三河牛品种标准，经过几十年不断地选育而形成。该品种牛具有抗寒、耐粗饲、适应性强、易放牧等特点，所以不但能够提高粗饲料的利用率，而且饲养管理比较方便。根据其生产性能、体型外貌、毛色等显著特征，统一命名为三河牛。

2. 体型外貌

三河牛毛色不一，其中红（黄）白花占主要部分，花片分明，头白色或额部有白斑，四肢膝关节以下、腹下及尾帚呈白色，有少量灰白色、黑白色及其他杂色存在。该品种牛体躯高大，体质粗壮结实，肌肉发育良好，结构协调。头部清秀，眼大而明亮，颈细而窄，长短适中角稍向上，向前弯曲，少数角向上，粗细匀称；背腰平直，肩宽，腹围大而圆，体躯长，绝大多数后躯发育不太良好；四肢强壮，姿势端正；乳房发育中等，胸深，但欠宽（图2-11）。

3. 生产性能

三河牛成年公牛体重1000千克左右，母牛500千克左右。在完全放牧不补饲的条件下，产肉量明显提高，2岁公牛屠宰率为50%～55%，净肉率为44%～48%，阉牛屠宰率为54.0%，净肉率为45.6%。产乳性能也较好，一般年产奶量为1800～3000千克，在环境适宜的条件下高达4000千克，个别高产牛达7000千克以上。乳脂率为4%左右。三河母牛平均妊娠期为283～285天，怀公犊妊娠期比怀母犊长1～2天。平均受胎一次需配种2.19次。情期受胎率为45.7%。初配月龄为20～24月龄，一般可繁殖10胎以上。三河牛体

图 2-11　三河牛

型上不太一致、毛色不一、后躯发育不太好，需要进一步提高。

二、草原红牛

1. 原产地及分布

草原红牛是较早育成的乳肉兼用牛种之一，草原红牛是由蒙古牛和乳肉兼用型短角牛进行杂交后繁育而成的，1949—1958 年间，在有放牧条件的吉林、河北、辽宁、内蒙古等四个省、区先后利用乳肉兼用型短角牛对本地的蒙古牛进行杂交改良，使其具有产乳性能良好、体躯强壮、肉多、适应性良好、乳脂率高等特点。1966 年以后进行横交固定，1973 年建立育种协会组。1985 年经国家验收，正式命名为中国草原红牛。

2. 体型外貌

草原红牛毛色绝大部分为红色，少部分为黑色或其他杂色，白尾尖，有的腹下有小块白斑，鼻镜多呈粉色。头部清秀，大小中等。颈肩宽厚，结构协调，结合良好，背腰平直，后躯短而宽平。大多数有角，角细短而向上弯曲，呈倒八字行，蜡黄色，角尖呈黄褐色。全身肌肉发达，胸宽而深，四肢坚实，姿势端正，结构匀称，骨骼坚实，蹄质结实。乳房发育良好，大小中等（图 2-12）。

3. 生产性能

草原红牛生长发育快、产肉性强、产奶性能高、繁殖性能良好、

图 2-12　草原红牛

肉质优良、肌纤维细嫩、肌间脂肪分布均匀、耐粗饲、耐寒等特点，适于放牧饲养，是我国北方农牧区放牧饲养最适宜的品种。成年公牛体高 137.3 厘米，体重 700～800 千克；成年母牛体高 124.2 厘米，体重 450～500 千克，犊牛初生重 30～32 千克。母牛主要是在牧草繁茂的 5～6 月带犊挤奶，至 8 月下旬牧草枯黄时就停止挤奶，挤奶时间一般为 100 天左右。每头牛年产奶量 1662 千克，个体最高产奶量为 4507 千克，乳脂率为 4.03％。18 月龄阉牛，经放牧育肥，屠宰率为 50.84％，净肉率为 40.95％，经短期育肥的牛屠宰率和净肉率达到 58.1％和 49.5％，肉质好。在放牧加补饲的条件下，平均产奶量为 1800～2000 千克，乳脂率为 4.0％。草原红牛繁殖性能良好，性成熟年龄为 14～16 月龄。在放牧条件下，繁殖成活率为 68.5％～84.7％。虽然该品种牛具有耐粗饲、适应性强、耐寒、生产性能良好等优点，但由于该品种牛目前正在进行培育阶段，有的出现背腰不平、荐椎外突、乳房大小不一等缺点。

三、新疆褐牛

1. 原产地及分布

新疆褐牛又称新疆草原兼用牛，主要产于新疆的伊犁、塔城等地区，南疆地区也有少数分布，新疆褐牛来源复杂，是由瑞士褐牛公牛与本地母牛杂交而成。20世纪初，开始引入瑞士牛对当地的哈萨克牛进行改良，1951年开始从苏联引入阿拉塔乌牛和科斯特罗姆牛与本地黄牛杂交进行改良，在1977年和1980年，分别从德国、奥地利引入纯种瑞士褐牛进行杂交育种，选育出优良的新疆褐牛。

2. 体型外貌

新疆褐牛毛色呈褐色，深浅不一，顶部、角基部、口轮的周围和背线为灰白色或黄白色，眼睑、鼻镜、尾尖、蹄呈深褐色。体质粗壮坚实，结构协调匀称，肌肉发达，骨骼坚实，四肢端正，蹄质坚实。头部清秀，有角，角尖稍直、呈深褐色，角大小适中，向侧前方弯曲呈半椭圆形。嘴较宽。乳房小。颈长短适中，背腰平直，胸宽深（图2-13）。

图2-13 新疆褐牛

3. 生产性能

新疆褐牛成年公牛体重为490千克，在自然条件下，2岁以上净肉率为39%，育肥后净肉率高于40%，屠宰率高于52%。新疆褐牛其产乳量的高低主要受天然草场水草丰茂程度的影响，挤乳期主要在6~9月，因此，挤乳期的长短也与产犊月份有关。新疆褐牛也是牧区驮挽的主要役畜。成年母牛体重430千克，产奶量为2100~3500千克，最高产量高达5162千克，乳脂率为4.03%~4.08%。根据新疆的调研，新疆褐牛在冬季缺草、少圈、饥寒时，由于个体大，需要营养多，入不敷出，比本地黄牛掉膘快，损失大。在抗病力方面，与本地黄牛一样。

四、夏南牛

1. 原产地及分布

夏南牛主要分布于河南省南阳县、泌阳县，夏南牛是由本地南阳牛和法国夏洛来牛经过导交、横交固定、自群繁殖三个阶段逐渐形成的新品种，其中以南阳牛为母本、夏洛来牛为父本培育而成。夏南牛含南阳牛血统 60％以上，具有耐寒、耐粗、易放牧、适应性强等特点。1988 年河南省畜牧局正式立项并下达育种方案，经过技术人员科研攻关，于 2007 年 5 月 15 日顺利通过国家畜禽遗传资源委员会审定，正式定名为"夏南牛"。

2. 体型外貌

夏南牛毛色为黄色，浅黄色和米黄色占绝大多数。公牛头方正，额平直，母牛头清秀，额平直而长；公牛角和母牛角具有一定的区别，公牛角呈锥形，水平向两侧伸展，母牛角细圆，致密光滑，稍向前倾。颈粗壮而平直，背腰平直，尻部宽长，耳大小适中，四肢端正而健壮，尾细而长，蹄质坚实。胸深，肋圆，体躯结构呈长方形，肩峰不明显，尾细长。肉质好，肉用特征明显。母牛乳房发育良好（图 2-14）。

3. 生产性能

夏南牛成年母牛体高 135.5 厘米，体重 600 千克；成年公牛体高 142.5 厘米左右，体重 850 千克左右。母牛初生重为 37.9 千克，公犊初生重为 38.5 千克。母牛初情期平均 432 天左右，初配时间平均 490 天左右，发情周期平均 20 天左右，妊娠期平均 285 天左右。母犊初生重 37.9 千克，公牛初生重为 38.52 千克。夏南牛肉用性能好。据屠宰实验，17～19 月龄的未育肥公牛屠宰率 60.13％，净肉率 48.84％，肉骨比 4.8∶1，优质肉切块率 38.37％，高档牛肉率 14.35％。夏南牛耐粗饲、适应性强，舍饲、放牧均可，在黄淮流域及以北的农区、半农半牧区都能饲养，具有生长发育快、易育肥的特点。

图 2-14　夏南牛

　　夏南牛生长发育快。在农户饲养条件下，公犊牛 6 月龄平均体重为 197.35 千克，母犊牛 6 月龄平均体重为 196.50 千克，平均日增重为 0.88 千克；周岁公、母牛平均体重分别为 299.01 千克和 292.40 千克。体重 350 千克的架子公牛经强化育肥 90 天，平均体重达 559.53 千克，平均日增重可达 1.85 千克。该品种牛的耐热性稍差，在以后的选育选配中，可以向这方面研究发展，提高其耐热性，形成耐热性良好的新品种牛。

第三节　我国本土特色黄牛品种

一、秦川牛

1. 原产地及分布

　　秦川牛是我国著名的大型役肉兼用品种牛，原产于陕西省渭河流域的关中平原地区。关中地区是粮棉等作物主产区，土地肥沃，饲草丰富，农作物种类多，农民喂牛经验丰富；在这样长期选择体格高大、役用力强、性情温顺的牛作种用的条件下，加上传统上种植苜蓿等饲料作物，遂形成了良好的基础牛群。主要分布于渭南、临潼、蒲城、富平、咸阳、兴平、乾县、礼泉、泾阳、武功、扶风等县、市，其中以咸阳、兴平、乾县、武功、礼泉、扶风和渭南等地的秦川牛最为著名。

2. 体型外貌

秦川牛毛色有紫红、红、黄三种，其中紫红色、红色占绝大部分，黄色较少。该品种牛体格较大，骨骼坚实，肌肉发达，体质健壮。角细致、短而钝，多向外下方或向后稍弯，呈肉色或近似棕色。鼻镜多呈肉红色，也有黑色、灰色和黑斑点等色。蹄壳有红、黑、红黑相间的三种颜色，且红色占绝大多数。头部方正、适中，其中母牛头部清秀；眼大而圆，口方面平，颈短，厚度适中，公牛颈上部隆起，垂肉发达，肩长而斜，前躯发育良好，背腰平直，长短适中，荐骨部稍隆起，一般多是斜尻。胸宽而深，公牛胸部很发达，肋骨长而开张。四肢端正而粗壮，前肢间距较宽，后肢飞节靠近，蹄形圆大，蹄叉紧、蹄质坚实（图2-15）。

图 2-15 秦川牛

3. 生产性能

秦川牛成年公牛平均体高 141 厘米，体长 160 厘米，胸围 200 厘米，管围 23 厘米，体重 600～800 千克。成年母牛平均体高 1256 厘米，体长 140 厘米，胸围 170 厘米，管围 17 厘米，体重 381 千克。秦川牛产肉性能好，在中等饲养水平下，育肥至 18 月龄屠宰，平均屠宰率 58.3%，净肉率 50.5%，眼肌面积 70 厘米^2，胴体重 282.0 千克，骨肉比为 1:6.1，瘦肉率 76.0%；秦川牛肉质细，大理石纹明显，肉味鲜嫩。泌乳期为 7 个月，乳蛋白率 4.0%，干物质总量 16.1%。肉质细致，瘦肉率高，大理石纹明显。母牛的产乳量 715.8 千克，乳脂率 4.70%；秦川牛公牛 2 岁开始作种用，8 岁淘汰，母牛 2～2.5 岁开始配种，一般可以繁殖到 10～13 岁，长的可达 17～18 岁。秦川牛役用性能好，最大挽力为体重的 71.7%～77.0%。

二、南阳牛

1. 原产地及分布

南阳牛属于较大型役肉兼用品种，原产于河南省南阳市白河和唐河流域的平原地区，主要分布在南阳、唐河、邓县、新野、镇平、社旗、方城七个县、市，另外许昌、周口、驻马店等地区分布也较多。产区生态条件为农业发达、牧草繁茂、饲料丰富，具有很好的饲养条件。南阳牛分山地牛和平原牛两种，山地牛多分布于伏牛山南北及桐柏山附近的新野、泌阳、方城等县，平原牛主要分布于唐河和白河流域广大平原地区。

2. 体型外貌

南阳牛毛色有黄、红、草白三种颜色，其中深浅不一的黄色占主要部分，通常在牛的面部、腹下和四肢下部毛色较浅；体格高大，挽力强，结构匀称，肌肉发育良好，体质坚实，被毛细致，皮薄；鼻镜较宽，多为肉红色，部分带有黑色；蹄壳大而坚实，呈圆形，多有黄蜡色、琥珀色带血筋。口大方正。胸部宽深，胸骨突出，肩峰较高，肩部宽厚，背腰平直，肢势正直，肋骨明显，尾细长，行动迅速，敏捷。公牛角基粗壮，母牛角细。公牛头部方正雄壮，颈粗短多皱纹，前躯发达，鬐甲较高，肩峰隆起 8～9 厘米，肩部斜长。母牛头部清秀，较窄长，嘴大平齐，颈薄呈水平状，长短适中，肩峰不明显，前胸较窄。胸骨突出，后躯发育良好。四肢筋腱明显，关节坚实，管粗厚，系短。蹄形圆大，行动敏捷（图 2-16）。

3. 生产性能

南阳牛成年公牛体高 145 厘米，体重 647 千克；成年母牛体高 126 厘米，体重 412 千克。肉质细嫩，颜色鲜红，生产性能良好，繁殖性能良好，大理石纹明显。南阳牛公牛 1.5～2 岁即可利用，3～6 岁配种能力最强；母牛 2 岁开始繁殖，3～10 岁繁殖能力最强；发情

图 2-16　南阳牛

周期为 18～21 天，发情持续期为 1～3 天。南阳牛早熟，有的牛不到一年就能受胎，在中等饲养的条件下，初情期在 8～12 月龄。在 1.5 岁时，公牛育肥后平均体重可达 441.7 千克，屠宰率为 55.6%，日增重为 813 克；在强度育肥的条件下，屠宰率可达 64.5%，净肉率为 56.8%。据测定，10～12 月龄育肥公牛，育肥 7～8 个月体重可达441.7 千克，平均日增重为 813 克，每增重 1 千克体重消耗饲料 7.6个饲料单位，屠宰率为 55.6%，净肉率为 46.6%，其中最高个体的屠宰率为 60.6%，净肉率可达 54.9%，骨肉比为 1 : 5.12，眼肌面积为 92.6 厘米^2。24 月龄屠宰时要比 18 月龄牛的屠宰率和净肉率分别提高 3.2% 和 2.7%。

三、鲁西牛

1. 原产地及分布

鲁西牛亦称"山东牛"。原产于山东省西部、黄河以南、运河以西一带，中心产地是山东省西南部的菏泽和济宁，鲁南地区、河南东部、河北南部、江苏和安徽北部均有分布。鲁西牛产区生态条件为地势平坦、面积大而土质黏重、耕作费力，加之当地交通闭塞，其他役畜饲养甚少，耕作和运输基本都依靠役牛承担，且本地农具和车辆都极笨重，促进了鲁西牛成为大型牛。

2. 体型外貌

鲁西牛被毛以红黄色、淡黄色较多，草黄色次之，眼圈、口轮和腹下、四肢内侧均为粉红色，鼻镜与皮肤多为淡肉红色，部分鼻镜为黑色或有黑斑。体躯高大，结构匀称，细致紧凑；骨骼较细，肌肉发育良好，垂皮较发达。公牛肩峰高而宽厚，前躯较宽深，背腰平直而宽，侧看类似长方形，具有肉用牛的体型。母牛鬐甲较低平，后躯发育较好，背腰较短而平直，尻部稍倾斜，关节干燥，筋腱明显，前肢多端正。毛细而密，具有光泽。皮薄富有弹性。毛细长，尾毛细软（图 2-17）。

图 2-17　鲁西牛

3. 生产性能

鲁西牛具有良好的役用体型，易于发挥最大的工作能力。该品种牛具有耐粗饲、育肥能力好、肉质细腻、颜色鲜红、肌纤维间脂肪沉着良好、早熟、繁殖性能良好等特点。以青草和少量麦秸为粗饲料，每天补喂混合精料 2 千克。据屠宰测定的结果，18 月龄的阉牛平均屠宰率 57.2%，净肉率 49.0%，骨肉比 1∶6.0，脂肉比 1∶4.23。成年牛平均屠宰率 58.1%，净肉率为 50.7%，骨肉比 1∶6.9，脂肉比 1∶37。

鲁西牛繁殖性能良好。母牛性成熟早，有的牛 8 月龄即能受配怀胎，一般 10～12 月龄开始发情，发情周期平均为 22 天（16～35天），发情持续期 2～3 天，发情开始后 21～30 小时配种，受胎率较高，母牛初配年龄多在 1.5～2 周岁，终生可产犊牛 7～8 头，最高可达 15 头，妊娠期平均为 285 天（270～310 天），产后第一次发情平均为 35 天（22～79 天）。公牛性成熟较母牛稍晚，一般 1 岁左右可产生成熟精子，2～2.5 岁开始配种，利用年限 5～7 年，如利用得当，10 岁后仍有较好配种能力；性机能最旺盛年龄在 5 岁以前；射精量一般 5～10 毫升，精子耐冻性随个体不同而有较大差异。

四、晋南牛

1. 原产地及分布

晋南牛产于山西省晋南地区，其中万荣县、河津市数量最多。产地生态条件为夏季高温多雨，年平均气温 10～14℃，年降水量 500～650 毫米，无霜期 160～220 天。土壤为褐土，土层厚，适宜农作物的生长。当地农作物以棉花、小麦为主，其次为豌豆、大麦、谷子、玉米、高粱、花生和薯类等，素有山西粮仓之称。当地传统习惯种植豌豆等豆科作物，与棉、麦倒茬轮作，使土壤肥力得以维持。天然草场主要分布在山区丘陵地和汾河、黄河的河滩地带，为晋南牛提供了大量优质的饲料和饲草及放牧地。

2. 体型外貌

晋南牛毛色为枣红色或红色，枣红色居多。该品种牛体躯健壮，结构匀称，骨骼坚实。头宽而偏重，中等长。皮柔韧，厚薄适中。公牛额宽而短，微凸，鼻镜较宽，呈粉红色，鼻孔大，母牛较清秀，面平。胸宽而深，前躯较发达。腰短而充实，四肢端正而坚实。颈短，母牛颈短而平直，公牛粗而微躬。肌肉发育良好，背腰平直，长短适中。蹄圆厚而大，呈深红色（图 2-18）。

3. 生产性能

成年公牛体高 139 厘米，体重 607 千克；成年母牛体高 117 厘米，体重 339 千克。肉用性能良好，瘦弱老残母牛屠宰率平均为 36.9%，犍牛平均为 40.7%。成年牛育肥后屠宰率可达 52.3%，净肉率为 43.4%。成年母牛在一般饲喂条件下，母牛产乳量为 745.1 千克，乳脂率为 5.5%～6.1%。晋南牛母牛性成熟期为 10～12 月龄，初配年龄 18～20 月龄，繁殖年限 12～15 年，繁殖率 80%～90%，发情周期为 18～24 天，平均为 21 天，发情持续时间平均 2 天左右。

图 2-18　晋南牛

五、延边牛

1. 原产地及分布

延边牛又名朝鲜牛，是东北地区优良地方牛种。原产于朝鲜和我国东北三省东部的狭长地区，分布于黑龙江的海林、宁安、东宁、林口、依兰、五常、延寿、通河等地；吉林省延边朝鲜族自治州的延吉、和龙、汪清、珲春及毗邻各县。在 19 世纪，因朝鲜民族的不断移民，而逐渐输入我国东北地区，也将朝鲜牛带入。延边牛是朝鲜牛与本地牛长期杂交的结果，也混有蒙古牛的血液。延边牛体质结实、抗寒性能良好、耐寒、耐粗饲、耐劳、抗病力强，适应水田作业。

2. 体型外貌

延边牛属于役肉兼用品种牛。该品种牛毛色主要有浓淡不同的黄色，鼻镜通常呈淡褐色，有黑斑点存在。延边牛公牛与母牛体躯差别显著。公牛躯体较大，母牛躯体较小。公牛额宽，头方而正，角基粗大，多向两侧伸展，形如"一"字形或"八"字角，颈短而厚，有隆起；母牛头大小中等，角长而细，绝大多数为龙门角。胸部宽深，皮厚而富有弹性，被毛密集且长，呈浓淡不同的褐色。骨骼坚实，肌肉丰满而结实。四肢较高，关节明显。其前躯发达，姿势正常；后躯发育较差，多有轻度外向，蹄质致密坚实（图 2-19）。

图 2-19　延边牛

3. 生产性能

延边牛成年公牛体高为 131 厘米，体重为 465 千克；成年母牛体高为 122 厘米，体重为 365 千克。产肉性能好，公牛经 180 天育肥，屠宰率可达 57.7%，净肉率为 47.23%，日增重为 813 克。产乳性能良好，泌乳期约为 6 个月，母牛产乳量 500～700 千克，乳脂率 5.8%～8.6%。在营养条件良好的条件下，产乳量高达 2000 千克。在繁殖性能上，母牛初情期为 8～9 月龄，性成熟期一般为 6～9 月龄，母牛初情期平均为 13 月龄，公牛平均为 14 月龄。母牛 2 岁开始配种，发情周期 20～21 天，发情持续期为 1～2 天。种公牛利用年龄一般为 3～8 岁。在长期的饲养中，由于缺乏系统的繁殖和合理的饲养管理技术，延边牛仍存在体重较轻、胸较窄、后躯和乳房发育较差等缺点。为了提高该品种牛的品质，可采用本品种选育方法，增加该品种的数量，提高其质量。

六、蒙古牛

1. 原产地及分布

蒙古牛是我国黄牛中分布最广、数量最多的品种。耐粗饲、耐寒、抗病力强，能适应恶劣的环境条件。原产于蒙古高原地区，分布于内蒙古、黑龙江、新疆、河北、山西、陕西、宁夏、甘肃、青海、吉林、辽宁等省、自治区。主要产区内蒙古多为高原和山地，内蒙古的生态条件多是一望无际的半沙漠草原地带，沙土土壤，碱性较重，气候干燥，夏短冬长，一般海拔为 1000～1500 米，为典型的大陆性气候。主要牧草为禾本科和菊科，间有豆科牧草。

2. 体型外貌

蒙古牛被毛由发毛和绒毛混合构成，随着季节性更替而出现周期性脱毛。毛色以黄褐色和红褐色居多，其次是黑色，还有少量黑白色和黑黄色，四肢内侧和腹部多为白色。该品种牛体型较小，头大而偏重，两眼大而有神，角长、向上前方弯曲、呈蜡黄色或青紫色，多为龙门角，角质致密有光泽。胸深而狭扁，背腰平直，颈长短适中，垂皮较少。腹大而不下垂，四肢短而健壮，后腿肌肉发育不良。蹄小，质密坚实，色泽与被毛相近。皮肤较厚，富有韧性，皮下结缔组织较发达。乳房比其他种黄牛发达，类似乳用型品种（图 2-20）。

图 2-20　蒙古牛

3. 生产性能

蒙古牛成年公牛的体高、体斜长、胸围、管围、胸深分别为 120.9 厘米、137.7 厘米、169.5 厘米、17.8 厘米，70.1 厘米，成年母牛分别为 110.8 厘米、127.6 厘米、154.3 厘米、15.4 厘米、60.2 厘米。蒙古牛主要用于挤乳，泌乳期较短，母牛 100 天平均产乳量为

518.0 千克，乳脂率为 5.22%，最高者达 9%。在中等营养水平的条件下，阉牛屠宰率为 53.0%，净重率 44.6%。蒙古牛肉质好，屠宰率随季节的变化而变化，牧草繁盛时期屠宰率高，可达到 50%；在春季，饲料缺乏时屠宰率降低至 40%～45%。同时，该品种牛具有繁殖性能好的特点，在放牧条件下，10～15 月龄性成熟；在草原地区为季节性发情配种，母牛初情期为 8～12 月龄，母牛 2.5～3.5 岁开始配种，4～8 岁为繁殖最好的时期，每年多在 6～10 月份发情。公牛 3 岁开始配种。非种用公牛 2～3 岁时去势。蒙古牛广泛分布于我国北方各省，终年放牧，既无棚圈，也无草料补饲，夏季在蒙古包周围，冬季在防风避雪的地方卧盘，有的地方积雪期长达 150 多天，最低温度 -50℃ 以下，最高温度 35℃ 以上。在这样粗放而原始的饲养管理条件下，它仍能繁殖后代，特别是每年三四月份，牲畜体质非常瘦弱，可是当春末青草萌发，一旦吃饱青草，约有 2 个月的时间，就能膘满肉肥，很快脱掉冬毛。

第三章 生态肉牛养殖方式与设施

第一节　生态肉牛养殖方式

一、放牧饲养方式

1. 原生态放牧饲养

原生态放牧饲养是利用天然草地、草山、草坡或湖海边沿滩涂自然生长的牧草放牧肉牛，利用自然条件，从一个天然的生态系统中获得肉牛产品。这种方式在我国南北方都存在，是一种传统的饲养方式（图3-1）。例如，青海省牧区依当地自然条件将草地划分为3~4种类型，供不同季节使用。山间谷地与河边滩涂等地势较低的地区为冬、春季草场，海拔较高的高山地区为夏季草场，海拔相对较低的山坡地

图 3-1　原生态放牧饲养生产方式

段为秋季草场。每年由山谷河滩将畜群赶往高山地区，再转移至山腰，天冷后进入山谷，按季节迁移，如此循环，年复一年。各个草场都有1～2处水源供家畜饮用。牧民则携带帐篷及生活必需品，每到一处临时安家，同时修筑矮墙作为简易畜圈，供家畜夜间休息。

原生态放牧饲养的特点是季节性明显，定期转移场地，家畜生产性能受到生态系统中天然饲料，主要是草地牧草生长的好坏所制约。包括繁殖生产情况也受到制约，由于公母混群，往往受孕率高，繁殖成活率低，如公畜质量不好，则受孕率也不高。不测定产草量，自由放牧，生产性能不稳定，即所谓的"靠天养畜"，有些人认为这种方式产品质量好，实际上也不尽然，这种方式受生态条件影响太大，如果生态条件恶劣，牧场饲草频繁，肉牛得不到充足而平衡的营养，因此体内营养的沉积也受到影响，甚至影响其代谢和健康。

2. 原生态人工控制放牧饲养

原生态人工控制放牧饲养是肉牛放牧于一个天然生态系统中，运用科学技术手段指导肉牛放牧和管理的饲养，通过对生态系统中的饲草可利用和再生进行检测，合理安排肉牛放牧，有效利用天然生态条件生产肉牛的一种方式。无论是天然草地或人工草地，都要在不同季节测定牧草产量，估计草场面积，计算可以承载的家畜种类和头数，以及放牧日数，作出放牧和转移场地的计划，按计划实施放牧（图3-2），这种生产方式比原生态方式在产品质量、生态条件的利用上都有明显的提升。

图3-2 原生态人工控制放牧饲养方式

放牧的具体操作，依管理水平和条件分两种方式：一种是定牧，另一种是轮牧。定牧是将畜群固定在一片草场上放牧，白天放出去，晚上赶回畜圈。前述青海省牧区的放牧方式虽然在不同季节转移草场，但在一个季节里，家畜都在同一片草场上自由采食牧草，因此也是定牧的方式。轮牧需要有围栏等设备条件，将草场划分成几个小区，编号、测定并记录每个小区的牧草产量。将家畜先赶入第一区，依家畜头数和产草量可计算出放牧天数，通常每区放牧 6～7 天，然后赶至第二区，如此轮换。放牧家畜后的小区进行施肥灌溉，当家畜轮换到第六或第七区时，第一区的牧草经过35～40 天的恢复生长，又可再次放牧家畜。这种将草场划分成小区，轮回放牧家畜的方式称为轮牧，是畜牧业发达国家较先进的生态方式。

这种生态生产方式的特点是要有经过专业技术培训的放牧员和技术管理人员，要有围栏、灌溉等设施，牧草利用率高，家畜生产性能比较稳定。原生态人工控制放牧包含的内容很多，如放牧小区与牧道的布局、电围栏的安装或生物围栏的栽植、小区放牧或轮牧的计划与管理、牧草品种和营养与营养价值的估测等。

3. 人工生态放牧饲养

人工生态放牧饲养是用人工方法，采用农艺手段、为了一定的经济目的建立的草地生态肉牛生产系统。该系统中人工草地建设是核心，肉牛放牧方式与原生态人工控制放牧饲养基本相同（图 3-3、图

图 3-3　人工生态放牧饲养草场建设

图 3-4　人工生态放牧饲养（草地、围栏、小鸟、牛群）

3-4）。人工草地建植的内容主要包括：①草场调查与规划设计，明确草场改良的方向。②引种牧草试验，选出适宜当地条件的牧草品种与混播组合。③地面处理。清除土地上的杂草、灌木、石块、树根等物。④翻垦、施肥。如为山地，多选择雨后开垦，施入磷肥作基肥，以及施用其他当地缺乏的微量元素肥料，以利豆科牧草种子的发芽。⑤播种。依当地生态环境条件选择草种与播种时间，如南方山区多在秋季播种。种子用防虫剂、营养肥料等包衣处理，豆科牧草还可用根瘤菌剂拌种。⑥牧草组合。各地牧草组合比例有一定差异。一般可采用禾本科与豆科牧草按 7：3 的比例。禾本科牧草有多年生黑麦草、鸭茅、鹅冠草等，豆科牧草有紫花苜蓿、白三叶、红三叶、百脉根、野豌豆等。

人工草地的管理应注意牧草出苗前后进行去除杂草、追肥、灌溉及防治病虫害等，促进牧草壮苗固根、健壮定植。合理放牧是重要管理环节，分区轮牧多数是建立在人工草地基础上的，管理得好的人工草地能持续利用十几年。

在当地植被条件较好，野生牧草比较丰富的地区，不必进行全垦，可采取去除杂草和灌木、局部耕翻土壤、补种适宜的牧草种子、出苗后增施肥料的措施。这种方式建立的草地，称为改良草地，投入资金比人工草地少，同样可以建立围栏，对畜群实行分区轮牧。只要每年坚持去杂、补播、施肥等管理，可以持续利用，获得较多的肉牛产品收入。

二、半舍饲饲养方式

半舍饲饲养方式是利用天然生态系统辅助人工生态系统的方式，是放牧与舍饲结合的饲养方式（图3-5）。一般分有三种方式：一是草场面积不够，无论是建立人工草地或天然放牧场，由于面积有限，无法扩大，只能按计划每天将牛群放牧一定时间或区域，然后赶回牛舍进行补饲；二是在气候条件较恶劣的地区，夜晚寒冷或天气炎热时，需要将牛赶入牛舍饲养，以维持家畜的正常生产；三是牛的生理阶段需要，如育肥前期架子牛生长阶段可放牧于草地，待体重达到一定重量时，转入舍饲，用干草和混合精料集中、强制育肥直到出栏。肉牛的犊牛断奶后，青年牛或后备牛的饲养可先采取放牧，直到妊娠后期转入舍饲，进行精细的饲养和管理。在有条件的地区，主要指管理技术水平较高的牛场，采用这种放牧与舍饲结合的饲养方式能最大限度地降低饲养成本，提高生产效率和设备利用率。若技术管理水平不高，不能进行科学的放牧饲养，其实质是牧草的产量和质量不能满足青年牛生长发育的需要，不能按计划达到预期体重，则有可能延误配种日期，甚至牛的发育、健康不良，有可能影响该牛的终身产奶量。因此，青年肉牛的这种饲养方式只有在具备了条件的前提下才能采用。

图3-5　半舍饲饲养方式

三、舍饲饲养方式

舍饲饲养方式是按照肉牛在天然生态系统中的习性，人工创造一个适宜肉牛生存的小环境，并模拟肉牛在天然生态系统中的摄食习惯和需求，提供饲料饲草，这种方式多用于育肥期的肉牛。这种方式肉牛的饲养管理都在牛舍或棚圈内进行，牛舍外有一小块供牛自由活动的运动场。舍饲可以减少放牧时的能量消耗，可以减轻亚热带地区草地蜱螨和北方草场牛虻、蚊虫等对牛的侵袭和伤害。实行完全舍饲的目的是获得缩短肉牛育肥期，提高出栏率（图3-6、图3-7）。舍饲是肉牛饲养和生产的联合小区，除了有牛舍建筑，还有其他必需的附属设施，如饲料加工间、堆草场或贮草房、饲料仓库、青贮窖、运输和机械设备、技术资料室和兽医室等。管理上有周密的饲料储备和饲料供应计划，保证全年平衡供应，有相对稳定的饲养管理规范，使生产、牛群健康和肉牛产品质量都达到较高水平。

图 3-6　舍饲饲养方式

A. 拴系式运动场　　　　　　　　B. 散放式运动场

图 3-7　舍饲饲养方式运动场

第二节　生态肉牛养殖场的选址与布局

一、生态肉牛养殖场的选址

场址的选择要有周密考虑、通盘安排和比较长远的规划。必须与农牧业发展规划、农田基本建设规划以及新修建住宅等规划结合起来，必须适应于生态肉牛规模化养殖的需要。所选场址，要有发展的余地。

肉牛场应建在地势高燥、背风向阳、地下水位较低、具有缓坡的北高南低、总体平坦的地方。切不可建在低凹处、风口处，以免排水困难，汛期积水及冬季防寒困难。

场址土质以沙壤土为好。土质松软，透水性强，雨水、尿液不易积聚，雨后没有硬结、有利于牛舍及运动场的清洁与干燥，有利于防止蹄病及其他疾病的发生。

场址周边要有充足的合乎卫生要求的水源，保证生产生活及人、畜饮水。水质良好，不含任何不符合生态养殖标准的物质，确保人、畜安全和健康。

周边草料丰富，规模化生态肉牛饲养所需的饲料特别是粗饲料需要量大，不宜运输。肉牛场应距秸秆、青贮和干草饲料资源较近、以保证草料供应，减少运费，降低成本。保证大量粪便及废弃物通过处理后还田。

交通方便，有利于商品牛和大批饲草饲料的运输，生态牛场运输量很大，来往频繁，有些运输要求风雨无阻，因此，肉牛场应建在离公路或铁路较近、交通方便的地方。但又不能太靠近交通要道与工厂、住宅区，以利防疫和环境卫生。

生态肉牛养殖场要远离主要交通要道、村镇工厂 500 米以外，远离一般交通道路 200 米以外。还要避开对生态肉牛场污染的屠宰、加工和工矿企业，特别是化工类企业。符合兽医卫生和环境卫生的要求，周围无传染源。

生态肉牛养殖场要远离地方病高发区，人、畜地方病多因土壤、水质缺乏或过多含有某种元素而引起。地方病对生态肉牛的生长和肉质影响很大，虽可防治，但势必会增加成本，同时所生产的产品达不到生态产品要求，选场时应尽可能避免。

生态牛场占地面积一般大于常规牛场，舍饲生态肉牛繁育场一般可按每头 $150\sim200$ 米^2 计算，育肥场一般可按每头 $50\sim60$ 米^2 计算。每头牛应配套有 1 亩以上植物生态系统用地。其他生态肉牛生产方式，要根据生态系统的承载能力而定，主要是生态系统、食物链中食物量而定，同时考虑肉牛的废弃物产生量和生态系统的消纳量。

肉牛的生物学特性是相对耐寒而不耐热的。肉牛比较适宜的环境温度为 $5\sim15$℃，最佳生产温度为 $10\sim15$℃。当气温为 29℃，相对湿度为 40%，采食量下降 8%；在同等温度条件下，相对湿度为 90%，采食量下降 31%。

我国地域辽阔，南北温度、湿度等气候条件差异很大，各地在建造牛舍时要因地制宜。例如，南方的特点主要是夏季高温、高湿，因此，南方的牛舍首先应考虑防暑降温和减少湿度，而在北方部分地区又要注意冬季的防寒保温。

牛场地势过低、地下水位太高，极易造成环境潮湿，影响肉牛的健康，同时蚊蝇也多。而地势过高，又容易招致寒风的侵袭，同样有害于肉牛的健康，且增加交通运输困难。因此，生态肉牛舍宜修建在地势高燥、背风向阳、空气流通、土质坚实（以沙壤土为好）、地下水位低（2 米以下）、具有缓坡的北高南低平坦的地方。

饲料加工、饲喂以及清粪等都需要电力，因此，牛场要设在供电方便的地方。同时，牛场用水量很大，要有充足、良好的水源，以保证生活、生产及人、畜饮水。通常以井水、泉水为好。在勘察水源时要对水质进行物理、化学及生物学分析，特别要注意水中微量元素的成分与含量，以确保人、畜安全和健康，符合生态肉牛生产要求。

二、生态肉牛养殖场的规划布局原则

牛场内各种建筑物的配置应本着因地制宜和科学管理的原则，统一规划，合理布局。应做到整齐、紧凑、提高土地利用率和节约基建投资、经济耐用、有利于生产流程和便于防疫、安全等。

生态肉牛舍应建造在场内生产区中心。为了便于饲养管理，尽可能缩短运输路线。修建数栋牛舍时，应坐北朝南，采用长轴平行配置，以利于采光、防风、保温。当牛舍超过 4 栋时，可 2 行并列配置，前后对齐，相距 10 米以上。牛舍内应设牛床、值班室和饲料室。牛舍前应有运动场，内设自动饮水槽，凉棚和饲槽等。牛舍四周和道路两旁应绿化，以调节小气候，美化环境。

饲料调制室设在牛场中央，饲料库靠近饲料调制室，以便车辆运输。

草垛、青贮塔（窖）可设在牛舍附近，以便取用，但必须防止牛舍和运动场的污水渗入窖内，草垛应设在距离房舍 50 米以外的背风向阳处。

兽医室和病牛舍要建造在牛舍 200 米以外的偏僻地方，以避免疾病传播。应设在牛舍下风向的地势低洼处。

场部办公室和职工宿舍应设在牛场大门口和场外地势高的上风向，以防疫病传染。场部应设门警值班室和消毒池。

三、生态肉牛规模化繁育场的布局

规模化生态肉牛繁育场按照功能一般可分为办公区、饲料加工区、犊牛饲养区、后备牛饲养区、种牛繁殖区、肉牛育肥区、疫病防治及污物处理区，按照西高东低的地势可以作如图 3-8 所示的布局。

四、生态肉牛规模化育肥场的布局

规模化生态肉牛育肥场一般包括办公区、饲料生产区、动物饲养区和污物处理区，本书编者为某牛场设计的生态肉牛育肥场平面示意图如图 3-9 所示。

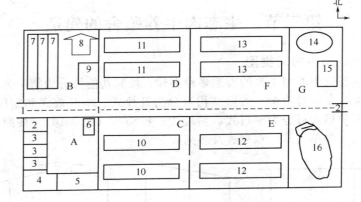

图 3-8　繁殖牛场平面示意图

A—办公区；B—饲料加工区；C—犊牛饲养区；D—后备牛饲养区；
E—种牛繁殖区；F—肉牛育肥区；G—疫病防治及污物处理区

1—消毒池；2—门卫；3—办公室；4—会议室；5—餐厅；6—消毒更衣室；
7—青贮池饲料生产车间；8—干草棚；9—精料加工贮存库；10—犊牛舍；
11—后备牛舍；12—繁殖母牛舍；13—肉牛育肥舍；14—沼气池；
15—卫生防疫室；16—人工湿地系统

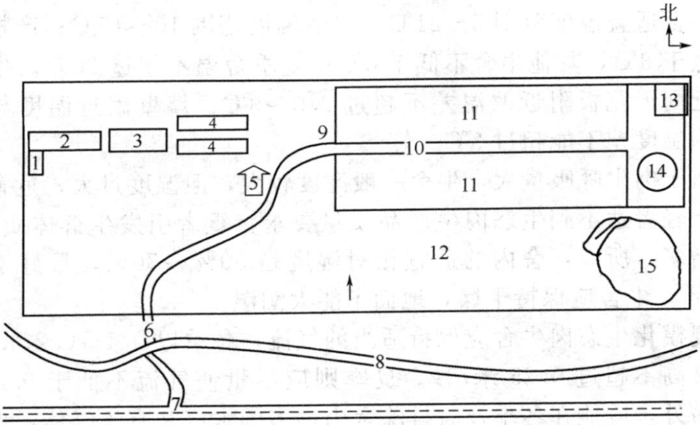

图 3-9　生态肉牛育肥养殖场平面示意图

1—餐厅；2—综合办公楼；3—饲料生产车间；4—青贮窖；5—磅房；
6—外出道路；7—高速出口；8—公路；9—消毒室；10—场内道路；
11—肉牛育肥区；12—饲草地；13—卫生防疫区；
14—沼气池；15—人工湿地系统

第三节 生态肉牛养殖舍的建造

一、肉牛舍的类型

生态肉牛养殖牛舍的类型多种多样，按照功能可分为犊牛舍、后备牛舍、繁殖母牛舍。按照结构可分为开放式、半开放式和密闭式。按照屋顶形式可分为平顶式、斜坡式、钟楼式（图 3-10）。按照内部结构可分为单列式、双列式及多列式。

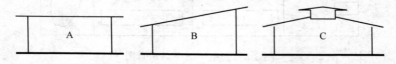

图 3-10　牛舍屋顶形式

A—平顶式；B—斜坡式；C—钟楼式

二、肉牛舍的设计

1. 生态牛舍环境设计要求

牛舍适宜温度范围 5～21℃，最适温度范围 10～15℃；产犊舍舍温不低于 8℃，其他牛舍不低于 0℃；夏季舍温不超过 30℃。牛舍地面附近同天花板附近的温差不超过 2.5～3℃。墙壁附近温度与畜舍中央的温度差不能超过 3℃。

由于肉牛呼吸量大，牛舍一般湿度较大，但湿度过大，危害肉牛生产，轻者达不到生态肉牛产品质量要求，重者引发牛群体质下降、疾病增多。所以，舍内的适宜相对湿度是 50%～70%，最好不要超过 80%。牛舍应保持干燥，地面不能太潮湿。

规模化生态肉牛舍应保持适当的气流，冬季以 0.1～0.2 米/秒为宜，最高不超过 0.25 米/秒。夏季则应尽量使气流不低于 0.25 米/秒。另外，应能在冬季及时排除舍内过多的水汽和有害气体，保证畜舍氨含量不超过 26 克/米³、硫化氢含量不超过 6.6 克/米³。

畜舍采光系数即窗受光面积与舍地面积相比，商品生态肉牛一般舍为 1∶16 以上，入射角不小于 25°，透光角不小于 5°，应保证让冬季畜床上有 6 小时的阳光照射。

2. 生态牛舍结构设计要求

（1）畜舍地面以建材不同而分为黏土地面、三合土（石灰：碎石：黏土为1：2：4）地面、石地面、砖地面、木质地、水泥地面等。为了防滑，水泥地面应做成粗糙磨面或划槽线，线槽坡向粪沟。

（2）墙体是畜舍的主要围护结构，将畜舍与外界隔离，起承载屋顶和隔断、防护、隔热、保暖作用。墙上有门、窗，以保证通风、采光和人、畜出入。根据墙体的情况，可分为开放舍、半开放舍和封闭舍三种类型。封闭式畜舍，上有屋顶，四面有墙，并设有门、窗。半开放式畜舍三面有墙，一般南面无墙或只有半截墙。开放式畜舍四面无墙。

（3）畜舍的门有内外之分，舍内分间的门和附属建筑通向舍内的门叫内门，直接通向舍外的门叫外门。畜舍外门的大小，应充分考虑牛自由出入、运料清粪和发生意外情况能迅速疏散肉牛的需要。每栋牛舍的两端墙上至少应该设2个向外的大门，其正对中央通道，以便于送料、清粪。大跨度畜舍也可以正对粪尿道设门，门的多少、大小、朝向都应根据畜舍的实际情况而定。较长或带运动场的畜舍允许在纵墙上设门，但要尽量设在背风向阳的一侧。所有牛舍大门均应向两侧开，不应设台阶和门槛，以便牛自由出入。门的高度一般为2~2.4米，宽度为1.5~2米。

（4）牛舍的窗设在畜舍中间的墙上，起到通风、采光、冬季保暖的作用。在寒冷地区，北窗应少设，窗户的面积也不宜过大；在温暖的南方地区主要保证夏季通风，可适当多设窗和加大窗户面积。以窗户面积占总墙面积1/3~1/2为宜。

（5）屋顶是牛舍上部的外围护结构，具有防止雨雪和风沙侵袭以及隔绝强烈太阳辐射热的作用。而其主要功能在于冬季防止热量大量地从屋顶排出舍外，夏季阻止强烈的太阳辐射热传入舍内，同时也有利于通风换气。常用的天棚材料有混凝土板、木板等。牛舍高度（地面至天花板的高度）在寒冷地区可适当低于南方地区。屋顶斜面呈45°畜舍高度标准，通常牛舍为2.4~2.8米。

（6）牛床是生态肉牛采食和休息的场所。肉牛在一天内约有50%~70%的时间是在牛床躺着，因此，牛床应具有保温、不吸水、坚固耐用、易于清洁消毒等特点。牛床的长度取决于牛体大小和拴系方式，一般为1.45～1.80米（自饲槽后沿至排粪沟）。牛床不宜过短或过长，过短时肉牛起卧受限，容易引起腰肢受损；牛床过长则粪便容易污染牛床和牛体。牛床的宽度取决于肉牛的体型。一般肉牛的体宽为75厘米左右，因此，牛床的宽度也设计为75厘米左右。同时，牛床应有适当的坡度，并高出清粪通道5厘米，以利冲洗和保持干燥，坡度常采用1.0%～1.5%，要注意坡度不宜太大，以免造成繁殖母牛的子宫后垂或产后脱出。此外，牛床应采用水泥地面，并在后半部划线防滑。牛床上可铺设垫草或木屑，一方面保持干燥、减少蹄病，另一方面又有益于卫生。繁殖母牛的牛床可采用橡胶垫。

拴系方式有硬式和软式两种。硬式多采用钢管制成，软式多用铁链。其中铁链拴牛又有直链式（图3-11）和横链式（图3-12）之分。直链式尺寸为：长链长130～150厘米，下端固定于饲槽前壁，上端拴在一根横栏上；短链长50厘米，两端用两个铁环穿在长链上，并能沿长链上下滑动。这种拴系方式，牛上下左右可自由活动，采食、休息均较为方便。横链式尺寸为：长链长70～90厘米，两端用两个

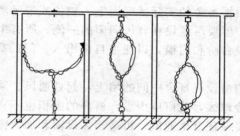

图3-11　直链式颈枷

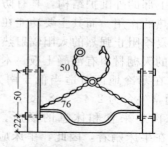

图3-12　横链式颈枷

铁环连接于侧柱，可上下活动，短链长 50 厘米，两端为扣状结构，用于牛的拴系脖颈。这种拴系方式，牛亦可自由活动，采食、休息。

（7）舍饲生态牛场在每栋牛舍的南面应设有运动场。运动场不宜太小，否则牛密度过大，易引起运动场泥泞、卫生差，导致腐蹄病增多。运动场的用地面积一般可按：繁殖母牛 20～40 米^2/头、后备牛和育肥牛 15～20 米^2/头、犊牛 5～10 米^2/头。

运动场场地以三合土或砂质土为宜，地面平坦，并有 1.5%～2.5% 的坡度，排水畅通，场地靠近牛舍一侧应较高，其余三面设排水沟。运动场周围应设围栏，围栏要求坚固，常以钢管建造，有条件的也可采用电围栏，栏高一般为 1.2 米，栏柱间距 1.5 米。

运动场内应设有饲槽、饮水池和凉棚。凉棚既可防雨，也可防晒。凉棚设在运动场南侧，棚盖材料的隔热性能要好，凉棚高 3～3.6 米，凉棚面积为 5 米^2/头。此外，运动场的周围应种树绿化。

3. 生态牛舍结构设计示意图

（1）肉牛舍结构横面结构示意图如图 3-13 所示。

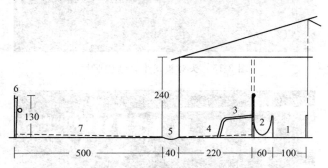

图 3-13　肉牛舍横面结构示意图（单位：厘米）

1—饲喂道；2—食槽；3—隔栏；4—牛床；5—排污沟；

6—拴牛庄及铁环；7—运动场

（2）头对头式牛舍结构横面结构示意图如图 3-14 所示。

（3）头对头式牛舍结构照片如图 3-15 所示。

（4）单列拴系式牛舍结构照片如图 3-16 所示。

（5）犊牛岛结构照片如图 3-17 所示。

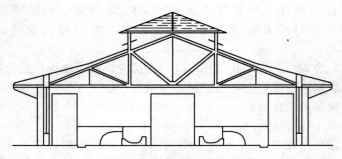

图 3-14　头对头式牛舍结构横面结构示意图

图 3-15　头对头式牛舍结构照片

图 3-16　拴系式牛舍结构照片

图 3-17 犊牛岛结构照片

第四节 生态肉牛养殖的配套设施

一、食槽饮水设施

食槽是牛舍中的重要设施，喂精饲料或粗饲料都用它，有固定的，也有可移动的，建筑材料有木材、砖砌抹水泥或水泥的预制件。无论什么材料，要求结实、里面光滑，如有毛刺会伤及牛的舌头，因为牛喜用舌头舐食。食槽里的水泥抹面应有 4～5 厘米厚度，否则极易磨损。肉牛饲料中常有啤酒糟等，含水分较多，故食槽内底应为圆弧形，让牛容易舐食干净（图 3-18）。食槽的高度依各地情况而定，大多采用低位，即食槽内边高 50～60 厘米、外边高 60～70 厘米，食槽内底部离地面 15～20 厘米，比较符合牛在野外低头食草的习性。也有建成高位食槽的，即离地面高 1 米，食槽内底部距地面约 50 厘米，牛伸头稍低即可采食到草料，这种食槽多见于肉牛育肥场。牛群转移时，为了喂料方便，可制作可移动式食槽（图 3-19）。牛的放牧场也应设计补饲食槽（图 3-20）。

规模化牛场，大多采用自动饮水装置，安装在颈枷旁边（图 3-21）。一般小型牛场多数采用在运动场上修建饮水池的方法，供牛

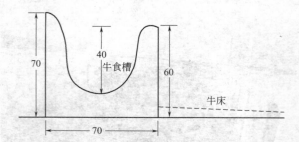

图 3-18　牛食槽与牛床（单位：厘米）

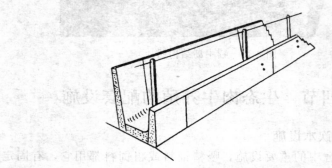

图 3-19　可移动式食槽

图 3-20　放牧牛补饲食槽

图 3-21　自动饮水装置

自由饮水。为保持饮水清洁，要求水池离地面至少高 80 厘米，以防牛蹄踏入；水池上方建凉棚，以减少沙尘、树叶等的污染；水池要有排水孔，方便清洗。冬季可采用底下生火或安装电热丝等方法给水加温，也有在圆形水池上放一块浮起的圆形板，可以减轻结冰的程度，牛嘴压板材时水溢出可供饮用。

二、饲草饲料设施

第一是饲料库房，根据牛场的运输能力以及防止雨雪等恶劣天气的影响，设计一定容量的仓库供短期贮存饲料。库房的建设要求高于

图 3-22　牛场饲料库房及加工间

地面 30 厘米以上。门窗要设计安有纱网，以防老鼠、麻雀侵入，并有通风、防火等设施，保持室内干燥（图 3-22）。第二是饲料加工间，依牛场规模大小配备粉碎、称量、混合等机具，以及存放啤酒糟、糖蜜、食盐等原料的场所；喂全混合日粮的还应有大型混合机具。第三是青贮饲料加工与贮存设施（图 3-23），如青贮窖或青贮塔，铡草机与青粗饲料揉切机等。第四是干草及加工机具，干草堆放场地也应有高出地面的地坪，四周有排水沟，上方搭建干草棚（图 3-24），附近设有值班室并备有防火器材与消防龙头等。第五是饲草料运送车辆与相应工具（图 3-25）。

图 3-23　牛场青贮窖

图 3-24　牛场干草棚

图 3-25　牛场专用 TMR 车

三、安全与防寒、防暑设施

牛场安全中最重要的是防火，因为干草堆和其他粗饲料极易被引燃，管理不好的干草堆在受雨雪淋湿后，在微生物作用下会发酵升温，如不及时翻开处理，将继续升温而"自燃"，可能酿成火灾。为此，干草区和饲料区是牛场防火的重点，除订立安全责任制度外，还要配备防火设施，如灭火器、消防水龙头等。第二是防止跑牛，围栏

图 3-26　牛场植树能提供荫凉

门、牛舍门及牛场大门都要安装结实的锁扣。第三是防暑，高于25℃气温，牛开始出现热应激反应。而防暑的最好方法是注意牛场建设布局的通风性能，防止设施成为牛舍夏季风的屏障；牛场植树能提供荫凉（图3-26），又不阻挡通风。运动场上可对立搭建部分凉棚（图3-27）。此外，在牛舍或牛棚安装大型排风扇（图3-28）和喷雾水龙头（图3-29）等也是防止牛中暑的有效手段。第四是防寒，牛是比较耐寒冷的动物，母牛在环境温度低于10℃时，表现出采食量增加；肉牛能耐受更低的温度，但是温度过低肉牛生长速度减慢，饲料转化效率降低，饲养效益下降。舍饲牛舍要防止漏风，墙壁有洞眼

图 3-27　牛运动场搭建凉棚

图 3-28　牛舍内装电风扇

图 3-29　牛舍内装喷雾装置

或缝隙，冷风劲吹即形成所谓"贼风"，会造成对牛的伤害，必须防止。长江以南多为开放式牛棚，只要注意牛床和垫草的干燥，一般能安全渡过冬春季。北方地区半开放式牛舍，在冬春季大风天气，可迎着主风向在牛舍挂帘阻挡寒风，平时注意将牛喂饱，铺垫干的褥草，都能安全越冬。我国北纬40°以北海拔较高的地区，冬春季节应让牛在牛舍内或搭建的大棚中度过。

四、卫生防疫设施

卫生防疫工作需要有一整套制度来保证。牛场建设时有必要考虑防疫所需的条件。包括以下几种方式：①牛场大门旁设立准备室，安装衣柜、鞋柜、镜子等物，本场职工或参观人员入场前在此更换衣帽、胶鞋或工作鞋。②建立入场人员消毒专用通道，内设有消毒液的浅池，上方有一定数量的紫外线灯，来人按规定完成鞋底及体表的消毒方可入场。③安装闭路电视，外来人员在此房间内可清楚地看到牛场各个区域，不必进入生产区参观。④安装参观平台。在办公区内邻近生产区的位置，建一较高的平台和楼梯，外来参观考察人员只需登上此台，可瞭望全场各区生产状况，若为开放式或半开放式牛棚的结构，瞭望台的使用效果较好。

第五节　生态肉牛场废弃物的加工处理

一、土地还原法

牛粪尿的主要成分是粗纤维以及蛋白质、糖类和脂肪类等物质，其一个明显的特点是易于在环境中分解，经土壤、水和大气等的物理、化学及生物的分解、稀释和扩散，逐渐得以净化，并通过微生物、动植物的同化和异化作用，又重新形成动物性、植物性的糖类、蛋白质和脂肪等，也就是再度变为饲料。根据我国的国情，在今后相当长的一段时期，特别是农村，粪尿可能仍以无害化处理、还田为根本出路。图 3-30 是某牛场将牛粪便发酵后准备制作有机肥。

图 3-30　粪便发酵后制作有机肥

二、生物能源法

将牛场粪尿进行厌气（甲烷）发酵法处理，不仅净化了环境，而且可以获得生物能源（沼气），同时通过发酵后的沼渣、沼液把种植业、养殖业有机结合起来，形成一个多次利用、多层增值的生态系统。目前，世界许多国家广泛采用此法处理牛场粪尿。以 1000 头牛的牛场为例，利用沼气池或沼气罐厌气发酵牛场的粪尿，每立方米牛粪尿可产生多达 1.32 米³ 沼气（采用发酵罐），产生的沼气可供应

1400 户职工烧菜做饭，节约生活用煤 1000 多吨。粪尿经厌氧（甲烷）发酵后的沼渣含有丰富的氮、磷、钾及维生素，是种植业的优质有机肥。沼液可用于养鱼或用于牧草地灌溉等。

三、人工湿地法

人工湿地是经过精心设计和建造的，湿地上种有多种水生植物（如水葫芦、细绿萍等），水生植物根系发达，为微生物提供了良好的生存场所。微生物以有机物质为食物而生存，它们排泄的物质又成为水生植物的养料，收获的水生植物可再作为沼气原料、肥料或草鱼等的饵料，水生动物及菌藻随水流入鱼塘作为鱼的饵料。通过微生物与水生植物的共生互利作用，使污水得以净化。据报道，高浓度有机粪水在水葫芦池中经 7～8 天吸收净化，有机物质可降低 82.2%，有效态氮降低 52.4%，速效磷降低 51.3%。该处理方式与其他粪污处理设施比较，具有投资少、维护保养简单的优点。

四、生态工程法

本系统首先通过分离器或沉淀池将固体厩肥与液体厩肥分离（图 3-31），其中，固体厩肥作为有机肥还田、制作燃料（图 3-32）或作为食用菌（如蘑菇等）的培养基，液体厩肥进入沼气厌氧发酵池（图 3-33）。通过微生物—植物—动物—菌藻的多层生态净化系统，使污

图 3-31　粪便固液分离

水得到净化。净化的水达到国家排放标准，可排放到江河，回归自然或直接回收利用进行冲刷牛舍等。

图 3-32　分离出来的固态物质经微生物发酵后制煤

图 3-33　分离出来的液态物质处理后进入沼气池

此外，牛场的排污物还可通过干燥处理、粪便饲料化应用以及营养调控等措施进行控制。

第四章

肉牛生物学特点及其在生态养殖中的利用

第一节　肉牛的行为特征

一、肉牛采食的特点

肉牛采食的特点是喜食带有酸甜口味的饲料。因此，在生产实践中，可以应用酸味和甜味调味剂，调制低质粗饲料，如玉米秸秆、高粱秸秆、小麦秸秆等农作物的秸秆，改善肉牛对这些饲料的适口性，提高采食量，降低饲养成本。常用的有机酸调味剂主要有柠檬酸、苹果酸、酒石酸、乳酸等；甜味调味剂有糖蜜和甜蜜素等。

肉牛采食速度快，饲料在口中不经仔细咀嚼即咽下，在休息时进行反刍。肉牛舌大而厚，有力而灵活，舌的表面有许多向后凸起的角质化刺状乳头，会阻止口腔内的饲料掉出来。如饲料中混有铁钉、铁丝、玻璃碴等异物时，很容易吞咽到瘤胃内，当瘤胃强烈收缩时，尖锐的异物会刺破胃壁，造成创伤性胃炎，甚至引起创伤性心包炎，危及肉牛的生命。当肉牛吞入过多的塑料薄膜或塑料袋时，会造成网胃瓣胃孔堵塞，严重时会造成肉牛死亡。因此，喂肉牛时，饲草要干净。

肉牛无上门齿，而有齿垫，嘴唇厚，吃草时靠舌头伸出口外把草卷入口中。放牧时牧草在 30～45 厘米高时采食最快，不能啃食过矮的草，故在春季不宜过早放牧，应等草长到 12 厘米以上时再开始放牧，否则肉牛难以吃饱。自由采食的肉牛通常每天采食时间需要 6 小时，饲料品质对肉牛采食时间影响较大，易咀嚼、适口性好的饲料的采食时间短，秸秆的采食时间较长。

肉牛饮水时把嘴插进水里吸水，鼻孔露在水面上，一般每天至少饮水 4 次以上，饮水行为多发生在午前和傍晚，很少在夜间或黎明时饮水。饮水量因环境温度和采食饲料的种类不同而有较大差异，一般每天饮水 15～30 升。因此，要保证肉牛有充足的饮水，特别是白天，要集中饮水时间。

肉牛的唾液分泌量大，每日每头肉牛的唾液分泌量为 100～200 升。唾液分泌有助于消化饲料和形成食团。唾液中含有碳酸盐和磷酸盐等缓冲物质和尿素等，对维持瘤胃内环境和内源性氮的重新利用起着重要作用。唾液的分泌量和各种成分含量受肉牛采食行为、饲料的物理性状和水分含量、饲粮适口性等因素的影响。肉牛需要分泌大量的唾液才能维持瘤胃内容物的糜状物顺利地随瘤胃蠕动而翻转，使粗糙未嚼细的饲草料位于瘤胃上层，反刍时再返回口腔，嚼细的已充分发酵吸收水分的细碎饲草料沉于胃底，随着反刍运动向后面的第三、第四胃转移。

二、肉牛排泄的特点

肉牛每天的排泄次数和排泄量因饲料的性质和采食量、环境温度、湿度、产奶量和个体状况的不同而异，正常肉牛每天平均排尿 9 次，排粪 12～18 次。例如，吃青草时比吃干草排粪次数多，产奶母牛比一般肉牛排粪次数多。不同品种的肉牛排粪量虽然大不相同，但排泄的次数相近。肉牛的排尿次数与环境相对湿度有关，如在相对湿度为 20％的干热环境下，平均每天排尿 3～4 次，而在 80％的湿热环境下，每天排尿达 10 次以上。一般肉牛在正常情况下，每天的排尿量为 10～15 千克。根据国家环保总局推荐的排泄系数，每头肉牛平均粪便量为：牛粪，20 千克/头·天；牛尿，10 千克/头·天。肉牛粪各种养分含量约为：水分 83.3％、有机质为 14.5％、氮素为 0.32％、磷为 0.25％、钾为 0.16％。设计规模化肉牛场，要根据肉牛的粪尿量配套处理设施和生态循环利用系统。

三、环境适应性特点

多数肉牛主要分布于温带和亚热带地区，我国的黄牛品种繁多，广泛分布于全国各地，一般肉牛的耐寒能力较强，而耐热能力较差。在高温条件下，肉牛主要通过出汗和热喘息调节体温。一般当外界环境温度超过30℃时，肉牛的直肠温度开始升高，当体温升高到39℃时，往往出现热喘息。不同品种肉牛之间的耐热能力差异较大，如北欧的荷斯坦肉牛，适宜的外界温度为10～20℃，而瘤牛等耐热品种的适宜外界温度比它高出5～7℃。在沙漠气候条件下，对荷斯坦牛的耐热性研究发现，试验牛的体温、呼吸频率和皮肤温度都有显著的季节性变化。例如，夏季和秋季时的体温和呼吸频率比冬季时高。在低温条件下，肉牛的皮肤温度降低，并且耳、鼻、尾及四肢的皮肤温度低于躯干部位的温度，表明这些部位的血管运动对肉牛的体温起到一定的调节作用。炎热使肉牛的食欲降低，反刍次数减少，消化机能明显降低，甚至抑制皱胃的食糜排空活动。炎热使泌乳牛的产奶量下降。在持续长时间的热应激情况下，甲状腺机能降低，如夏季气温高于26℃时，产奶量开始明显下降；高于35℃时，采食量明显下降，生长速度缓慢或停滞。

肉牛在高温条件下，如果空气湿度升高，会阻碍牛体的蒸发散热过程，加剧热应激；而在低温环境下，如湿度较高，又会使牛体的散热量加大，使机体能量消耗相应增加。空气相对湿度以50%～70%为宜，适宜的环境湿度有利于肉牛发挥其生产潜力。夏季相对湿度超过75%时，肉牛的生产性能明显下降。因此，肉牛对环境湿度的适应性，主要取决于环境的温度。夏季的高温、高湿环境容易使肉牛中暑。在设计和建造肉牛场牛舍时要特别注意肉牛的环境适应特点。

第二节 肉牛的消化特点

一、肉牛的消化器官特点

肉牛消化器官的最大特点是肉牛的胃由四个部分组成，即瘤胃、网胃、瓣胃和皱（真）胃。肉牛的瘤胃占据腹腔的绝大部分空间，容纳着所进食的草料。瘤胃、网胃、瓣胃和皱（真）胃在饲料的消化过程中都有特殊的功能（图4-1）。

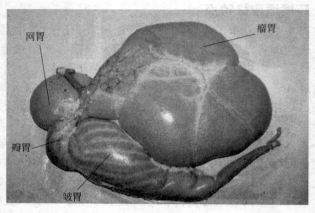

图 4-1 牛的瘤胃

（1）瘤胃俗称"草包"，体积最大，是细菌发酵饲料的主要场所，有"发酵罐"之称。容积因肉牛大小各异，一般肉牛为 100 升。瘤胃是由肌肉囊组成，通过蠕动使食团有规律地流动。

（2）网胃也称蜂巢胃，靠近瘤胃，主要功能是发酵和过滤分类。对于已经微生物消化基本完全和细小的部分，通过分类进入下一消化阶段，尚未完全消化的部分，重新进入瘤胃，再通过逆呃、咀嚼再消化。网胃还能帮助排出胃内的发酵气体（嗳气），当饲料中混入金属异物时，易在网胃底沉积或刺入心包。

（3）瓣胃也称"百叶肚"，位于瘤胃右侧面，占 4 个胃的 7%，其功能是榨干食糜中的水分，避免大量瘤胃液流入后消化道，以提高后消化道对食糜的消化吸收，同时瓣胃也吸收少量营养。

（4）皱胃也称真胃，产生并容纳胃液和胃酸，也是菌体蛋白和过瘤胃蛋白被消化的部位。食糜经幽门进入小肠，消化后的营养物质通过肠壁吸入血液。

二、肉牛特殊的消化生理现象

（1）反刍是反刍动物所特有的生理现象，肉牛将采食的富含粗纤维的草料，在休息时逆呃到口腔，经过重新咀嚼，并混入唾液再吞咽下去的过程叫反刍。通过反刍粗饲料被二次咀嚼，混入唾液，以增大瘤胃细菌的附着面积，提高饲料的消化速度。在肉牛生产中，要保证肉牛有充分的休息和反刍时间。

（2）肉牛唾液分泌量大，为适应消化粗饲料的需要，肉牛分泌大量富含缓冲盐类的腮腺唾液。唾液中含有黏蛋白、尿素及无机盐等，能维持瘤胃内环境，浸泡粗饲料，对保持氮素循环起着很重要的作用。在肉牛生产实践中，如果发现肉牛唾液分泌少或不正常，必须立即诊断原因，及时处理。

（3）犊牛有食管沟或食道沟反射现象。食道沟始于贲门，延伸至网胃-瓣胃口，是食道的延续，收缩时形成一中空管子（或沟），使食物穿过瘤胃-网胃，直接进入瓣胃。在哺乳期的犊牛食道沟可以通过吸吮乳汁而出现闭合，称食道沟反射，使乳汁直接进入瓣胃和真胃，以防止乳进入瘤胃-网胃而引起细菌发酵及消化道疾病。食道沟反射是反刍动物幼龄阶段消化液体饲料的一种生理现象，对提高液体饲料利用效率和保证动物健康具有重要意义。在生产实践中，要充分利用这一现象，避免牛奶进入瘤胃。

（4）嗳气现象。肉牛瘤胃微生物不断发酵着进入瘤胃中的饲料营养物质，产生挥发性脂肪酸及各种气体（二氧化碳、硫化氢、甲烷、氨气和一氧化碳等）。这些气体只有不断通过嗳气动作排出体外，才能防止胀气，当肉牛采食大量带露水的豆科牧草和富含淀粉的根茎类饲料时，瘤胃发酵作用急剧上升，所产气体不能及时嗳出时，会出现"胀气"，应及时采取机械放气和灌药止酵，否则肉牛会窒息死亡。嗳气是一种肉牛的正常生理现象，但是也是一种营养损失的过程，生产中要减少嗳气产生。

三、肉牛瘤胃的消化

肉牛的复胃消化与其他动物的单胃消化的主要区别在前胃，除了上述特有的生理现象外，就是微生物消化过程。瘤胃和网胃内可消化饲料中含 70%～85% 的可消化干物质，其中约含 50% 的粗纤维，并产生挥发性脂肪酸和气体，合成蛋白质和某些维生素。因此，前胃消化在反刍动物的消化过程中起着特别重要的作用。

1. 分解和利用碳水化合物

饲料中的纤维素主要靠瘤胃微生物的纤维素分解酶的作用，通过逐级分解，最终产生挥发性脂肪酸，其中主要是乙酸、丙酸和丁酸三种有机酸和少量高级脂肪酸,可供肉牛体利用。其中的乙酸和丁酸是泌乳肉牛合成乳脂肪的主要原料,被瘤胃吸收的乙酸约有40%为乳腺所利用,丙酸是合成体脂的主要原料。肉牛瘤胃一昼夜所产生的挥发性脂肪酸可提供机体所需能量的60%~70%。

饲料中的淀粉、葡萄糖和其他可溶性糖类,可由微生物酶分解利用,产生低级脂肪酸、二氧化碳和甲烷等。同时能利用饲料分解所产生的单糖和双糖合成糖原,并储存于其细胞内,当进入小肠后,微生物糖原再被动物所消化利用,成为肉牛体的葡萄糖来源之一。泌乳肉牛吸收入血液的葡萄糖约有40%被用来合成肉牛体脂和提供能量。

2. 分解和合成蛋白质

瘤胃微生物能将饲料蛋白质分解为氨基酸,再分解为氨、二氧化碳和有机酸,然后利用氨或氨基酸再合成微生物蛋白质。瘤胃微生物还能利用饲料中的非蛋白含氮物质,如尿素、铵盐、酰胺等,被微生物分解产生的氨用于合成微生物蛋白质。因此,在肉牛生产中,可用尿素代替饲粮中的一部分蛋白质。在低蛋白质饲粮情况下,肉牛靠"尿素再循环",减少氨的消耗,保证瘤胃内适宜的氨浓度,以利于微生物蛋白质的合成。在瘤胃微生物利用氨合成氨基酸时,还需要碳链和能量,糖、挥发性脂肪酸和 CO_2 都是碳链的来源,而糖还是能量的主要供给者。所以,饲粮中供给充足的易消化糖类,是微生物能更多利用氨合成蛋白质的必要条件。

3. 合成维生素

瘤胃微生物能合成一些 B 族维生素。在一般情况下,即使日粮中缺乏这类维生素,也不会影响肉牛的健康。幼龄犊牛,由于瘤胃还没有完全发育,微生物区系还没有完全建立,有可能患 B 族维生素缺乏症。成年肉牛如日粮中钴的含量不足时,瘤胃微生物不能合成足量的维生素 B_{12},于是会出现食欲降低,生长缓慢。

4. 瘤胃微生物的组成

瘤胃消化主要是微生物的消化作用,微生物主要为种类复杂的厌氧性纤毛虫、细菌、古菌和真菌类等微生物。据研究,1 克瘤胃内容物中,含 150 亿~250 亿个细菌和 60 万~180 万个纤毛虫,总体积约占瘤胃内容物的 3.6%,其中细菌和纤毛虫约各占一半。瘤胃内大量生存的微生物随食糜进入真胃被胃酸杀死而解体,被消化液分解后,可为肉牛提供大量的优质单细胞蛋白质营养。

5. 瘤胃微生物的生存条件

微生物生存并繁殖的良好条件主要包括：饲料和水分相对稳定地进入瘤胃，稳定而源源不断地供给微生物繁殖所需要的营养物质；瘤胃的节律性运动将内容物混合，并使未消化的食物残渣和微生物均匀地排入消化道后段；瘤胃内容物的渗透压维持在接近血浆的水平；瘤胃有相对稳定的温度，由于微生物的发酵作用，瘤胃内的温度通常高达 $39 \sim 41 ℃$；瘤胃相对稳定，pH 变动于 $5.5 \sim 7.5$，饲料发酵产生的大量酸类，被随唾液进入的大量碳酸氢盐所中和，发酵产生的挥发性脂肪酸被瘤胃壁吸收进入血液，以及瘤胃食糜经常地排入消化道后段，使 pH 维持在一定范围；瘤胃内高度乏氧，瘤胃背囊的气体中，通常含二氧化碳、甲烷及少量氮、氢、氧等气体。在生产实践中，提供适宜瘤胃微生物生存的条件是提高瘤胃消化和饲料利用率的前提。

第三节　肉牛的生长发育规律

一、肉牛生长发育的含义

所谓生长发育，在育种学上是指家畜的生命从受精卵开始到衰老死亡为止，一生中在基因型的控制和外界环境的影响下，性状的全部发展变化过程。生长是家畜从受精卵开始，由于细胞的分裂和细胞体积的增大而造成的体重的增加，对肉牛来讲，其体重的增加和体积的增大就称为生长。而发育是指个体生理机能的逐步实现和完善。从细胞水平上讲，是指肉牛体内细胞经过一系列生物化学变化，形成不同的细胞，产生各种不同的组织器官的过程。生长伴随着物质的量的积累，是一个量变的过程；而发育的物质演化基础是细胞的转变和分化，是一个质变的过程，生长为发育创造了质变的条件，而发育又进一步刺激生长，所以生长和发育是量变和质变的统一过程。

二、肉牛生长发育的表示方法

表示肉牛的生长发育状况，要在特定时期对其体重和局部体尺进行称重、测量和分析，在此基础上进行计算，即可掌握肉牛生长发育的基本情况。目前最常用的是用体重变化规律来表示生长发育规律。体重也是肉牛最重要的经济性状。利用生长发育规律的目的是提高肉牛生产性能。目前，主要的生长规律的表示方法有累积生长、绝对生长、相对生长和生长系数。

1. 累积生长

累积生长是肉牛在生后任何时期测得的体重和体尺数值都是它在测定以前生长发育的累积结果，这些测得的数值称为累积生长值。例如，一头肉牛2岁时体高为110厘米、体重600千克，这就代表该肉牛生后2年内生长发育的累积结果。

2. 绝对生长

绝对生长是指肉牛在一定时期中单位时间内的体尺或体重的增长量，它反映肉牛在该时期内的增长速度。绝对生长一般以 G 来表示，计算公式如下：

$$G = (W_1 - W_0)/(t_1 - t_0)$$

W_1 为某一时期结束时的体尺或体重；W_0 为某一时期开始时的体尺或体重；t_1 为该时期结束时肉牛的年龄，t_0 为该时期开始时肉牛的年龄。例如，一头肉牛2岁时体高为110厘米、体重600千克，1.5岁时体高为98厘米、体重450千克，该肉牛1.5～2岁体高和体重的绝对生长分别是2厘米/月和25千克/月。

3. 相对生长

相对生长是某一段时间内体尺或体重增长量与原有体尺或体重的比值，表示生长强度。相对生长用 R 来表示，计算公式如下：

$$R = (W_1 - W_0)/W_0 \times 100\%$$

W_1 是某一时期结束时的体尺或体重；W_0 是某一时期开始时的体尺或体重。例如，一头肉牛2岁时体高为110厘米、体重600千克，1.5岁时体高为98厘米、体重450千克。该肉牛1.5～2岁体高和体重的相对生长分别是12.2%和33.3%。

4. 生长系数

生长系数是某一段时间内结束时的体尺或体重增减量与原有体尺或体重的比值。也是表示相对生长的一种方法。生长系数用 C 来表示，计算公式如下：

$$C = W_1/W_0 \times 100\%$$

W_1 是某一时期结束时的体尺或体重；W_0 是某一时期开始时的体尺或体重。例如，一头肉牛 2 岁时体高为 110 厘米、体重 600 千克，1.5 岁时体高为 98 厘米、体重 450 千克。该肉牛 1.5～2 岁体高和体重的生长系数分别是 112.2% 和 133.3%。

三、肉牛生长的阶段性规律

肉牛生长的阶段一般可分为哺乳期、幼年期、青年期和成年期。

（1）哺乳期是指从出生到 6 月龄断奶为止。初生犊牛自身的各种调节机能较差，易受外界环境的影响，应注意加强护理。可是其生长速度又是一生中最快的阶段。生后 2 月龄内主要长头骨和体躯高度，2 月龄后体躯长度增长较快；肌肉组织的生长也集中于 8 月龄前。哺乳期瘤胃生长迅速，6 月龄达到初生重时的 31.62 倍，皱胃为 2.85 倍。犊牛生长发育如此迅速，主要靠母乳来供给营养。母乳对犊牛哺乳期的生长发育、断奶后的生长发育，以及达到育肥体重的年龄都有着十分重要的影响。肉用牛母牛的泌乳力在泌乳的第一个月、第二个月最高，第三个月保持稳定，以后则明显下降。因此，犊牛生后 3 个月内，母牛能够保证其营养需要，随着月龄的增加，母乳就不能满足其生长发育的需要，应适时补充饲料，保证犊牛的正常生长发育。

（2）幼年期是指从断奶到性成熟为止。这个时期骨骼和肌肉生长强烈，各组织器官相应增大，性机能开始活动。体重的增加在性成熟以前是呈加速度增长，绝对增重随月龄增大而增加。这个时期的犊牛在骨骼和体型上主要向宽、深方向发展，所以后躯的发育最迅速，是控制肉用生产力和定向培育的关键时期。

（3）青年期是指从性成熟到发育至体成熟的阶段。这个时期绝对增重达到高峰，但增重速度进入减速阶段，各组织器官渐趋完善，体格已基本定型，直到肉牛达到稳定的成年体重。肉牛往往达到这个年龄或在这之前可以育肥屠宰。

（4）成年期体型已定，生产性能达到高峰，性机能最旺盛，种公牛配种能力最高，母牛亦能生产初生重大且品质较高的后代。在良好的饲养条件下，能快速沉积脂肪。到老龄时，新陈代谢及各种机能、饲料利用率和生产性能均已下降。

四、体重增长的不均衡性规律

妊娠期间,胎儿在 4 个月以前的生长速度缓慢,以后生长变快,分娩前的速度最快。犊牛的初生重与遗传、孕牛的饲养管理和妊娠期长短有直接关系。初生重与断奶重呈正相关,也是选种的重要指标。一般胎儿在早期头部生长迅速,以后四肢生长加快,在整个体重中的比例不断增加,而肌肉、脂肪等发育较迟。

出生后,在充分饲养的条件下,12 月龄以前生长速度很快,以后明显变慢,近成熟时生长速度很慢,前后期之间的变化有一个生长转缓点。生长转缓点的出现时间因品种而异,如夏洛来肉牛在 8～18月龄,而秦川肉牛在 18～24 月龄。一般而言,早熟品种生长转折点出现的时间较晚熟品种早。在生产上应掌握其生长发育特点,在生长发育快速的阶段给以充分饲养,并在生长转折点出现时或之前出售。同时,在饲料利用率方面,增重快的肉牛比增重慢的要高。如在犊牛期,用于维持需要的饲料,日增重 800 克的犊肉牛为总饲料需要量的47%;而日增重 1100 克的犊肉牛只有总饲料需要量的 38%。也就是说前者用于生长的营养需要只占总营养的 53%,而后者用于生长的营养需要占到总营养的 62%,后者饲料利用效率高于前者。

肉牛的增重速度除受遗传、饲养管理、年龄等因素影响之外,还与性别有关。公牛增重最快,其次是阉牛,母牛增重最慢。饲料转化率也以公牛最高。例如,秦川牛在 1 岁时,公牛体重可达 240 千克,母牛只有 140 千克;2 岁时,公牛、母牛体重分别为 340 千克和 230千克。饲养生长期的公牛、母牛应区别对待,给予公牛以较高水平的营养,使其充分发育。

五、外貌生长发育的规律

肉牛外貌生长发育规律,一般也称为生长波。从生长波的转移现象看,胚胎期首先是头部生长迅速,继而颈部超过头部;出生后向背腰转移,最后移到尻部。从体躯各部分生长变化看,胚胎期生长最旺盛的首先是体积,其次是长度,继而才是高度;出生后先是长度,最后才是宽度和深度。由于骨骼的发育,在胚胎期四肢骨生长强度最大,体轴骨(脊柱、胸骨、肋骨、肩胛骨等)生长较慢,所以初生犊牛显得四肢高、体躯浅、腰身短;出生后,体轴骨的生长强度增大,四肢骨的生长减慢，犊牛向长度方向发展；性成熟后，扁平骨生长强度最高，肉牛向深度与宽度发展。

六、组织器官的生长规律

肉牛在生长期间，其身体各部位、各组织的生长速度是不同的。每个时期有每个时期的生长重点。早期的重点是头、四肢和骨骼；中期则转为体长和肌肉；后期的重点是脂肪。肉牛在幼龄时四肢骨骼生长较快，以后则躯干骨骼生长较快。随着年龄的增长，肉牛的肌肉生长速度从快到慢，脂肪组织的生长速度由慢到快，骨骼的生长速度则较平稳。内脏器官大致与体重同比例发育。在肉牛生产中，与经济效益关系最为密切的组织是肌肉组织、脂肪组织和骨骼组织。

肌肉与骨骼相对重之比，在初生时正常犊牛为 2∶1，当肉牛达到 500 千克屠宰时，其比例就变为 5∶1，即肌肉与骨骼的比率随着生长而增加。由此可见，肌肉的相对生长速率比骨骼要快得多。肌肉与活重的比例很少受活重或脂肪的影响。对肉牛来说，肌肉重占活重百分数，是产肉量的重要指标。

脂肪早期生长速率相对较慢，进入育肥期后脂肪增长很快。肉牛的性别影响脂肪的增长速度。以脂肪与活重的相对比例来看，青年母牛较阉牛育肥得早一些、快一些，阉牛较公牛早一些、快一些。另一影响脂肪增长速度的因素就是肉牛的品种，有些品种如英国的安格斯肉牛、海福特肉牛、短角肉牛，成熟得早，育肥也早；有些品种如欧洲大陆的夏洛来牛、西门塔尔牛、利木赞牛成熟得晚，育肥也晚。

根据上述规律，应在不同的生长期给予不同的营养物质，特别是对于肉牛的合理育肥具有指导意义。即在生长早期应供给幼肉牛丰富的钙、磷、维生素 A 和维生素 D，以促进其骨骼的增长；在生长中期应供给丰富而优质的蛋白质饲料和维生素 A，以促进肌肉的形成；在生长后期应供给丰富的碳水化合物饲料，以促进体脂肪沉积，加快肉牛的育肥。同时，还要根据不同的品种和个体合理确定出栏时间。

七、消化系统的发育规律

1. 肉牛胃的生长和发育

肉牛的瘤胃、网胃、瓣胃和皱胃的生长和发育并不均衡。刚出生时，皱胃是肉牛胃中最大的胃室。这时肉牛的日粮类型与成年杂食动物和肉食动物相似。随着日龄的增长，肉牛对植物性日粮的采食量逐渐增加，网胃、瘤胃和瓣胃的容积迅速增大，到 12 月龄左右，几个胃室的容积比例已达到成年肉牛的水平。肉牛犊牛在 1～2 周龄时开始啃食少量的草，随着粗料采食量的增加，瘤胃和网胃的相对容积相应地增大。前三个胃室的收缩频率也随着生长发育过程及逐渐加强的发酵作用而急剧增加。据观察，肉牛犊牛在 2～3 周时出现短时间的反刍活动。如果单纯喂奶，尽管奶中富含维生素和矿物质，但瘤胃的容积、运动能力及瘤胃黏膜乳头等均得不到正常发育。这是因为，单纯吃奶的动物瘤胃缺乏粗糙物质的刺激，从而影响了瘤胃黏膜乳头的发育。瘤胃内存在的有机酸，尤其是挥发性脂肪酸，是刺激瘤胃黏膜乳头发育的主要因素。在生产实践中要尽早给犊牛饲喂植物性饲料，以促进瘤胃的发育。

2. 肠管的生长和发育

肠管的结构和功能是随着动物年龄的增长和食物类型的改变而逐渐发育成熟的。新生幼畜的肠管占整个消化道的比例约为 70%～80%，大大高于成年家畜（30%～50%）。随着日龄的增长和日粮的改变，小肠所占比例逐渐下降，大肠基本保持不变，而胃的比例却大大上升。

小肠的吸收功能也随年龄发生改变。新生幼畜的小肠可以吸收完整的蛋白质，以此获得母体的免疫物质（免疫球蛋白），达到被动免疫的目的。成年动物不能吸收完整蛋白质或吸收的量十分有限，不具有营养价值。反刍动物新生幼畜所有的免疫物质都是由母体初乳提供的。在犊牛饲养中尽早尽量多饲喂初乳具有重要的意义。

八、补偿生长现象

补偿生长现象是当幼龄家畜营养缺乏，饲喂量不够或饲料质量不好，肉牛的生长速度变慢或停止。当营养恢复正常时，生长加快，经过一段时间的饲养仍能长到正常体重，这种特性叫"补偿生长"。但在胚胎期和出生后 3 月龄以内的肉牛如生长严重受阻，以及长期营养不良时，以后则不能得到完全的补偿。即使在快速生长期（3～9 月龄）生长受阻，有时也是很难进行补偿生长的。肉牛在补偿生长期间增重快，饲料转化效率也高，但由于饲养期延长，达到正常体重时总饲料转化率则低于正常生长的肉牛。

九、双肌肉牛特点

双肌是肉牛臀部肌肉过度发育的形象称呼，而不是说肌肉是双的或有额外的肌肉，在短角肉牛、海福特肉牛、夏洛来肉牛、比利时蓝白花肉牛、皮埃蒙特肉牛、安格斯肉牛、利木赞肉牛等品种中均有双肌肉牛出现，其中以皮埃蒙特肉牛、比利时蓝白花肉牛、夏洛来肉牛双肌性状的发生率较高。有人用 7 个微卫星标记，对比了双肌肉牛的比利时蓝白花和非双肌肉牛的弗里生，将双肌基因定位于 2 号染色体，确认双肌性状为常染色体单基因隐性遗传。

双肌肉牛在外观上的特点，一是以膝关节为圆心画一圆，双肌肉牛的臀部外线正好与圆周相吻合，双肌肉牛的臀部外线则在圆周以内。双肌肉牛后躯肌肉特别发育，能看出肌肉之间有明显的凹陷沟痕，尾根突出，附着向前。二是双肌肉牛沿脊柱两侧和背腰的肌肉很发达，形成"复腰"。腹部上收，体躯较长。三是肩区肌肉较发达，但不如后躯，肩肌之间有凹陷。颈短，上部呈弓形。双肌肉牛生长

图 4-2　具有双肌性状的皮埃蒙特肉牛

快、早熟。双肌特性随肉牛的成熟而变得不明显。公肉牛的双肌比母肉牛明显（图 4-2）。

双肌肉牛胴体优点是脂肪沉积较少、肌肉较多，用双肌肉牛与一般肉牛配种，后代有 1.2%～7.2% 为双肌，随不同公牛和母牛品种有较大变化。如母亲是乳用品种，后代的肌肉量提高 2%～3%；母亲是肉用品种或杂种肉用品种，则后代的肌肉量提高 14%。双肌公肉牛与一般母肉牛配种所产犊肉牛的初生重和生长速度均有所提高。

第五章

生态肉牛的选种选育技术

第一节　肉牛的外貌选择

　　研究牛的外貌特征包括整体结构和局部外貌的特征，目的是根据外貌表现来判断牛的健康状况、经济类型及种用品质；分析牛的整体与局部之间外貌特征的相关性，揭示某些外貌部位所存在的缺陷，为进一步改造其体型、提高品质提出确定目标；并研究外貌特征与生产性能之间的关系，探索它们的内在联系与变化规律，为育种工作提供科学依据。

一、肉牛外貌特征

1. 牛体各部位名称

　　牛整个躯体分为头颈部、前躯、中躯和后躯四大部分，各部位名称见图5-1。头颈部在躯体的最前端，它以鬐甲和肩端的连线与躯干分界。包括头和颈两部分。前躯在颈之后、肩胛骨后缘垂直切线之前，而以前肢诸骨为基础的体表部位，包括鬐甲、前肢、胸等主要部位。中躯是肩、臂之后，腰角与大腿之前的中间躯段，包括背、腰、胸（肋）、腹四部位。后躯是从腰角的前缘而与中躯分界，为体躯的后端，是以荐骨和后肢诸骨为基础的体表部位，包括尻、臀、后肢、尾、乳房和生殖器官等部位。

2. 牛体各部分的特征

　　（1）头颈部　头部可以表示出牛的类型、品种特征、改良程度及

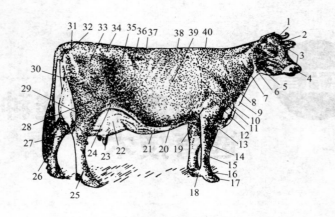

图 5-1　牛体各部位名称

1—额部；2—前额；3—面部；4—鼻镜；5—下颚；6—咽喉；7—颈部；8—肩；
9—垂皮；10—胸部；11—肩后区；12—臂；13—前臂；14—前膝；15—前管；
16—系部；17—蹄；18—副蹄；19—肘端；20—乳井；21—乳静脉；22—乳房；
23—乳头；24—后肋；25—球节；26—尾帚；27—飞节；28—后膝；29—大腿；
30—乳镜；31—尾根；32—臀端；33—髋部；34—尻部；35—腰角；36—肷部；
37—腰部；38—背部；39—胸侧；40—鬐甲

其性能的高低，是以整个头骨为基础，并以枕骨脊为界与颈部相连。
公牛头短、宽、厚、骨粗，额部生有卷毛，具有雄性的相貌；母牛头
轻、小、狭长、细致清秀，具有温和的相貌。不同品种类型的牛具有
不同形态的头，肉牛的头宽短，乳用牛的头多细长而清秀。头有笨
重、轻小、长短、宽狭之分。笨重的头，说明骨骼结构粗糙，与体躯
相比所占比例较大，往往角粗大、皮厚毛粗，肉牛头部笨重则表示生
产能力低。牛头的轻重是指牛头的大小与体躯相适应的程度；而牛头
的长短是指牛头的长度与体斜长的比，头长在 $26\%\sim34\%$ 之间为适
中，否则，为短头或长头。头的宽度，一般是指头宽与头长之比，最
小额宽与头长之比应为 $37\%\sim40\%$，最大额宽与头长之比应为 47%，
否则，为宽头或窄头。

颈部是由七个颈椎为基础而形成的，具有长短厚薄之分，颈长的
平均长度应为体长的 $27\%\sim30\%$。超过 30% 为长颈，低于 27% 为短
颈。肉牛颈部短，肌肉发育良好，公牛颈部较母牛厚短，颈峰明显。

（2）鬐甲　鬐甲与颈、前肢和躯干相连接，因此必须结合良好，以保证前肢的自由运动。鬐甲有宽、窄、高、低、尖起及分岔等几个类型。肉牛鬐甲宽，公牛鬐甲比母牛高。

（3）背腰　背腰有长、短、宽、窄、凹陷、拱起等类型。除与遗传因素有关以外，还与饲料、运动等因素有密切的关系。良好的背腰应长宽平直。

（4）四肢　四肢应强壮、结实、肢势端正，乳牛和肉牛运动时省力，节省能量消耗，役牛可以充分发挥役力。蹄应圆大、厚实、整齐，蹄叉紧密、蹄壳坚实、光滑而无裂纹。

（5）腹部　有充实腹、平直腹、草腹、卷腹等几个类型。充实腹在胸的直后呈浅弧形向后部延伸，直至欣部下方，开始逐渐收缩，显得饱满、充实而美观，故又称饱满腹。这种腹型在牛的后面可以看到最后肋壁，不显鼓胀、低垂状态，腰壁丰圆，紧张有力。平直腹比充实腹更丰满，呈圆筒形，其腹下线与地平线平行向后部延伸，直至欣部下方也不呈浅弧形、不显紧缩状态，对后肢运步有一定影响。草腹如不影响背线的发育，不算是严重缺点，但公牛不宜有草腹，以免影响配种；卷腹、垂腹是严重缺点，其形成原因正相反。

（6）生殖器官　公牛发育良好的睾丸，两侧大小、长短一致，附睾发育良好，包皮没有缺陷。母牛良好的阴门，平整、闭合良好，以利分娩。母牛乳房容积大，乳腺发达，乳房的形状、质地、乳静脉及乳头等发育良好。

（7）胸部　胸部应宽深，以利于心脏和肺脏的发育。

（8）皮肤和被毛　肉牛皮薄而有弹性，毛细而短。皮肤和被毛与气候、放牧还是舍饲等有很大关系。

（9）尾　尾应细长，下垂时超过飞节，表示骨骼细致，生产力高。

二、肉牛的外貌鉴别方法

1. 接近与控制牛的方法

接近与控制牛之前要了解牛的特点。牛的攻击方法一般是用头顶，或用腿画弧线向外扫。可以向畜主了解所接近牛的性情，然后开始接近牛。接近牛时应从牛的左前方渐渐接近牛，并伴以温和细语，向牛表示来意，接近牛时一定要动作缓慢。接近牛后，一手抓住牛鼻绳，一手在牛的颈脖处轻轻抚摸，以示友好，建立人、畜亲和关系。接近牛时不宜穿戴鲜红色的衣帽，接近牛后不论什么情况都要抓紧牛鼻绳，接近牛后不能站在牛的侧后方。当牛出现低头瞪眼时，要格外小心。

2. 肉眼鉴别

选择肉牛的过程也就是对肉牛进行鉴别的过程。通过肉眼观察并借助触摸肉牛各个部位来与理想肉牛的各个部位及整体进行比较。进行肉眼鉴别时，应使被鉴别的肉牛自然地站在宽广而平坦的广场上。鉴别者站在距肉牛 5～8 米的地方，首先进行一般的观察，对整个畜体环视一周，以便有一个轮廓上的认识和掌握肉牛体各部位发育是否匀称。然后站在肉牛的前面、侧面和后面分别进行观察。从前面可观察其头部的结构、胸和背腰的宽度，肋骨的扩张程度和前肢的肢势等，从侧面观察胸部的深度，整个体型，肩及尻的倾斜度，颈、背、腰、尻等部位的长度，乳房的发育情况以及各部位是否匀称。从后面观察体躯的容积和尻部发育情况。肉眼观察完毕，再用手触摸，了解其皮肤，皮下组织、肌肉、骨骼、毛、角和乳房等的发育情况。最后让肉牛自由行走，观察四肢的动作、肢势和步样。鉴定前，鉴定人员要对肉牛整体及各部体躯在思想中形成一个"理想模式"。理想肉牛就是人们在长期选育过程中总结出的高产肉牛的理想模型，也就是肉牛外貌特点的理想化，即最好的体躯及相应部位应是怎么个"样式"，思想上要有明确的印象，然后用实际牛体的整体和各个部位与理想型进行比较，从而达到判断牛只生长发育状况及生产性能高低的目的。然后对被鉴定牛形成一个总体印象并作出鉴定结果。

3. 测量鉴别

测量鉴别就是借助卷尺、测杖、骨盆卡尺、地磅等仪器设备，对肉牛的体高、体长、胸围等部位的大小、长短进行测量。然后依据记录数据，参照有关标准值，作出比较判断。从各个牛只的数据又可对群体状况作出统计判断。

测量体尺时，应让牛端正地站在平坦的地面上，四肢的位置必须垂直、端正，左右两侧的前后肢均需在同一直线上，在牛的侧面看时，前后肢站立的姿势也需在一直线上。头应自然前伸，既不左右偏，也不高仰或下俯，后头骨与鬐甲近于水平。只有这样的姿势才能得到比较准确的体尺数值。测量部位的数目，依测量目的而定。测定完毕，还要计算体尺指数。

所谓体尺指数，就是畜体某一部位尺寸对另一部位尺寸的百分比，这样可以显示两个部位之间的相互关系。实际生产中主要计算体长指数、体躯指数、尻宽指数、胸围指数、管围指数和胸宽指数。体长指数为体斜长/体高×100，胚胎期发育不全的家畜，由于高度上发育不全，此种指数相当大，而在生长期发育不全的牛，则与此相反。体躯指数为胸围/体斜长×100，表明家畜体质发育情况。尻宽指数为坐骨宽/腰角宽×100，高度培育的品种尻宽指数大。胸围指数为胸围/体高×100。管围指数为前管围/体高×100。胸宽指数为胸宽/胸深×100。

4. 评分鉴别

评分鉴别是将牛体各部位依其重要程度分别给予一定的分数，然后根据肉牛的得分多少来判断肉牛个体的优劣程度。

三、肉牛的体重测定方法

1. 实测法

也叫称重法，即应用平台式地磅，令牛站在上面，进行实测，这种方法最为准确。对犊牛的初生重，尤其应采取实测法，以求准确，一般可在小平台上称，围以木栏，将犊牛赶入其中，称其重量。犊牛应每月测重一次，育成肉牛每3月测重一次，成年牛则在放牧期前、后和第一、第三、第五胎产后30~50天各测一次活重。每次称重应在喂饮之前进行。为了尽量减少误差，应连续2天在同一时间称重，取2次称重平均值。

2. 估测法

这一方法是在没有地磅的条件下应用的。估测的方法很多，但都是根据活重与体积的关系计算出来的。由于肉牛的年龄、饲养和性别不同，其外形结构互有差异。因此，估测结果与实测活重相差很大，根本不能应用。一般估重与实重相差不超过5%的，即认为效果良好，如超过5%时则不能应用。在实际工作中，不论采用哪个估重公式，都应事先进行校核，有时对公式中的常数（系数），也要做必要的修正，以求其准确。肉用牛常用的估重公式介绍如下。

育肥前的高代杂种肉牛：

$$体重（千克）＝胸围（厘米^2）×体斜长（厘米）/10800$$

育肥前的杂种肉牛（三代以下）：

$$体重（千克）＝胸围（厘米^2）×体斜长（厘米）/11420$$

育肥后的肉牛：

$$体重（千克）＝胸围（厘米^2）×体斜长（厘米）×110$$

四、肉牛年龄鉴别方法

1. 根据牙齿鉴别年龄

（1）牙齿鉴别年龄的依据　肉牛的牙齿分为乳齿和永久齿两类，永久齿也称为恒齿。乳齿有 20 枚，永久齿 32 枚。肉牛的乳齿和永久齿均没有上门齿（或称上切齿）和犬齿。乳齿还缺乏后臼齿。乳齿与永久齿在颜色、形态等方面有明显的区别。肉牛的下切齿有 4 对，当中的一对称钳齿，其两侧的一对称内中间齿，再次的一对称外中间齿，最边的一对称隅齿，它们又分别被称为第一、第二、第三、第四对门齿。

牙齿鉴别年龄是根据牛的牙齿脱换和磨损情况，即根据牙齿的形态判断牛的年龄。牙齿有乳齿和恒齿的区别。不同年龄的牛乳齿与恒齿的替换和磨损程度不一，使生长在下颌的牙齿的排列和组合随着年龄出现变化，这种变化是有规律的，可以作为年龄鉴别的依据。

（2）牙齿的脱换规律　肉牛的牙齿具有特定的结构，切齿如铲状，分齿冠、齿颈和齿根三部分。乳齿的发生、脱换和永久齿的腐蚀亦具有一定的规律。犊牛出生时，第一对门齿就已长出，此后 3 月龄左右，其他 3 对门齿也陆续长齐。1.5 岁左右，第一对乳门齿开始脱换成永久齿，此后每年按序脱换 1 对乳门齿，永久齿则不脱换，到 5 岁时，4 对乳门齿全部换成永久齿，此时的肉牛俗称"齐口"。在肉牛的牙齿脱换过程中，新长成牙的牙面也同时开始磨损，5 岁以后的年龄鉴别即主要依据牙齿的磨损规律进行判断。

（3）乳齿和永久齿的区别　（表 5-1）

表 5-1　牛乳齿与永久齿的区别

区别项目	乳　齿	永　久　齿
色泽	乳白色	稍带黄色
齿颈	有明显的齿颈	不明显
形状	较小而薄,齿面平坦、伸展	较大而厚,齿冠较长
生长部位	齿根插入齿槽较浅	齿根插入齿槽较深
排列情况	排列不够整齐,齿间空隙大	排列整齐,且紧密而无空隙

（4）不同年龄牛牙齿的特征（表 5-2）

表 5-2　不同年龄牛牙齿的特征

年龄	牙　齿　特　征
4～5 月龄	乳门齿已全部长齐
1～1.5 岁	内中间乳齿齿冠磨平
1.5～2 岁	乳钳齿脱落,到 2 岁时在这里换生永久齿,俗称"对牙"
2.5～3 岁	内中间乳齿脱落,到 3 岁时在这里换生永久齿,俗称"四牙"
3.5 岁	外中间乳齿脱落,到 3.5 岁时在这里换生永久齿,俗称"六牙"
4～4.5 岁	乳隅齿脱落,4.5 岁时在这里换生永久齿,但此时尚未充分发育,4.9 岁时在这里换生永久齿,俗称"齐牙"
5 岁	隅齿前缘开始磨损
6 岁	隅齿磨损面积扩大,钳齿和内中间齿磨损很深
7～7.5 岁	钳齿和内中间齿的磨损面近似长方形
8 岁	钳齿的磨损面近似四方形
9 岁	钳齿出现齿星,内外中间齿磨损面呈四方形
10 岁	全部门齿变短,呈正方形
11～12 岁	全部门齿变短,呈圆形或椭圆形

2. 根据角轮鉴别年龄

（1）角轮的形成　角轮是由于一年四季肉牛受到营养丰歉的影响,角的长度和粗细出现生长程度的变化,从而形成的长短、粗细相间的纹路。在四季分明的地区、肉牛自然放牧或依赖自然饲草的情况下，青草季节由于营养丰富，角的生长较快；而在枯草季节，由于营养不足，角的生长较慢，故每年肉牛形成一个角轮（图5-2）。因此，可根据肉牛的角轮数估计肉牛的年龄，即角轮数加上无纹理的角尖部位的生长年数（约两年），即等于肉牛的实际年龄。

图 5-2　角轮

（2）影响角轮生长的因素　角轮的生长受多种因素影响。例如，在同一青草季节期或枯草季节期内，由于肉牛患病，特别是慢性疾病，或得到的饲料品质不一，营养不平衡，对角的生长发育速度有影响，导致形成比较短浅、细小的角轮；肉牛由于妊娠和哺乳，需要较多的营养，也可使角组织不能充分发育，而加深了角轮的凹陷程度。因此，在利用角轮鉴别年龄时，一般只计算大而明显的角轮，细小不明显角轮，多不予计算。为了提高年龄鉴别的准确性，在利用角轮判断年龄的同时，亦应结合其他年龄鉴别方法综合考虑。

3. 根据外貌鉴别年龄

除了根据牙齿和角轮变化鉴别肉牛的年龄外，还应综合外貌的表现进行鉴别。一般幼龄牛头短而宽、眼睛活泼有神、眼皮较薄、被毛光润、体躯狭窄、四肢较高，后躯高于前躯；年轻的肉牛被毛光泽、粗硬适度，皮肤柔润而富弹性，眼盂饱满，目光明亮，举止活泼而富有生气；而老年肉牛则与此相反，皮肤干枯，被毛粗刚、缺乏光泽，眼盂凹陷，目光呆滞，眼圈上皱纹多并混生白毛，行动迟钝。对于水牛，除具上面同样的变化外，随着年龄的增长，毛色愈变愈深，毛的密度愈变愈稀。根据这些特征，可大致区分老年、幼年肉牛，但仍不能判断准确的年龄，可作为肉牛年龄鉴别的参考。

第二节　肉牛的生产能力及测定方法

一、育肥性能及测定方法

肉牛的生长育肥性状指标主要包括体重、育肥指数、饲料报酬、体尺性状及外貌评分等。

1. 体重的测定与计算

体重尤其是日增重是测定牛生长发育和育肥效果的重要指标，也是育肥速度的具体体现。

（1）初生重是犊牛出生后喂初乳前的活重。

（2）断奶重一般用校正断奶重，国外用 205 天。不同断奶时间的体重可用如下公式校正为 205 天校正断奶重。

205 天校正断奶重＝(断奶体重－初生重)/断奶日龄×205＋初生重

（3）哺乳期日增重是断奶前犊牛平均每天增重量。

（4）育肥期日增重是育肥期平均每天增重量。

育肥期日增重＝（育肥末期体重－育肥初期体重)/育肥天数

2. 育肥指数的含义及其计算

育肥指数指单位体高所承载的活重，标志着个体的育肥程度或品种育肥难易程度。数值越大说明育肥程度越好。计算公式为：

$$育肥指数＝体重(千克)/体高(厘米)$$

3. 饲料报酬的计算

饲料报酬是肉牛的重要经济性状，是根据饲养期内总增重、净肉重、饲料消耗量所计算的每千克增重和净肉的饲料消耗量。计算公式分别为：

增重的饲料报酬＝饲养期内消耗饲料干物质总量(千克)/饲养期内总增重(千克)。

净肉的饲料报酬＝饲养期内消耗饲料干物质总量(千克)/屠宰后的净肉重(千克)

4. 体尺性状的测定

主要的体尺性状测定部位如图 5-3 所示。

（1）体高（A—M）：鬐甲中部到地面的垂直高度，亦称鬐甲高。

（2）十字部高（B—N）：十字部到地面的垂直高度。

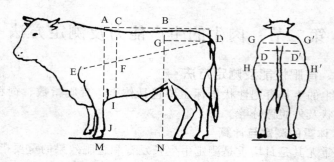

图 5-3　肉牛体尺测定部位示意图

（3）胸深（C—I）：鬐甲后缘垂直与地面的胸部椭圆形上下最长直径。

（4）胸宽（F—F′）：鬐甲后缘垂直与地面的胸部椭圆形左右最长直径。

（5）胸围（C—F—I—F′—C）：鬐甲后缘垂直与地面的胸部椭圆形周径长度，用皮尺测量。

（6）腰角宽（G—G′）：左右腰角外缘水平最大宽度。

（7）坐骨端宽（D—D′）：左右坐骨端外突处的水平宽度。

（8）髋宽（H—H′）：左右髋关节外缘的水平最大宽度。

（9）体斜长（E—D）：肩端前缘到坐骨端外缘的距离。

（10）体直长（A—D）：鬐甲中点到坐骨端后缘的直线距离。

（11）尻长（G—D）：腰角前缘到坐骨端外缘的长度。

（12）管围（J）：左前管上三分之一处，亦即左前管最细处的周径。

5. 外貌评分

肉牛的外貌评分可按照表 5-3 所示进行。

表 5-3　肉牛外貌鉴别评分表

部位	鉴定标准	评分	
		公牛	母牛
整体结构	品种特征明显、结构匀称、体质结实、肉用体型明显、肌肉丰满、皮肤柔软有弹性	25	25
前躯	胸宽深、前胸突出、肩胛宽平、肌肉丰满	15	15

续表

部位	鉴定标准	评分	
		公牛	母牛
中躯	肋骨开张、背腰宽而平直、中躯呈圆筒形、公牛腹部不下垂	15	20
后躯	尻部长、宽、平，大腿肌肉突出伸延，母牛乳房发育良好	25	25
肢蹄	肢势端正，两肢间距宽，蹄形正，蹄质坚实，运步正常	20	15
合计		100	100

二、产肉性能及测定方法

1. 重量测定

（1）宰前重是宰前绝食 24 小时后的活重。

（2）宰后重是屠宰放血以后的体重。

（3）胴体重是放血后除去头、尾、皮、蹄（肢下部分）和内脏所余体躯部分的重量。在国外，胴体重不包括肾脏及肾周脂肪重。

（4）屠宰率为胴体重与宰前重之比，计算公式为：屠宰率＝胴体重/宰前重。

（5）胴体肉重也称净肉重，是胴体除去骨、脂后，所余部分的重量。

2. 胴体形态测定

胴体形态测定主要包括胴体长、胴体后腿长、眼肌长、胴体胸深、胴体后腿宽、胴体后腿围、臀部轮廓、肌肉厚度、皮下脂肪厚度等以及眼肌面积及第 9～第 11 肋骨样块化学成分分析等。是反映胴体品质的指标。

三、肉品质及测定方法

肉品质是一个综合性状，其优劣是通过许多肉质指标来判断。常用的指标有 pH 值、肉质成分、肉色、滴水损失、蒸煮损失、系水力、风味、多汁性等。

肌肉 pH 下降的速度和强度对一系列肉质性状产生决定性的影

响，屠宰后 60 分钟内，将 pH 仪探头插入倒数第 3～第 4 肋间背最长肌处测定的为鲜肉 pH。在 4℃下冷却 24 小时，测定后腿肌肉的 pH 值，记为 pH_{24}。

肉品质是肌肉的生理学、生物化学和微生物学变化的外部表现，可以用视觉加以鉴别。肌肉颜色包括亮度、色度、色调等三个指标，均以专用比色板测定。

滴水损失是度量肌肉保水力的指标，是指不施加任何外力，只受重力作用下，蛋白质系统的液体损失量。肌肉保水力不仅影响肉的色香味、营养成分、多汁性、嫩度等食用品质，而且有着重要的经济价值。

嫩度是反应肉质地的指标，由肌肉中各种蛋白质的结构特性决定。常使用嫩度测定仪测定剪切力值（千克表示），腰大肌较嫩，一般为 3.2 千克，斜方肌较老，一般为 6.4 千克。

多汁性对肉的质地影响较大，肉质地的差异有 10%～40% 是由多汁性决定的。多汁性较可靠评定方法的是人为主观感觉（口感）评定。一般由有经验的人员组成评定委员会进行打分。对多汁性的评判可分为四个方面：一是开始咀嚼时肉中释放出的肉汁多少；二是咀嚼过程中肉汁释放的持续性；三是在咀嚼时刺激唾液分泌的多少；四是肉中的脂肪在牙齿、舌头及口腔其他部位的附着给人以多汁性的感觉。

肌肉大理石纹反应肌肉纤维之间脂肪的含量和分布，是影响肉口味的主要因素，各国都颁布了各自的大理石纹评分标准等级。

第三节　肉牛的良种选育及选配

一、肉牛的选种技术

1. 肉牛的选择途径

（1）系谱选择　系谱选择常用于对幼龄肉牛的选择，要考查其父母、祖父母及外祖父母的性能成绩，这能提高选种的准确性。审查肉牛系谱时，肉牛的双亲及其祖代的重点在各阶段的体重与增重、饲料报酬及与肉用性能有关的外貌表现，同时查清是否携带致死、半致死等其他不良基因，系谱选择应注意以下事项。

① 祖先中父母亲品质的遗传对后代影响最大，其次为祖父母，血统越远影响越小。所以，要重点考虑其父母亲的品质。

② 系谱中母亲生产力大大超过全群平均数，父亲又是经过后裔测定证明是优良的，这样选留的种牛可成为良种牛。

③ 不可只重视父母亲的成绩而忽视其他祖先的影响，后代有些个别性状受隔代遗传影响，受祖父母远亲的影响。

④ 应注意遗传的稳定性，如果各代祖先的性状比较整齐，而且有直线上升趋势，这个系谱是较好的，选留该牛比较可靠。

⑤ 以生产性能、外形为主做全面比较，同时注意有无近交和杂交、有无遗传缺陷等。

（2）本身选择　本身选择又称性能测定，就是根据种牛本身一种或若干种性状的表型值判断其种用价值，从而确定个体是否选留。当小牛长到 1 岁以上，就可以直接测量其某些经济性状，如 12 月龄以上活重、育肥期增重效率等。对于胴体性状，借助超声波测定仪等设备进行辅助测量。这种选择适宜于遗传力高的性状。具体做时，要求所比较的个体环境一致并有准确记录，或与所在牛群的平均水平比较，也可以与鉴定标准比较。

肉牛的各性状之间具有遗传相关，据测定，眼肌面积、胴体等级、肉的大理石纹等与增重速度之间都具有较高的正相关关系。搞清楚性状之间的相关关系，不但能同时改良两个有正相关关系的性状，还能有效地避免因负相关性状在选种过程中带来的不应有的坏效果。

（3）后裔测验

① 后裔测验的方法　后裔测验的方法包括母女对比法和公牛相对育种值法。母女对比法用于评定种公牛的性能。将其所生女儿的性能与她们的母亲的平均成绩加以比较的方法，叫做母女对比法。若女儿成绩超过其母亲时，则证明这头公牛性能好；假如女儿的平均成绩比其母亲的平均成绩差，则表明该公牛性能差。在这类比较中，要考虑到女儿群与其母亲群的环境差，气候以及饲养管理水平间也有差异，各个公牛女儿群间在营养、管理、环境方面也有不同。公牛相对育种值是相对于牛群平均值（100％），该公牛的性能为百分之多少。如超过 100％ 为改良者，低于 100％ 时为恶化者。超过群体均值越多越好。

② 后裔测定应注意的问题　后裔测定应注意当同时进行几头种

牛的后裔测定时，各个被测种公牛和与配母牛在数量上和品质方面，特别在重要性状方面要尽量相同或相似；配种时间要求各被测公牛尽量一致；对与配母牛及犊牛的营养水平、饲养管理应尽量相同；评定时，对所有后裔要全部统计，不可任意取舍；每头公牛被测时的女儿数，不应少于 20 头；对后裔的适应性、外形特点、是否有遗传缺陷等也要详细记录和分析。

（4）旁系选择　旁系是指所选择个体的兄弟、姐妹、堂表兄妹等，旁系选择也称为同胞或半同胞牛选择。利用旁系材料的主要目的是从侧面证明一些由个体本身无法查知的性能，如公牛的泌乳力、配种能力等。此法与后裔测定相比较，可以节省时间。肉用种公牛的肉用性状，主要根据半同胞材料进行评定。应用半同胞材料估计后备公牛育种值的优点是可对后备公牛进行早期鉴定。

2. 肉牛的选择方法

（1）单项选择法　单项选择法是指逐一选择所要改良的性状，即当第一个性状经选择达到育种目标后，再选择第二个性状，以此类推地选择下去直到全部性状都得到改良。这种方法简单易行，而且就某一性状而言，其选择效果很好。主要缺点是，当一次选择一个性状时，同时期其他性状较差的牛仍会呆在群内，影响整个牛群质量。

（2）独立淘汰法　独立淘汰法是指同时选择几个性状，分别规定最低标准，只要有一个性状不够标准，即予淘汰。此法简单易行，能收到全面提高选择效果的作用。但这种方法选择的结果，容易将一些只有个别性状没有达到标准，而其他方面都优秀的个体淘汰，而选留下来的往往是各个性状都表现中等的个体。此法缺点是对各个性状在经济上的重要性以及遗传力的高低都没有给以考虑。

（3）指数选择法　指数选择法是根据综合选择指数进行选择。该法运用了数量遗传学原理，将要选择的若干性状的表型值，根据它们各自的遗传力、经济上重要程度及性状间的表型相关和遗传相关给予不同的加权值，而制订出的一个可以使个体间相互比较的数值。

二、肉牛的选配方法及应用

1. 选配方法及应用

（1）同质选配　同质选配是选择在外形、生产性能或其他经济性状上相似的优秀公牛和母牛交配。其目的在于获得与双亲品质相似的后代，以巩固和加强它们的优良性状。同质选配的作用主要是稳定牛群优良性状，增加纯合基因型的数量，但同时亦有可能提高有害基因同质结合的频率，把双亲的缺点也固定下来，从而导致适应性和生活力下降。所以，必须加强选种，严格淘汰不良个体，改善饲养管理，以提高同质选配的效果。

（2）异质选配　异质选配是选择在外形、生产性能或其他经济性状上不同的优秀公牛和母牛交配。其目的是选用具有不同优良性状的公、母牛交配，结合不同优点，获得兼有双亲优良品质的后代。异质选配的作用在于通过基因重组综合双亲的优点或提高某些个体后代的品质，丰富牛群中所选优良性状的遗传变异。在育种实践中，只要牛群中存在着某些差异，就可采用异质选配的方法来提高品质，并及时转入同质选配加以固定。

（3）亲缘选配　亲缘选配是根据交配双方的亲缘关系进行选配。按选配双方的亲缘程度远近，又分为近亲交配（简称近交）和非近亲交配（简称非近交）。一般认为，5代以内有亲缘关系的公、母牛交配称为近交，否则称为非近交。从群体遗传的角度分析，一个大的群体在特定条件下，群体的基因频率与基因型频率在世代相传中应能保持相对的平衡状态，如果上下两代环境条件相同，表现在数量上的平均数和标准差大体上相同。但是，如果不是随机交配，而代之以选配，就会打破这种平衡。当选配个体间的亲缘关系高出随机交配的亲缘程度时就是近交，低于随机交配的程度时就是杂交。

2. 选配工作应注意的几点

（1）每个牛场必须定期地制定出符合牛群育种目标的选配计划，其中要特别注意和防止近交衰退。

（2）在调查分析的基础上，针对每头母牛本身的特点选择出优秀的与配公牛，也就是说，与配公牛必须经过后裔测验，而且生产性能性状的育种值或选择指数高于母牛。

（3）一般情况下，不使用近交，只有在杂交育种时在育种群使用，繁殖群不使用。

（4）有共同缺点的公、母牛或相反缺点的公、母牛不能交配。

（5）每次选配后的效果应及时分析总结，不断提高选配工作的效果。

第四节 杂交技术在生态肉牛
规模化养殖中的利用

一、杂交对肉牛规模化养殖的作用

杂交是指不同品种或不同种间的牛进行交配。杂交可以用来培育新品种，也可以对原有品种进行改良或创造杂交优势。杂交所产生的后代称为杂种。杂交增加了后代个体中遗传物质的杂合性，显性有利基因的互补和增加了基因互作的种类，产生了杂种优势。不同品种之间的杂交称为品种间杂交，不同种间的杂交称为种间杂交或远缘杂交。通过杂交，可以扩大牛的遗传基础，由于杂交能改变牛的基因型，扩大了杂种牛的遗传变异幅度，增强了后代的可塑性，有利于选种育种。许多肉牛品种是在杂交的基础上培育成功的。生产实践证明，利用国外优秀肉牛品种改良本地黄牛品种，比在黄牛品种内选择的收效要快得多。通过品种间杂交，可使杂交后代生长加快，饲养效率高，屠宰率高，比纯种牛多产肉 15％左右。美国曾以几个肉牛品种与美洲野牛杂交，并培育出名叫"比法罗"的新肉牛品种，这种牛既耐热又抗寒，耐粗放，肉质好，增重快，牛肉的生产成本比普通牛低 40％左右。

二、品种内杂交的利用

肉牛品种内杂交即肉牛品系间的交配。例如，一头与肉牛品系成员无亲缘关系的公牛可以和该肉牛品系母牛交配一个世代。其后代又和该肉牛品系母牛交配一个世代。其后代又和该肉牛品系的共同祖先或共同祖先的近交个体进行回交。其目的是为了减少肉牛近交和改良肉牛品系一个不理想的性状。任何用途的肉牛都可用这种杂交方法来提高肉牛群的生产性能，改进肉牛外貌上的缺陷和培育肉牛新品种。在肉牛养殖中常采用此种杂交方法以获得经济价值很高的肉牛群和创造肉牛新品种。

三、品种间杂交的利用

品种间杂交是肉牛生产中常用的杂交方式。人们常用此法，以提高牛群的生产性能，改良外貌及体型上的缺陷和培育新的肉牛品种。如用肉牛品种与乳牛品种杂交时，杂交牛的产奶量稍低，但它比肉牛品种具有较高的生长率，成年时体格较大，瘦肉量多，脂肪少。在胴体重、胴体等级上表现较好，屠宰率提高 2%～4%，眼肌面积、胴体长度也表现出优势。

品种间杂交育种，是在人工控制下不同品种之间杂交，通过一系列育种程序，选育出新品种，生产杂交后代，不作种用，一般仅杂交一代就不再继续杂交下去，基础母牛始终保持纯种状态。由于不同肉牛品种具有各自的遗传结构，通过杂交将基因重组，使各亲本的优良基因集中在一起，而且基因互作可以产生比亲本肉牛品种更优良的个体。育种实践证明，品种间杂交育种是最有成效的育种方法，只要对亲本的性状遗传规律研究清楚，正确选择亲本，就会选出预期的品种。品种间杂交育种是利用杂种优势，它是杂合基因型，必然发生分离，因此必须年年制种。在育种上所说的品种，它是纯合基因型，后代不发生分离，可以稳定遗传。杂交后代在饲料利用效率、繁殖率、日增重等方面都会超过双亲品种，并且不同的杂交组合具有不同的杂交优势。由于我国本地黄牛具有耐粗饲、适应能力强等特点，因此，在规模化生态肉牛生产中应利用这些优点。

四、种间杂交的利用

种间杂交属远缘杂交，这是不同种间公牛与母牛的杂交。如黄牛与瘤牛杂交、黄牛与牦牛杂交、黄牛与野牛杂交均属种间杂交。像澳大利亚利用欧洲牛与瘤牛杂交，培育出具有良好抗热性和抗焦虫病的高产新品种（抗旱王牛、婆罗福特牛）。我国青藏高原地区用当地土种黄牛与牦牛杂交所产生的种间杂交种"犏牛"，在体高、体长、胸围主要体尺指标以及体重、产肉性能等方面均具有明显的杂种优势，更能耐寒、耐苦，利用年限较长。但公肉牛"犏牛"无繁殖能力。

五、级进杂交的利用

级进杂交又叫改造杂交或吸收杂交，是用培育的优良品种公牛与生产性能低的本地品种母牛进行杂交，并经过逐代的级进过程，达到彻底改造本地品种的目的。这是以性能优越的品种改造或提高性能较差的品种时常用的杂交方法。具体做法是以优良品种（改良者）的公牛与低产品种（被改良者）的母牛交配，所产杂种一代母牛再与该优良品种公牛交配，产下的杂种二代母牛继续与该优良品种公牛交配，按此法可以得到杂种三代及四代以上的后代。当某代杂交牛表现最为理想时，便从该代起终止杂交，以后即可在杂交公、母牛间进行横交固定，直至育成新品种。级进杂交是我国应用最早的杂交方法，例如利用本地黄牛与荷兰纯种公牛级进杂交，取得了很好的成效。

六、导入杂交的利用

导入杂交又称引入杂交或改良性杂交。是指在牛的育种过程中，为了纠正某些个别的缺点，需要引入另一品种的血液，使品种特性更加完善化。当某一个品种具有多方面的优良性状，但还存在个别的较为显著的缺陷或在主要经济性状方面需要在短期内得到提高，而这种缺陷又不易通过本品种选育加以纠正时，可利用另一品种的相应优点采用导入杂交的方式纠正其缺点，使牛群趋于理想。但采用这种方法对引入品种的选择应更加慎重。应用导入杂交应注意：①严格挑选导入杂交的品种及个体，要求导入品种的基本特征与原有品种基本一致，原有品种中的缺点在导入品种中是优点。要选择针对该品种原有缺点的突出优良特性的个体为导入者。②必须加强本品种的选育工作，保证在杂交一代回交时，有足够数量的本品种优良公、母牛。一般只用 10%～15% 的母牛来与导入品种进行杂交。③导入外血的，一般在 1/8～1/4 范围内。外血量过高，不利于保留原有品种特性。④加强杂种的选择。对需要改进的某个缺陷方面要进行严格选种，否则，随着导入代数的增加，改良效果会不明显。

七、轮回杂交的利用

轮回杂交是在经济杂交基础上进一步发展起来的生产性杂交。经济杂交一般是指以生产性能较低的母牛与培育的优良品种公牛进行杂交，或者用两个生产性能水平都比较高的品种来杂交。其目的是为了提高其经济利用的价值。轮回杂交是用 2 个或 2 个以上品种的公母牛轮流进行杂交，使逐代都能保持一定的杂交优势，以获得较高而稳定的生产性能。例如，"终端"公牛杂交体系，就是轮回杂交的一种，是用 B 品种公牛与 A 品种纯种母牛配种，将杂交一代母牛 F_1（AB）再与第三品种 C 公牛配种，所生杂种二代 F_2（ABC）无论公、母牛全部育肥出售，不再进一步杂交。这种最终停止在 C 品种公牛的杂交，就称为"终端"公牛杂交体系，C 品种公牛为"终端"公牛。此法能使各品种优点互相补充从而获得较高生产性能。这种杂交的特点是母牛和犊牛都是杂种，都有杂交优势效益。杂交母牛留种，无需从外面补充。需要两个公牛品种及两处牧场。需要 3～4 年后才能进行交叉循环阶段。能够吸收两个外来品种的特性，但两群生产的杂种程度偏向于父方品种。反复进行下去，杂种优势有所降低。

八、杂交繁育应注意的问题

（1）为小型母牛选择种公牛进行配对时，种公牛的体重不宜太大，防止母牛发生难产现象。一般要求两品种的成年牛的平均体重差异，种公牛不超过母牛体重的 30%～40% 为宜。

（2）大型品种公牛与中、小型品种母牛杂交时，母牛不选初配者，而需选经产牛，降低难产率。

（3）要防止 1 头改良品种公牛的冷冻精液在一个地方使用过久（3～4 年以上），防止近交。

（4）在地方良种黄牛肉牛的保种区内，严禁引入外来品种进行交配。

（5）对杂种牛的优劣评价要有科学态度，特别应注意杂种小牛的营养水平对其的影响。良种牛需要较高的日粮营养水平以及科学的饲养管理方法，才能取得良好的改良效果。

（6）对于总存栏数很少的本地黄牛品种，若引入外血，或与外来品种杂交，应慎重从事，最多不要用超过成年母牛总数的 1%～3% 的牛只杂交，而且必须严格管理，防止乱交。

第六章 生态肉牛的繁殖技术

第一节 肉牛的生殖生理

一、肉牛生殖激素的作用与应用

1. 肉牛生殖激素及其分类

激素是由内分泌腺产生的化学物质，随着血液输送到全身，控制身体的生长、新陈代谢、神经信号传导等。激素是由高度分化的内分泌细胞合成，并直接分泌入血的化学信息物质，通过调节各种组织细胞的代谢活动影响肉牛的生理活动。

生殖激素又称为生殖内分泌激素，通常是指由内分泌腺体产生，与肉牛生殖活动有直接关系的激素。生殖激素主要有下丘脑、垂体、性腺、胎盘等产生，作用于胚子发生、受精、着床、妊娠、分娩等肉牛生殖过程的所有环节，生长激素可分为不同的类型，但具有共同的作用特点。根据功能分为神经激素、促性腺激素、性腺激素、组织激素、外激素等；根据化学本质分为类固醇激素、脂肪酸类激素、含氮激素等；根据来源可分为脑部激素（包括下丘脑激素、松果腺激素、垂体激素）、子宫激素、胚胎激素等。神经激素是由丘脑下部的某些神经细胞分泌的丘脑下部释放激素或抑制激素，如由丘脑下部视上核及室旁核分别分泌后叶加压素和催产素等，包括促性腺激素释放激素（GnRH）、促性腺激素抑制激素、催乳素释放因子、催乳素释放抑制因子、催产素、松果腺激素等。

2. 主要肉牛生殖激素的作用

（1）下丘脑神经激素的作用　下丘脑神经激素的种类很多，与牛繁殖密切相关的有两种，一是促性腺激素释放（GnRH），来源于下丘脑的神经内分泌细胞。生理剂量条件下，可促进 LH 和 FSH 的合成和释放；大剂量长时间使用，会产生抑制排卵、妨碍附植和妊娠等副作用。二是催产素（OXT），由下丘脑特定的细胞核团分泌合成。可促进精子在母牛生殖道内运动和分娩；刺激乳腺导管肌上皮细胞收缩，引起母牛排乳。

（2）垂体促性腺激素的作用　垂体在脑的底部，牛的垂体只有黄豆大小，分前后两叶。促性腺激素主要有三种，分别是促卵泡激素、促黄体素和促乳素。促卵泡素（FSH）由垂体前叶促性腺细胞产生，促进卵泡细胞的分裂和卵泡的生长发育；促进卵泡合成雌激素，刺激母牛的发情表现；大剂量可增加发育卵泡的数量，引起超数排卵。促黄体素（LH）由垂体前叶促性腺细胞分泌，与 FSH 协同，促进卵泡的生长、成熟，进一步引起排卵、黄体形成；维持黄体存在和分泌孕激素，维持黄体功能和妊娠生理状态。促乳素（PRL）由垂体前叶的嗜酸性细胞分泌。其主要生理作用是促进乳原的发育和泌乳；与雌激素协同促进乳腺腺管的发育；与孕激素协同促进乳腺腺泡的发育；与皮质类固醇协同可促进和维持泌乳。

（3）性腺激素的作用　性腺激素主要包括雌激素、孕激素和松弛素。雌激素由母牛卵巢的上卵泡颗粒细胞产生，维持母牛生殖道的形态和功能，诱发发情表现和发情行为，促进母牛第二性征和乳腺腺管的发育，促进脂肪的合成，反馈调节下丘脑和垂体前叶 LHG 的分泌活动。孕激素由母牛卵巢黄体和胎盘产生，促进妊娠期间子宫和胎盘的发育和增生，维持和保护妊娠，抑制发情，促进乳腺腺泡的发育，促进母牛的合成代谢，反馈抑制下丘脑和垂体前叶 FSH 的分泌活动。松弛素由妊娠末期母牛黄体产生，促使母牛骨盆韧带松弛和盆腔扩张，利于胎儿产出。

（4）胎盘激素的作用　胎盘激素是由胎盘产生，主要有孕马血清促性腺激素（PMSG）和人类绒毛膜促性腺激素（HCG）。PMSG 由妊娠马属动物子宫内膜杯状细胞产生，在妊娠 6 个月的母马血液中大量存在。PMSG 具有 FSH 和 LH 的双重生理作用，但以 FSH 的作用为主，其商品制剂为 FSH 的廉价代用品。人类绒毛膜促性腺激素（HCG）由人及灵长类胎盘绒毛膜合胞体层产生，妇女怀孕 1.5～4 个月间出现于尿中，孕妇该阶段的尿液及刮宫废弃物是提取 HCG 的原料。HCG 的生理作用与 LH 相似，其商品制剂是 LH 的廉价代用品。

（5）前列腺素和外激素的作用　局部激素主要代表是前列腺素，广泛存在于机体的各种组织。前列腺素的种类很多，与牛繁殖关系最密切的是前列腺素 $F_{2\alpha}$（$PGF_{2\alpha}$），具有促使功能黄体退化，促进平滑肌的收缩，与母牛的排卵、配子和胚胎的运行的作用。外激素对两性的性行为，发情母牛的识别以及母仔识别都有着特别的意义。

3. 提高牛繁殖力和克服繁殖障碍常用激素合成类似物及商品制剂

（1）神经激素的合成类似物及商品制剂

① 促排 1-3 号（LRHA1-A3）为国产高效 GnRH 的合成类似物，常用来促进母牛排卵和治疗卵泡囊肿。LRH-A3 的活性及使用效果最好，母牛输精同时肌注 LRHA3 100～200 微克、LRHA1 200～300 微克可加速母牛排卵。并可提高情期受胎率 10% 左右。研究认为，于母牛产后 12～15 天用 LRHA1 500 单位处理母牛可缩短产后期，使产后发情提前，情期受胎率提高。

② 催产素（OXT）常用于促进母牛分娩，加速胎犊产出；治疗产后子宫出血；排出子宫内容物（木乃伊、积脓、积液等）。催产素与雌激素合用有协同加强的作用，因此在使用催产素之前先用雌激素处理（提前 48 小时）效果更好；但催产素与孕酮同时使用则会产生拮抗作用和抑制作用。牛的一般用量为 30～50 单位。

（2）促性腺激素的商品制剂　包括 FSH、LH、PMSG 和 HCG，都是天然提取物。主要用于促进母牛卵巢机能，促进卵泡发育、排卵和黄体的分泌功能，克服由此造成的繁殖障碍。另外，在牛胚胎移植中，是进行供体超排必不可少的激素。由于 FSH 和 LH 不能合成，在牛不孕症治疗中多采用它们的代用品 PMSG 和 HCG。

① LH　一般用 HCG 代替。

② FSH　常用于胚胎移植中供体母牛的超排处理，临床治疗多采用其代用品 PMSG。

③ HCG 常用于促进母牛排卵、治疗卵泡囊肿、排卵延迟、黄体发育不全和孕酮分泌不足等症。用量为 500～1500 国际单位。

④ PMSG 主要用于治疗母牛卵巢发育不全、卵巢机能衰退、供体母牛的超排。治疗用每次 1000～1500 国际单位，超排 1500～3000 国际单位。

（3）性腺激素合成类似物

① 雌激素 常用合成类似物为己烯雌酚、二丙酸雌二醇、苯甲酸雌二醇和戊酸雌二醇等。临床应用于促进产后母牛胎衣排出、排出木乃伊化的胎儿、引起或加强发情症状，在母牛发情后排卵前的适当时间注射，有促进排卵的作用。一般采用肌内注射，己烯雌酚每次 1～2 克。但苯甲酸雌二醇和戊酸雌二醇的活性更高。

② 孕激素 常用合成孕激素制剂有黄体酮、炔诺酮、甲地孕酮等。使用时可口服、注射或制成阴道栓等。在养牛生产中主要用于治疗母牛习惯性流产，在雌激素刺激乳腺腺管发育的基础上，再用孕激素处理可促进腺泡的发育，并共同维持乳腺的泌乳，用于牛的同期发情。

（4）前列腺素（$PGF_{2\alpha}$） 国产 $PGF_{2\alpha}$ 的合成类似物主要有：氯前列烯醇、15 甲基 $PGF_{2\alpha}$ 和 13 去氢 $PGF_{2\alpha}$ 等，其中氯前列烯醇活性最高，应用最广。主要用于治疗弱牛黄体囊肿和持久黄体、牛的同期发情，促进子宫内容物的排出，治疗子宫内膜炎。施药方法为肌内注射或子宫灌注。用药量为氯前列烯醇肌注 0.3～0.4 毫克、宫注 0.15～0.25 毫克，15 甲基 $PGF_{2\alpha}$ 肌注 2～4 毫克、宫注 1～2 毫克。

二、母牛的发情周期与特点

1. 母牛的发情周期

母牛达到性成熟后开始发情，母牛出现第一次发情后，其生殖器官及整个机体的生理状态发生一系列的周期性变化，这种变化周而复始（妊娠期除外），一直到停止繁殖年龄为止，把这种周期性的性活动称为发情周期或性周期。一般把这一次发情开始到下一次发情开始为止计算为一个发情周期。发情周期的发生受着神经和激素的支配，同时，发情周期受光照、温度、饲养管理、个体情况等因素的影响。除此之外，季节、饲养管理、饲料、种公牛也对其有一定的影响。在饲养环境优良时，特别是在温暖地区，全年都能发情，无发情季节。在气候温暖时比严寒季节发情明显。在饲养管理不良或放牧情况下，发情仅限于气候温暖的月份，寒冷时停止发情。在气候炎热时，大部分的肉牛发情周期缩短，一般母牛平均为 21 天（18～25 天），育成母牛为 20 天（18～24 天）。发情时，母牛食欲不振，精神不安，不断鸣叫，尿频，乳量减少，拱背，主动接近公牛，交配欲强烈，并往其他牛身上爬跨，阴户流出白色半透明黏液，用手捏可拉成 7～8 厘米丝状，手拍其腰部，母牛站立不动。发情期母牛一般持续 12～22 小时，排卵发生在发情结束后10～15 小时。根据生理变化的特点，一般将发情周期分为发情前期、发情期、发情后期和休情期。

2. 母牛发情周期的特点

（1）母牛发情持续时间短　母牛发情持续时间平均为 21 小时，范围在 18～24 小时，最短的只有 6 小时，最长的也只有 36 小时。一般在发情结束后 10～15 小时（或发情开始后 28～32 小时）排卵。大多母牛在排卵后，子宫有流血现象，主要因为发情时，雌激素的刺激，造成子宫内膜微血管破裂而引发出血。

（2）母牛产后第一次发情多为安静发情　母牛多在产后 35～50 天左右发情，有的可达 100 天或更长时间才发情。产后初次发情期的母牛，部分母牛卵巢上虽然有成熟卵泡，也能正常排卵、妊娠，但其外部发情表现却很微弱，甚至无发情表现，称为安静发情。产后25～30 天左右发情，常表现为安静发情，安静发情易造成漏配。

（3）母牛产后第一次发情时间出现较晚　母牛产后第一次发情时间很不一致，受气候、饲养管理、有无产后疾病的影响。母牛在正常情况下，第一次发情多在产后 35～50 天左右，饲养粗放的母牛，由于营养差加上带犊，产后发情均较迟，一般在产后 100 天甚至更长些。带犊哺乳、营养、季节等是影响母牛产后发情迟早的主要因素。

三、受精与胚胎发育及其特点

1. 受精与胚胎发育

受精是卵子和精子结合，产生合子的过程。肉牛受精发生在细胞水平上，受精包括精子的获能、顶体反应、皮层反应、原核形成和融合等过程。通常一个卵子和一个精子结合，如果多精进入，会形成多余的分裂极和纺锤体，导致细胞异常分裂而使胚胎发育终止。受精后通过卵母细胞膜瞬间去极化和皮层反应，破坏精子受体和形成受精膜，阻止多精进入。

胚胎是指雄性生殖细胞和雌性生殖细胞结合成为合子之后，经过多次细胞分裂和细胞分化后形成的有发育成生物成体的能力的雏体。一般来说，卵子在受精后的 2 周内称孕卵或受精卵；受精后的第 3~第 8 周称为胚胎。

受精完成后，形成了二倍体的合子，开始进行有丝分裂并向子宫迁移，形成的囊胚在子宫中附植，结束游离状态，与母体开始建立联系。合子形成后即开始进行有丝分裂，早期胚胎发育在输卵管内开始。从一个受精卵发育成为一个新个体，要经历一系列非常复杂的变化。卵细胞受精以后即开始分裂、发育，形成胚胎。先形成的胚胎为桑椹胚，然后形成囊胚，并且植入子宫内膜中，吸取母体的营养，继续发育。囊胚壁为滋养层，囊中有内细胞群。胚胎继续发育，内细胞群的一部分发育成外胚层、内胚层和中胚层这三个胚层，再由这三个胚层分化发育成个体的所有组织和器官。

2. 受精与胚胎发育的特点

（1）一个精子与一个卵细胞结合，形成一个受精卵。

（2）进入卵细胞的只有精子的头部（细胞核）。

（3）受精卵的细胞质几乎都来自卵细胞。

（4）卵受精之前，代谢水平很低，无 DNA 的合成活动，RNA 和蛋白质的合成都极少。排出的卵子，如果未受精，很快就夭折。

（5）当精子与卵子表面结合时，卵子的代谢速率迅速提高，并开始合成 DNA。

（6）受精场所是母体的输卵管。

（7）卵裂期细胞有丝分裂，细胞数量不断增加，但胚胎的总体体积并不增加，或略有减小。

（8）桑椹胚期，胚胎细胞数目达到 32 个左右时，胚胎形成致密的细胞团，形似桑椹。

（9）囊胚期，细胞开始出现分化（该时期前细胞的全能性都比较高），聚集在胚胎一端个体较大的细胞称为内细胞团，将来发育成胎儿的各种组织。中间的空腔称为囊胚腔。

四、母牛的分娩机理

分娩，是指自母体中作为新的个体出现，特指胎儿脱离母体作为独自存在的个体的这段时期和过程。分娩前，母牛的产道和乳腺发生一系列的变化，至分娩时胎儿才能顺利通过产道，分娩后保证幼畜吃到足够的初乳。

1. 分娩预兆

母牛在临近分娩前数天，可从乳头挤出少量清亮胶样液体，至产前数天乳头中充满初乳；阴唇从分娩前约 1 周开始逐渐柔软、肿胀、增大，阴唇皮肤上的皱褶展平，皮肤稍变红；阴道黏膜潮红，黏液由浓厚黏稠变为稀薄润滑；子宫颈在分娩前 1～2 天开始肿大、松软，黏液栓塞溶化，流出阴道而排出阴门之外，呈半透明索状；骨盆韧带从分娩前 1～2 周即开始软化，至产前 12～36 小时，尾根两旁只能摸到一堆松软组织，且荐骨两旁组织塌陷，母牛临产前食欲不振，排尿量少而次数增多。上述各种现象都是分娩即将来临的预兆，但要全面观察综合分析才能作出正确判断。

2. 母畜的整个分娩过程

从子宫肌和腹肌出现阵缩开始的，至胎儿和附属物排出为止。整个分娩是一个有机联系的完整过程，按照产道暂时性的形态变化和子宫内容物排出终止，习惯上把它分为子宫颈开口期、胎儿产出期和胎衣排出期 3 个阶段。

(1) 子宫颈开口期　子宫颈开口期是整个分娩过程的第一阶段，从有规则地出现阵缩开始到子宫颈口完全开大。开口期中，刚开始阵缩轻微，间歇期较长，继而则强而短。阵缩是由子宫角端向子宫颈发生波状收缩，使胎水和胎儿向子宫颈移动，并逐渐使胎儿的前置部分进入子宫颈管和阴道。这时母牛表现不安，子宫颈管口逐渐张开，并且与阴道之间的界限消失，表现子宫收缩阵痛。开始阵痛比较微弱，时间短，间歇长，随着分娩过程进展，阵痛逐渐加强，间歇时间也由长变短，宫壁逐渐变厚，宫腔变小。由于这时阴道神经节受到刺激，进而加强了腹肌的作用，腹肌和子宫阵缩共同形成了很大的娩出力，此时胎儿的胎向和胎势都发生了相应的变化。子宫的方向性收缩迫使胎儿自然地由下位、倒位转变为上位，卷曲胎势变成了伸展状态，使胎儿和胎膜向子宫颈管口移动。在压迫下把软化的子宫颈管口完全撑开，有时部分进入产道。开口期需 0.5～24 小时，平均 2～6 小时。

（2）胎儿产出期　胎儿产出期是指由子宫颈口充分开张至胎儿全部排出为止。在这一时期，母牛的阵缩和努责发生作用，其中努责是排出胎儿的主要力量。在产出期到来之前，胎儿的前置部分已进入产道，由于阵缩的加剧和母牛的强烈努责，终将胎儿排出。胎儿进入产道后，子宫还在继续收缩，同时伴有轻微努责。腹压显著升高，使胎儿继续向外移动，胎囊由阴门露出，当羊膜破裂后，胎儿前肢或唇部开始露出。在产出期中，胎儿最宽部分的排出需要较长的时间，特别是头部，当胎儿通过骨盆腔时，母体努责表现最为强烈。在经过强烈努责后，当胎头露出阴门外之后，母牛稍微休息，继而将胎胸部排出，然而努责缓和，其余部分随之迅速被排出，即胎儿排出体外，仅把胎衣留于子宫内。在这一时期，母牛的临床表现是极度不安、起卧频繁、前蹄刨地、后肢踢腹、回顾腹部、拱背努责、嗳气。此期为 0.5～4 小时，经产牛比初产牛长。如果是双胎，则在 20～120 分钟后排出第二个胎儿。

（3）胎衣排出期　胎衣是胎膜的总称，包括部分断离的脐带。这期是从胎儿被排出后至胎衣完全排出为止。胎儿排出后，母牛暂时安静下来，间歇片刻，子宫再次收缩，这时收缩间歇长，力量减弱，同时伴有努责，将胎衣排出。胎衣的排出，主要是由于子宫的强烈收缩，从胎儿胎盘和母体胎盘中排出大量血液，减轻了绒毛和子宫黏液腺窝的张力。当胎儿排出后，胎儿胎盘血液循环即告停止，绒毛体积缩小，与此同时母体胎盘需血量减少，血液循环减弱，子宫黏膜腺窝的紧张性降低，使两者间的间隙扩大，再借露在体外的胎膜牵引，绒毛便易从腺窝脱出而分离。因绒毛从腺窝中脱落时，母体胎盘的血管不受到破坏，但由于牛的母子胎盘粘连紧密，在子宫收缩时，胎衣也不易脱离，因此胎衣排出时间一般在 5～8 小时。如果胎衣在 12 小时仍未排出，应按胎衣不下处理。

3. 母牛分娩控制机制

分娩过程是在内分泌和神经等多种因素的协调配合下，由母体和胎儿共同参与完成的。是由激素、中枢神经系统、物理和化学因素、免疫学因素等共同作用的结果。

（1）激素

① 催产素 催产素能使子宫发生强烈阵缩，它对分娩起着重要作用。分娩开始阶段，血液中催产素含量变化不大。在母体妊娠的最后阶段，孕酮分泌下降，雌激素分泌增多，刺激垂体后叶释放催产素，以启动分娩，并促使子宫颈扩张。与此同时，胎囊和胎儿的前置部分对子宫颈和阴道产生的刺激能反射性地使后叶释放出大量的催产素，以导致胎儿产出。如果母体在分娩过程中受到外界惊吓刺激，催产素的释放受到肾上腺素的抑制，使子宫不能正常进行收缩而会发生难产。催产素虽对阵缩发动不起到直接作用，但它的分泌能引起子宫颈、阴道扩张，从而刺激后叶素分泌，使子宫发生收缩。

② 孕酮 孕酮与雌激素在分娩前后的变化情况对分娩启动有着重要影响。在妊娠期间的黄体维持母牛的妊娠起着主导作用。孕酮能够抑制子宫肌肉收缩，这种抑制作用一旦被解除，就会成为调动分娩发生的一种重要诱因。由于胎儿糖皮质类固醇上升刺激母牛子宫合成前列腺素，从而削弱孕酮对子宫兴奋的抑制作用。使母牛临产前血浆中孕酮含量降到最低水平，有利于分娩。

③ 雌激素 雌激素在分娩前后的变化情况对分娩启动也有着重要影响。在妊娠期，胎盘新产生的雌激素刺激子宫肌肉的生长及肌动球蛋白的合成，为提高子宫肌肉的收缩能力创造条件。到妊娠末期，胎盘产生雌激素会逐渐增加，使子宫、阴道、外阴和骨盆韧带变得松弛，直至分娩前达到最高峰。在分娩时，雌激素能增强子宫肌肉的自发性收缩，这是由于雌激素克服孕酮的抑制作用，促使子宫平滑肌对催产素敏感，刺激前列腺素合成和释放的共同结果。

④ 前列腺素 前列腺素出现于子宫-卵巢静脉血中，它起着溶解黄体的作用，而且还是刺激子宫肌收缩的主要物质，它来源于母体胎盘。研究表明，子宫肌层和母体胎盘中所产生的前列腺素是母体由于雌激素诱发的结果，提高雌性激素水平可刺激前列腺素的释放，因而也证实了子宫-卵巢静脉中的雌激素和前列腺素是平行地增长的。

⑤ 肾上腺皮质素 胎儿下丘脑-垂体-肾上腺素对于启动分娩起着重要作用。胎儿在子宫内与母体相比是处在相对的甲状腺功能亢进状态，而胎儿的脑组织温度要比母体血液的温度高 $0.4 \sim 0.8 ℃$，在胎儿下丘脑成熟时，胎儿对这种温差没有感受能力，等到下丘脑内的温度感受器在妊娠期满的前 $7 \sim 10$ 天内达到成熟时，温度的差别就会对

胎儿造成窘迫状态，于是下丘脑内的促甲状腺释放激素受到了抑制，从而减少了甲状腺素的释放，与此同时却兴奋了促皮质素释放激素的产生，增加了垂体前叶促肾上腺皮质素的分泌，导致胎儿体内血浆皮质素浓度的提高，从而触发了有关分娩的一系列顺序的发生，最终引起分娩活动。胎儿的肾上腺皮质素与分娩启动有密切关系。在分娩前期的皮质素分泌突然增加，并通过胎儿血液循环到达胎盘，皮质素进入胎盘后改变胎盘内相应的酶活性，使胎盘合成的孕酮进一步转化为雌激素，这样就使母畜在分娩前 2～3 天胎盘和血液中的孕酮水平急速下降，而且雌激素水平急速上升，这两种变化则诱发胎盘与子宫大量合成前列腺素，并在催产素的协同作用下启动分娩。

⑥ 松弛素　松弛素是由卵巢和胎盘分泌的，它能使雌性肉牛在妊娠末期的骨盆结构及子宫颈发生松弛现象，以利于胎儿顺利产出。松弛素可促进子宫颈发生显著的变化。

（2）中枢神经系统　中枢神经对分娩起着主导作用，分娩是母体神经反射活动，其反射中枢在脊髓，若脊椎以下的脊髓受到损坏，分娩就有困难。但切断脊髓或使子宫与反射中枢断绝联系，并不能阻止分娩，说明神经系统对母畜分娩并不是完全必需的，是神经系统对分娩过程具有调节作用。胎儿前置部分进入产道，对子宫颈、阴道产生刺激，然后引起神经冲动，这种冲动信号经由下丘脑传导到垂体后叶，使它释放出催产素对子宫肌产生影响，这种引起垂体后叶反射性分泌，是生殖道的机械性刺激引起的，由此发生正常分娩。

（3）物理和化学因素

① 物理因素　子宫内部的物理作用，如牵引和压迫等，随同胎儿的增大和子宫内容物的增加，可使子宫肌增加兴奋性与紧张性，当家畜怀双胎时妊娠期缩短。以此为依据，妊娠末期，胎液渐趋减少，容积缩小，胎儿本身则在急剧增大，胎儿和胎盘之间的缓冲作用减弱，对胎盘和子宫产生机械性刺激，增加了对子宫壁的压力，压力到一定程度引发分娩。在生产实践中，要避免对妊娠母牛压力刺激，以防流产发生。

② 化学因素　母体在分娩时血液有明显改变，血液的化学成分同时也发生改变。母牛正常分娩时，丙酮酸和血糖都有显著增加，但

血液中的钙和磷却有所减少。分娩时虽然白细胞和血浆的相对容量有所升高，但产后却呈逐渐下降趋势。有人就正常分娩和胎盘滞留物对血液形态学的影响进行了分组比较，证实分娩时白细胞总数增加，尤以中性白细胞增加量最为显著，而嗜伊红白细胞则减少，母牛在产后1天白细胞总数显著减少。患胎衣不下或产后2天的母牛，各种白细胞则显著减少，其中中性白细胞减少程度最为显著。母牛在产前1个月血清蛋白含量达到最高水平，之后接近临产时下降到10%～30%，最后被形成初乳。在临产前的数日乳腺开始泌乳。钙、磷和镁的含量在血液中降低，但在初乳中却增加。

4. 免疫学因素

胎儿由于一半遗传物质来自父亲，胎儿可被看做是一种同种异体的移植组织，母牛则似寄宿主，它们都具有自身的抗原。因此，妊娠母牛对这些抗原不断产生免疫反应，这种免疫反应既可以是细胞免疫，也可以是体液免疫，虽然妊娠结果是生下正常的后代，但它与移植器官或组织从受体脱落，其结局是一样的。所以，有人认为分娩的机理是由免疫学的原因引起，就是说，分娩是免疫拒绝的具体表现。如果维持妊娠所必需的免疫功能低下而发生异常，便会发生早产或过期分娩。对于胎儿发育成熟时才能发生分娩的原因主要包括：①胚胎是一个不成熟的抗原，母体往往视它为自我物质，从而产生免疫忍受；②胎盘的滋养层细胞的生物特性是无抗原性或抗原性不表达与有抗原掩体的物质，母体对它不易产生免疫反应；③妊娠时，内膜呈蜕膜组织，它是一局部免疫的抑制因素，而哺乳动物的子宫内膜含有大量淋巴腺，并具有传递抗原所必需的免疫性细胞；④母体与胚胎之间可进行免疫交换，而在胚胎的发育过程中又不断产生新的抗原，它们之间的免疫关系，一定时间内是可以互相忍受的；⑤在胎儿生长发育期间不断增加产物，抑制了母体的免疫反应。

第二节　生态肉牛配种技术

一、初配年龄的确定

公、母牛到达性成熟时，尽管生殖器官已发育彻底，具有了正常的繁衍能力，但此刻身体的生长发育没有完结，故尚不宜配种。公、母牛配种过早，将影响到自身的健康和生长发育，所生犊牛体质弱、出生体重小、不易养殖，母牛产后产奶受影响。不同品种的肉牛应以其年龄和体重来确定初配年龄。母牛的初配年龄应根据牛的种类及其详细生长发育状况而定，通常比性成熟晚些，初配时的体重应为其成年体重的70%左右。年龄已到达但体重还未到达时，初配年龄应推迟。相反则可恰当提早。通常肉牛的初配年龄为早熟种公牛15～18月龄、母牛16～18月龄，晚熟种公牛18～20月龄、母牛18～22月龄。配种过迟则易使母牛过肥，不易受胎，公牛呈现自淫、阳痿等而影响配种。因而，正确把握公、母牛的初配年龄，对改进牛群质量、充分发挥其生产功能和提高繁殖率有重要意义。

二、母牛发情鉴定技术

1. 母牛的发情

母牛生长发育到一定时期，生殖器官发育成熟，具备了繁殖能力。母牛性成熟后，便开始出现正常的发情，排出卵子，表现周期性的发情活动。母牛的正常发情包括四个不同时期，分别为发情预兆期、发情期、发情后期和间情期。不同时期，发情症状不同。发情预兆期，母牛排尿次数增多，乳量减少，异性牛紧追不舍，但母牛并不接受爬跨。发情期，母牛食欲减退，精神不安，在栏内不停地走动嗅叫，阴门流出透明黏液，频频举尾，主动接近异性牛，接受公牛爬跨，交配欲强烈。发情后期，母牛生殖系统受孕酮影响，子宫为接受胚泡和它的营养作准备，子宫内膜的子宫腺增殖。如已妊娠，发情也就停止，直到分娩后再重复出现，若没有受孕则进入间情期。间情期，母牛子宫和生殖道的其他部分向着近似发情前期以前的状态变化，卵巢的黄体在此期处于活动状态，黄体退化后又开始新的发情周期。

2. 鉴定母牛发情的方法

（1）外部观察法 外部观察法是母牛发情鉴定的主要方法，主要根据母牛的外部表现判断发情的情况。母牛发情时往往表现食欲和奶量减少，兴奋不安，尾根举起，追逐和爬跨其他母牛并接受它牛爬跨，外阴部红肿，从阴门流出黏液。被爬跨的牛如发情，则站立不动并举尾，如不是发情牛，则往往拱背逃走；发情牛爬跨其他牛时，阴门搐动并滴尿，具有与公牛交配的动作。母牛的发情表现虽有一定规律性，但由于内外因素的影响，有时表现不大明显或欠规律性。因此，在确定输精适期时，必须善于综合判断，具体分析。

（2）试情法　根据母牛爬跨的情况来判断牛是否发情，这也是最常用的方法之一。如果群牧繁殖母牛群时，采用人工授精，必须进行发情鉴定。尤其在一些阴雨多雾的地区，牛群的发情鉴定的观察就更为困难，由此为了节省人力、物力，提高发情鉴定效果，采用试情公牛标记法是最有效的技术。

对试情公牛的处理有三种方法，过去多采用试情公牛输精管结扎法，但这种方法容易传播生殖道疾病。随着繁殖技术的发展，近年来也发现了一些新的方法，除了让输精管结扎外，还可以采用阴茎外科手术，此方法也可以达到公牛不能交配的目的。目前手术的方法，一是固定阴茎，在阴茎处末勃起位置，在睾丸前数厘米处，缝合到包皮上并产生粘连区，由此可阻止阴茎勃起和伸出；二是阴茎偏斜，利用手术使阴茎方向朝向腹侧，使它能正常勃起，但是不能交配；三是塑料环法，将专门的塑料套管置于包皮中。

（3）阴道检查法　阴道检查法是用阴道开张器来观察阴道的黏膜、分泌物和子宫颈口的变化来判断发情与否。子宫颈外口充血、松弛、柔软开张，排出大量透明的牵缕性黏液，不易折断。开始时黏液较稀较少，随着发情时间的增加，黏液会逐渐变稠，黏液量也由少变多，到发情后期黏液量会逐渐减少、黏稠、稍混浊。而不发情的母牛阴道黏膜苍白、干燥，并且子宫颈口紧闭，所以无黏液流出。发情母牛阴道黏膜充血潮红，表面光滑湿润；黏液的流动性取决于酸碱度，碱性越大越黏，乏情期的阴道黏液比发情期的碱性强，故黏性大。发情开始时，黏液碱性较低，黏性也最小；发情旺期，黏液碱性增高，黏性最强，有牵缕性，可以拉长。阴道检查的操作方法为：①将母牛保定在配种架内，尾巴用绳子拴向一侧，外阴部清洗消毒。②开腔器清洗擦干后，用75%酒精棉球涂擦，用酒精火焰消毒，涂上灭菌过的润滑剂。③左手拇指和食指（中指）将阴唇分开，右手持开腔器稍向上插入阴门，然后再按水平方向插入阴道，打开开腔器通过反光镜或手电筒光线检查阴道变化，检查完后稍微合拢开腔器，抽出。

（4）直肠检查法　一般正常发情的母牛其外部表现是比较明显

的，所以用外部观察法就可判断牛是否发情。阴道检查是在输精时作为一种鉴定发情的辅助方法。目前随着直肠把握输精的进展，直肠检查法在生产实践中被广泛采用。直肠检查法是把手臂伸入母牛直肠内，隔着直肠壁触摸卵巢上卵泡发育的情况来判断发情与否。母牛保定方法同阴道检查法。检查者先用手抚摸肛门，然后将手指并拢成锥形，用缓慢旋转的动作进入肛门，排出宿粪。再一次将手伸入肛门，且手掌展平，掌心向下，抚摸按压，在骨盆底部可以触摸到一前后长而圆且质地较硬的棒状物，即为子宫颈。沿着子宫颈向前触摸，在正前方触摸到一浅沟，即为角间沟。母牛在发情时，可以触摸到突出于卵巢表面并有波动的卵泡。排卵后，卵泡壁呈一个小的凹陷，在黄体形成后，可以摸到稍为突出于卵巢表面、质地较硬的黄体。

三、母牛的自然交配技术

自然交配是在自然条件下，公、母牛混合放牧，直接交配的方法。在群牧中的自然交配是原始的自由交配法，容易野交乱配。因此，在自然交配时应注意：①为了保证受孕，公、母牛比例一般为1∶（20～30）；②公牛要有选择，不适于种用的应去势。小牛、母牛要分开，防止早配；③要注意公、母牛的血缘关系，防止近交衰退现象。

随着养殖技术的不断提高，自然交配法也有所改进，即是先将母牛牵到配种架里，再与公牛配种，但此方法需要人工的辅助才能进行。虽然方法有所改进，但仍存在一定的不足之处。应注意的是：加强种公牛的饲养管理技术；严格控制种牛的交配次数；避免感染疾病，不能与有疾病的母牛配种；防止精液倒流等。

四、母牛的人工授精技术

1. 精液的解冻

冷冻精液使用前必须使用解冻液解冻，方能进行人工授精。

（1）解冻液配制　解冻液一般使用2.9%的柠檬酸钠溶液和维生素 B_{12}（2毫升1支）。解冻液配制必须准确，浓度不可偏高或偏低，pH 为6，宜现配现用，也可用安瓿分装备用。维生素 B_{12} 注意避光保存，防止购进伪劣产品，解冻时防止生水滴入。

（2）解冻方法　解冻时先把解冻液倒入小玻璃瓶内，每输精1头母牛用解冻液1.5～2毫升，把装好解冻液的玻璃瓶（安瓶）放在40℃的温水中预热，再将颗粒冻精2粒迅速投入小玻璃瓶中，并不断地轻轻摇动，待颗粒精液快融化完时立即将小玻璃瓶在温水中取出，继续摇动使其全部融化，再进行镜检，观察其活力，如活力不低于35%，便可用来输精。解冻后的精液存放时间不超过1小时。

2. 精液活力的检查

取一点精液，滴在载玻片上，加上洁净的盖玻片，使载玻片和盖玻片之间充满精液，避免空气泡藏在里面，然后放在显微镜下放大400倍，观察精液中前进运动的精子数量，来评定精子活力的等级。评定时一般分为十级，在显微镜下100%的精子都是直线前进运动的可以评1.0级，90%直线前进运动的0.9级，其余以此类推。颗粒冻精解冻后活力达0.35级以上方可用于人工授精。精子活力检查时，必须在37～38℃的环境中进行，冬季必须使用保温箱，温度保持38～40℃，才能使检查获得准确的结果。

3. 输精方法

（1）开张器输精法　按发情鉴定方法保定母牛，用消毒水或清水洗净肛门和阴户周围并擦干，把牛尾拉向一侧。输精员持用生理盐水浸湿的开张器，缓慢插入阴道，转动并打开开张器。借助光源找到子宫颈外口，将输精器插入子宫颈口1～3厘米左右，后撤开张器，注入精液。取出输精器和开张器。取出开张器时不要合拢，以免夹伤阴道黏膜。助手按压母牛腰部，以防止精液倒流。这种方法的优点是操作简单。缺点是只能将精液输到子宫颈浅部，影响受胎率。此法目前已很少使用，只在少数子宫颈难插进的母牛中使用。

（2）直肠把握输精法　保定输精母牛，输精员一只手戴好长臂手套，伸进直肠内掏出粪便。用手触摸寻找把握子宫颈，如遇母牛努责，稍等肠壁松弛后再操作。如遇肠壁紧张并收缩成空腔时，可用手压迫肠壁使其松弛。输精员用另一只手持干净毛巾擦净阴户周围，把输精器插入阴道至子宫颈口，借助直肠内一只手对子宫颈的固定和协助，把输精器慢慢插入子宫颈深部或子宫体，注入精液。抽出输精器。这种方法的优点是可以把精液直接注入子宫颈深部或子宫体，受胎率高。缺点是初学者不易掌握，甚至会造成子宫颈口外伤，反而使受胎率降低（图 6-1）。

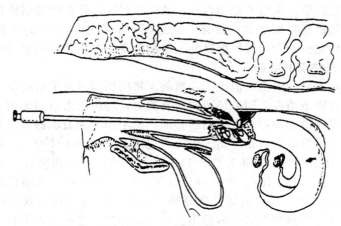

图 6-1　直肠把握输精法示意图

4. 输精时应注意的问题

（1）输精适期　母牛正常排卵在发情结束之后 10～12 小时。输精时间安排在排卵前 6～18 小时内，受胎率最高。但是排卵时间一般不易准确掌握，而根据发情时间来掌握输精时间比较容易。输精时间在发情后期较好。在生产实践中都以早晨发情，下午输精；下午发情，第二天早晨输精。

（2）输精部位及次数　在牛的子宫颈内、子宫体、子宫角输精，受胎率无多大差异，目前大多将精液输入到子宫颈内。在精液品质良好和发情鉴定准确的条件下，可一次输精。为了可靠，两次输精为宜，两次输精间隔 8～12 小时。

（3）输精量　输精量一般为 1 毫升，冷冻精液一个输精剂量应含直线运动的精子 1500 万～3000 万个。

（4）输精方法　目前给牛输精比较先进的方法是直肠把握子宫输精法，整个输精过程要轻稳，掌握"轻入、适深、缓注、慢出"八个字。

五、公牛的采精技术

采精是人工授精的首要技术环节。采精的基本要求是：使用的器械简单、操作方便，不影响公牛正常的性行为，使射精顺利，精液量多而不被污染。采精就是用台牛引诱公牛爬跨，用假阴道诱使公牛射精，用集精杯将精液收集起来。此过程一般在种公牛站的采精室进行。这样比较安全，避免出意外。采精的常用方法是假阴道采精法。

1. 采精前的准备

（1）器材的清洗与消毒 采精前需将所用器具及采精场所彻底完整地进行清洁消毒。即采精用的所有器材，均应力求清洁无菌。在使用之前要严格消毒，每次使用后必须洗刷干净。如玻璃器材常采用电热鼓风干燥箱进行高温干燥消毒，要求温度为 $130\sim150\,^{\circ}\mathrm{C}$，并保持 $20\sim30$ 分钟，待温度降至 $60\,^{\circ}\mathrm{C}$ 以下时，才可开箱取出使用。也可用高压蒸汽消毒，维持 20 分钟；胶制品通常采用 75％酒精棉球擦拭消毒，最好再用 95％的酒精棉球擦拭一次，以加速挥发残留在橡胶上面的水分和酒精气味，然后用生理盐水冲洗。也可以在采精室安装紫外线照射器，每天采精结束后照射 $1\sim2$ 小时，长期不用的采精场应在采精前一天进行彻底消毒。

（2）假阴道的准备 假阴道是模仿母畜阴道内环境条件而设计制成的一种人工阴道。由外筒（又称外壳）、内胎、集精杯（瓶、管）、气嘴和固定胶圈等基本部件所组成（图 6-2）。假阴道安装前应先检查外筒、内胎是否有破损裂缝、沙眼、老化发黏等不正常情况，否则将会发生漏水、漏气而影响采精。内胎安放在采精筒内时须平整无皱褶，检查有无老化破损，两端橡圈是否扎紧，并且要进行消毒处理。安装集精管时检查其有无破损裂纹。从假阴道注水孔的活塞处吹入空气进行压力调节。使假阴道口呈三角形为宜（图 6-3）。

（3）采精场所的准备 采精要有固定的场所与良好的环境，以便公牛建立起巩固的条件反射，同时保证母畜安全和防止精液污染。为此，采精场所应该宽敞、平坦、安静、清洁和固定。采精场所的地面既要平坦，但又不能过于光滑，最好能铺上橡皮垫以防打滑。采精前要将场所打扫干净，并配备有喷洒消毒设备和紫外线照射灭菌设备。

（4）台牛的准备 采精用的台牛有真台牛和假台牛之分，且各有优缺点。所谓真台牛是指使用母牛、阉牛或另一头种公牛作台牛。一般说来，只要采精公牛已经习惯，则在性刺激效果上均无明显差别。虽然使用其他种公牛作台牛具有简单方便，不需另添设备和专门饲养

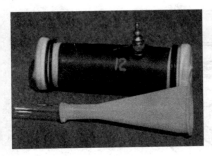

图 6-2　假阴道

图 6-3　假阴道口呈三角形

台牛的优点，但其缺点是，采精公牛有时可能袭击固定在采精架中作为台牛的种公牛，同时容易养成公牛"自淫"或"互淫"等恶习，故应持慎重态度。采精前，应擦洗公牛下腹部，以便尽可能减少精液的污染和促进公牛建立性的条件反射。采精过程中随时注意清洁种公牛后躯，以免种公牛粪便污染采精筒或精液。

（5）种公牛的准备　种公牛应选择健康、体壮、体型大小适宜的性情温顺的公牛。种公牛采精前的准备，包括体表的清洁消毒和诱情性的准备两个方面。这和精液的质量和数量都有密切关系。目前，对生产冻精的优秀种公牛的饲养、管理、体质、健康、采精现场和牛体的清洁卫生等各个方面要求十分严格。为了生产无特定病原（SPF）的冻精，不仅从采精开始就注意预防某些危害大的疫病传播，甚至从其胚胎时期开始，就应注意预防某些病原微生物对成年后公牛可能带来的精液污染危险。

2. 采精方法及其技术要领

（1）按摩法采精技术　此方法只适用于未经训练的青年公牛和因肢、蹄伤病无爬跨能力的牛。采精前要对公牛进行适当的保定。公牛按摩采精时，通常先将直肠内宿粪排出，再将手伸入直肠约 25 厘米处，轻轻按摩精囊腺，以刺激精囊腺的分泌物自包皮排出（图 6-4）。然后将食指放在输精管两膨大部中间，中指和无名指放在膨大部外侧，拇指放在另一膨大部外侧，同时由前向后轻轻伴以压力，反复进行滑动按摩，即可引起精液流出，由助手接入集精杯（管）内。为了使阴茎伸出以便收集精液，尽量减少细菌污染程度，也可按"S"状弯曲。按摩法比用假阴道法所采得的精液其精子密度较低，且细菌污

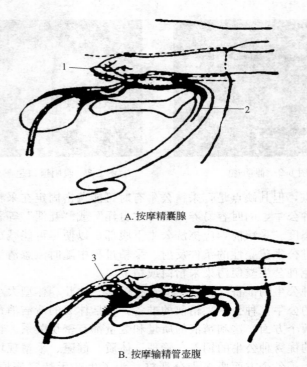

A. 按摩精囊腺

B. 按摩输精管壶腹

图 6-4　按摩法采精示意图

1—精囊腺；2—阴茎；3—输精管膨大部

染程度较高。

（2）电刺激法采精技术　　只适用于育种价值高而失去爬跨能力或性反射迟钝的公牛。此方法近年来有所发展，并且牛已采用，并已有与之相适应的各种电刺激采精器。电刺激采精法是通过电流刺激有关神经而引起公牛射精。电刺激采精器包括电刺激发生器和电极探子两个基本部件。发生器具由控制频率的定时选择电路、多谐振荡器的频率选择电路、调节多档的直流变换电路和能够输出足够刺激电流的功率放大器等四部分组成。探子则是适应大、中、小肉牛不同类型的空心绝缘胶棒缠绕而成的直型电极或指环式电极（图6-5）。

（3）假阴道法采精技术　　采精者一般应立于公牛的右后侧。当公

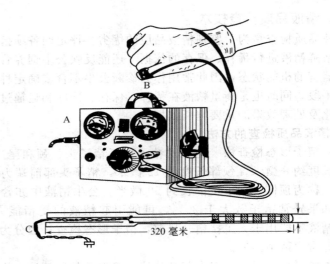

图 6-5　电刺激采精器
A—电源；B—电极；C—棒状电极

牛爬上台牛时，要沉着、敏捷地将假阴道紧靠于台牛臀部，并将假阴道角度调整好使之与公牛阴茎伸出方向一致，同时用左手托住阴茎基部使其自然插入假阴道。射精完毕当公牛跳下时，假阴道不要强行抽出，待阴茎自然脱离后立即竖立假阴道，使集精杯（瓶）一端在下，迅速打开气嘴阀门放掉空气，以充分收集滞留在假阴道内胎壁上的精液。

（4）采精的辅助技法　公牛的性情并非是一成不变的，须依据每头牛的性情而采用不同的采精技法。如双牛采精法是在性格温顺的两头牛之间进行，使其共用一头台牛。此法使两头公牛产生竞争心理而促使其较快爬跨。又如空爬法是实行种公牛间隔爬跨方式，第一次爬跨后拉开，2 小时后进行第二次爬跨，反复进行多次。使其性欲完全充分调动起来。牛对假阴道内的温度比压力要敏感，因此要特别留意温度的调节。应用手掌轻托公牛包皮，避免触及阴茎。牛射精时间非常短促，用力向前一冲时即行射精，因此要求动作敏捷准确并注意防止阴茎导入时突然弯折而损伤阴茎，还要紧紧握住假阴道，防止掉落。

六、精液品质检查技术

精液品质检查是为了鉴别精液品质的优劣。评定的各项指标，既是确定新鲜精液进行稀释、保存的依据，还能反映公牛饲养管理水平和生殖器官的机能状态，因此常用作为诊断公牛不育或确定种用价值的重要手段，同时也是衡量精液在稀释、保存、冷冻和运输过程中的品质变化及处理效果的重要判断依据。

1. 精液品质检查的方法

（1）精子形态检查法　完整的精子包括精子头、颈和尾三部分，其头部长度约 8 微米，颈部长度约 12 微米。精子头部前端为帽样结构覆盖，称为顶体。精子尾部长约 50 微米。公牛精液中亦含有异常精子，如果异常精子数大于 20%，可能引起精液的受精能力降低，这样的精液不能用于人工授精。目前，精子形态检查一般分为畸形率和顶体异常率两项内容。

检查精子形态时，一般在载玻片滴一滴混匀的原精液，再加一滴染色液，完全混匀后，平拉制片，最后使载玻片在常温下干燥后检查。也可将一小滴精液样品与一小滴 10% 的福尔马林相互混合均匀（使精子活动静止）后，覆盖干净的盖玻片再置于显微镜下镜检。每一样品计算 100 个以上的精子，然后再计算正常精子的百分率。畸形精子是形态和结构不正常的精子，不应超过精子总数的 10%～20%，且对受精力影响不大。精子畸形一般可分为四类：第一类是头部畸形，主要包括头部巨大、瘦小、细长、圆形、轮廓不明显、皱缩、缺损、双头等；第二类是颈部畸形，主要包括颈部膨大、纤细、曲折、不全、带有原生质滴、不鲜明、双颈等；第三类是中段畸形，主要包括中段膨大、纤细、不全、带原生质滴、弯曲、曲折、双体等；第四类是主段畸形，主要包括主段弯曲、曲折、回旋、短小、长大、缺陷、带原生质滴、双尾等。

由于精子顶体在受精过程中具有重要作用，因此一般认为只有呈前进运动并顶体完整的精子才可能具有正常的受精能力。事实上在正常的新鲜精液中同样不可避免地存在一些顶体异常的精子，但其比率不高，故对受精力影响不大。但是，如果牛的精子顶体异常率超过 14%，就将直接导致受精力下降。在精子的形态检查中，顶体异常率的检查具有更加重要的意义，并且它在一定程度上也是检验精液冷冻效果的一项重要方法。除此之外，公牛精液的异常精子比例随季节有明显的变化。在晚春和夏季尤其要检查精液质量，因为公牛在炎热季节如果受到热应激的影响，异常精子数增加，可能降低精液的受胎能力。

（2）精子活力检查法 精子活力是指精液中呈前进运动精子所占的百分率。检查精液活力时要使用加热的显微镜平台，高密度和高活力的精液样品在显微镜下呈云雾状。在对精子进行稀释检查时，应注意稀释液的温度要与原精液相同，否则可能影响精子正常的活力。活动精子是指视野中呈直线前进运动的精子，作旋转运动、向后运动或摇摆运动的精子不计为活动精子，这是因为非前进运动的精子一般不具备与卵子结合并受精的能力。刚采出的牛的精子的正常活力应不低于 0.7 级，即 70% 的精子为呈直线前进运动的精子。由于只有具有前进运动的精子才可能具有正常的生存能力和受精能力，所以精子活力是目前评定精液品质优劣的常规检查的主要指标之一。一般在采精后，稀释保存和运输前后以及输精前后都要进行检查。活力检查方法有目测评定法、活精子计数法、电抗阻检直测定法、精子进入子宫颈黏液深度测定法、电子法、暗视野显微定时曝光照片法等。

（3）精液 pH 值检查法 pH 值偏低的精液较偏高的精液的精子活力好，受精能力也高。牛精液因精清比例较小呈弱酸性，故公牛精液的 pH 值一般在 6.4～7.8 之间，平均值为 6.9；因种牛个体、采精方法不同以致精清的比例不一，而使 pH 值稍有差异或变化。如黄牛用假阴道采得的精液 pH 值为 6.4，而用按摩法采得的精液 pH 值上升为 7.85。若公牛患有附睾炎或睾丸萎缩症，其精液呈碱性反应。同种公牛精液的 pH 值偏低其品质较好；pH 值偏高的精液其精子受精力、生活力、保存效果等显著降低。

（4）精子密度检查法 精子密度通常是指每毫升精液中所含精子数。由于根据精子密度可以算出每次射精量（或滤精量）中的总精子数，再结合精子活率和每个输精量中应含有效精子数，即可确定精液合理的稀释倍数和可配母畜的头数。因此，精子密度与活力同等重要，也是目前评定精液品质优劣的常规检查中的一个主要项目，但一般只需在采精后对新鲜原精液做一次性的密度检查。目前，测定精子密度的主要方法是目测法、血细胞计计数法和光电比色计测定法。此外，还有硫酸钡比浊法、细胞容量法、凝集试验法和快速电子法等。

（5）精液外观检查法　精液外观检查法是对精液量、色泽、气味等进行观察。采得新鲜精液都应立即直接观察射精量。每个个体射精量因年龄、性准备状况、采精方法及技术水平、采精频率和营养状况等而有所变化。精液量超出正常范围太多或太少，都必须立即寻找原因。一般来说，正常的精液的色泽通常为乳白色或灰白色，而且精子密度越高，乳白色程度越浓，其透明度也就愈低。但有时呈乳黄色，是因为核黄素含量较高的缘故。水牛精液为乳白色或灰白色。公牛的精液略带腥味。如精液有异常气味，可能是混有尿液、脓液、尘土、粪渣或其他异物，应废弃。色泽和气味检查可以结合进行，使鉴定结果更为准确。

2. 精液品质检查的注意事项

（1）采得的精液要迅速置于30℃左右的恒温水浴中或保温瓶中，以防温度突然下降，对精子造成低温应激。

（2）评定精液质量等级，应对各项检查结果进行全面综合分析，一般不能由一两项指标就得出结论。有些项目必要时要重复2～3次，取其平均值作为结果。

（3）检查操作过程不应使精液品质受到损害，如蘸取精液的玻璃棒等用具，既要消毒灭菌，但又不能残留有消毒药品及其气味。

（4）精液品质检查项目很多，通常采用逐次常规重点检查和定期全面检查相结合的办法。检查时不要仅限于精子本身，还要注意精液中有无杂质异物等情况。

（5）事先做好各项检查准备工作，在采得精液后立即进行品质检查。检查时要求动作迅速，尽可能缩短检查时间，以便及时对精液做出稀释保存等处理，防止质量下降。

七、精液的稀释技术

精液稀释是指在采得的精液里添加一定数量的、按特定配方配制的、适宜于精子存活并保持受精能力的溶液。

1. 稀释液的主要成分和作用

（1）稀释剂　主要用以扩大精液容量。因此，此类物质在稀释液中的剂量，必须保证整个稀释液与精液具有相同或相似的渗透压，目前多用生理盐水、葡萄糖、果糖、乳糖、蔗糖等。

（2）营养剂　营养剂主要是提供营养，以补充精子在代谢过程中消耗的能量。由于精子代谢只是单纯的分解作用，而不能通过同化作用将外界物质转变为自身成分。因此，为了补充精子的能量消耗，只能使用最简单的能量物质，一般多采用葡萄糖、果糖、乳糖等糖类以及鲜奶及奶制品、卵黄等。

（3）保护剂　保护剂主要保护精子免受各种不良外界环境因素的危害，包括缓冲物质、非电解质和弱电解质、防冷刺激物质、抗冻物质、抗菌物质、激素类等。缓冲物质是用以保持精液适当的 pH 值。贮存于附睾中的精液呈弱酸性从而有利于抑制精子的活动和代谢。但在射精过程中会与碱性的副性腺分泌物相混合而变为弱碱性，因而激发了精子活动和加速了精子的代谢。激素类具有促进母畜生殖道蠕动，有利于精子运动从而提高受胎率的作用。非电解质和弱电解质具有降低精清中电解质浓度的作用。副性腺体分泌物的电离度，比附睾中的精液高 10 倍，因此，射出的精液精清中电离度也很高。防冷刺激物质具有防止精子冷休克的作用。在保存精液时，常需降温处理，尤其是从 20℃以上急剧降至 0℃时，由于冷刺激，会使精子遭受冷休克而丧失活力。抗冻物质具有抗冷冻危害的作用。精液在冷冻保存过程中，精子内外环境的水分，必将经历液态到固态的转化过程，从而导致精子遭受冻害而死亡。维生素类（维生素 B_1、维生素 B_2、维生素 B_{12}、维生素 C、维生素 E 等）具有改善精子活率，提高受胎率的作用。在人工授精过程中，即使努力改善环境卫生条件和严格操作规程，虽然能减少细菌微生物对精液和稀释液的污染，但很难做到无菌，而精液和稀释液都是营养丰富的物质，是细菌微生物滋生的适宜环境。

2. 稀释液的种类及其选择依据

稀释液的种类有四种，包括扩容稀释液、常温保存稀释液、低温保存稀释液、冷冻保存稀释液。扩容稀释液主要适用于采精后立即稀释输精，以单纯扩大精液容量，增加输精母牛头数为目的。常温保存稀释液主要适用于精液在常温下短期保存，以糖类和弱酸盐为主体，pH 偏低（表 6-1）。低温保存稀释液主要适用于精液低温保存，以含卵黄或奶类为主体（表 6-2），具抗冷休克的特点。冷冻保存稀释液主要适用于精液超低温冷冻保存，以含甘油、二甲基亚砜等为主体，具抗冻特点。

表 6-1　牛精液常温保存稀释液

	成分	1	2	3	4	5	6
基础液	二水柠檬酸钠/克	2	1.45	2		2.16	2.3
	碳酸氢钠/克	0.21	0.21				
	氯化钾/克	0.04	0.04				
	磺乙酰胺钠/克			0.0125			
	葡萄糖/克	0.3	0.3	0.3			
	糖蜜/毫升						1
	氨基乙酸/克		0.937	1			
	氨苯磺胺/克	0.3	0.3			0.3	0.3
	椰子汁/毫升					15	
	番茄汁/毫升				100		
	奶清/毫升				10		
	甘油/毫升			12.5			
	蒸馏水/毫升	100	100	100		100	100
稀释液	基础液/(容量%)	90	80	79	80	95	90
	2.5%乙酸			1			
	卵黄/(容量%)	10	20	20	20		10
	青霉素/(单位/毫升)	1000	1000	1200		1000	500
	双氢链霉素/(微克/毫升)	1000	1000			1000	1000
	硫酸链霉素/(微克/毫升)			1200			
	氯霉素/%			0.0005			
	过氧化氢酶/(单位/毫升)					150	
	抗霉菌素/(单位/毫升)					4	

表 6-2 牛精液低温保存稀释液

	成分	1	2	3	4	5
基础液	二水柠檬酸钠/克	2.9	1.4			1
	牛奶/毫升				100	
	奶粉/克					3
	葡萄糖/克			3	5	2
	氨基乙酸/克				4	
	氨苯磺胺/克				0.3	
	蒸馏水/毫升	100	100	100		100
稀释液	基础液/(容量%)	75	80	70	80	80
	卵黄/(容量%)	25	20	30	20	20
	青霉素/(单位/毫升)	1000	1000	1000	1000	1000
	双氢链霉素/(微克/毫升)	1000	1000	1000	1000	1000

3. 稀释液配制的基本原则

稀释液配制时，必须遵循以下基本原则：①配制稀释液的各种药物原料品质要纯净，一般应选择化学纯制剂或分析纯制剂，同时要使用分析天平或普通药物天平按配方准确称量；②配制和分装稀释液的一切物品用具均必须刷洗干净和严格消毒；③配制稀释液的各种药物原料用水溶解后要进行过滤，以尽可能除去杂质异物，然后采用隔水煮沸或高压蒸汽消毒，并应采用灭菌蒸馏水以补足消毒灭菌过程中蒸发损失的水量，以保持配方要求的正常药物浓度；④配制好的稀释液如不现用，应注意密封保鲜不受污染，卵黄、奶类、抗生素等必需成分应临时添加；⑤要认真检查已配制好的稀释液成品，经常进行精液的稀释效果、保存效果的测定，发现问题及时纠正。凡不符合配方要求，或者超过有效贮存期的变质稀释液都应废弃。

4. 精液的稀释方法

精液的稀释方法是将经过检查合格的精液按（1∶2）～（1∶5）倍稀释液进行稀释，其稀释原则应保证每个颗粒精液中所含精子数不少于 3000 万～4000 万个，解冻后呈直线前进运动的精子不少于 1500 万个。在稀释的过程中应注意：①精液稀释应在采精后尽快进行，并尽量减少与空气和其他器皿的接触。②稀释前应防止精液温度发生突然变化，特别是防止遭受低于20℃以下的低温刺激；同时要求稀释液的温度要调整至与精液的相同。因此，一般是将精液和稀释液同时置于30℃左右的水浴锅或保温瓶中。③稀释时，将稀释液沿杯（瓶）壁缓缓加入精液中，然后轻轻摇动或用灭菌玻棒搅拌，使之混合均匀。如作20～30倍以上的高倍稀释时，则应分两步进行。先作低倍稀释（如3～5倍或加入稀释液总量的1/3～1/2），稍待片刻后再作高倍稀释，即将其余所剩的稀释液全部加入，以防精子所处环境条件的突然改变，造成稀释打击。④稀释后，静置片刻再作活力检查。如果稀释前后活力一样，即可进行分装与保存；如果活力下降，说明稀释液的配制或稀释操作有问题，不宜使用，并应查明原因。

八、精液的保存技术

精液在稀释后即可保存。现行保存精液的方法，按保存温度可以分为常温保存（15～25℃）、低温保存（0～5℃）、冷冻保存（-79℃或-196℃）三种。由于前两种保存方法的精液都以液态形式存在，故统称为液态精液保存。此外还有正在继续试验研究中的精液的冻干保存。

各种精液保存方法的理论根据为暂时地抑制或停止精子的运动，降低其代谢速度，减缓其能量消耗，以便达到延长精子存活时间而又不致丧失受精能力的目的。为了抑制精子活动，降低代谢水平，通常有两条基本途径：一是降低保存温度，减弱精子运动和代谢，甚至使精子处于一种休眠状态，但不丧失生活力；二是控制稀释液的pH，使精子处于弱酸性环境下，既不致危害精子，又能有效抑制精子的运动。在以上两种情况下保存的精子，一旦环境中温度和pH值恢复到正常生理状态，精子又将重新恢复它们的正常运动和代谢水平。

1. 常温保存

常温保存的温度在15～25℃之间，由于保存温度不十分恒定，故又称室温保存。在这一温度范围内，由于稀释液提供的弱酸性环境，精子的运动和代谢只是受到一定的抑制，因此只能在一定时间限度内延长精子的存活时间和保持受精能力。因常温保存无需特殊控温设备和制冷设备，处理手续简便，故便于推广普及和具有一定的实际价值。

常用方法是将稀释后的精液瓶，密封瓶口，用纱布或毛巾包裹好，置于室内避光处15～25℃温度环境中存放即可。若夏季室温较高，可在室内挖一个深0.5米左右的小地窖，把精液瓶放入其中保存。这一保存方法的原理是利用精子在弱酸性环境中可以被抑制、减少运动、降低消耗，一旦pH值恢复到中性左右，精子还可以复苏。因此，在精液稀释液中加弱酸类物质抑制精子的活动，来减少其能量消耗并维持其受精能力，使精子处于可逆性的静止状态。由于不同酸类物质对精子产生的抑制区域和保护效果不同，有机酸的可逆抑制区域比无机酸更宽些。精子只能在一定pH值范围内是可逆的，而超越这一范围，就会出现不可逆的抑制，失去保存的作用。常温保存精液，对微生物的生长也有利，因此，稀释液中必须要加入抗生素。

2. 低温保存

低温保存是将稀释后的精液，置于0～5℃的低温条件下保存。一般是放在冰箱内或装有冰块的广口保温瓶中冷藏。在这种低温条件下，精子运动完全消失而处于一种休眠状态，代谢降低到极低水平，而且混入精液中的微生物滋生与危害也受到限制，故其精子的保存时间一般相对延长。公牛的精液在冷冻保存技术成功以前，低温保存是最普遍采用的方法。

公牛的精液，最初就是采用含2.9%～3.6%的柠檬酸钠和20%～30%的卵黄等组成的稀释液进行0～5℃的低温保存，简单、有效，保存时间可达1周之久。此后又陆续出现了许多含不同种类的奶、糖稀释液，有效保存期同样可达7天，并可作高倍稀释，甚至稀释100倍以上时对受胎率也无太大影响。在冷源和冷冻设备不足的地区，牛精液采取低温保存仍有其实用价值。目前，通常是采用冰箱保存，将稀释后的精液瓶，密封瓶口，采取缓慢降温的方法降至10℃以下，然后置于0～5℃的冰箱保存。也可用盛入冰块的广口保温瓶代替。

低温保存的原理是利用低温能抑制精子活动，降低其代谢和能量的消耗，同时也能抑制微生物的生长，在精液内加入营养物质及抗低温物质，又隔绝空气，就可延长精子一定的存活时间。温度回升后，精子又恢复正常代谢并维持受精能力。精子对冷刺激敏感，特别是从体温急剧下降至 10℃以下时，会使精子发生不可逆的冷休克现象。为此，除在稀释液中加入卵黄、奶类等抗低温物质外，要采取缓慢降温的方法，并维持温度恒定不变。

3. 冷冻保存

精液冷冻保存是将精液停止特殊处置，保存在超低温下，以达到长期保管的目的。通常采用液氮（－196℃）和干冰（－79℃）保存。

冷冻保存过程，精液内只有部分精子能够经受冷冻，升温后可以复活，而另一部分精子由于在冷冻过程中造成了不可逆转的变化而死亡。冷冻精液在制作和贮存期间，都要求保持在一定的超低温冷源条件下。过去曾以干冰（固体 CO_2）作为冷源（－79℃），目前已普遍转为使用液氮作为冷源（－196℃）。至于液态空气（－192℃）、液态氧（－183℃）和液态氦（－269℃）等都曾进行过试用研究，然而由于有各自的缺点而被淘汰。由于冷冻保存可长期保存精液，应用不受时间、地域以及种用公牛寿命的限制，可充分提高公牛的应用率。冷冻精液在生产中已广泛应用。

九、肉牛繁殖控制技术

肉牛繁殖控制技术即通过人为的方法，改变母牛的生理周期，调整母牛的发情、排卵规律，使母牛按照人们的要求，在一定时间内发情、排卵、配种，一次得到两个或更多的胚胎。繁殖控制技术主要包括诱导发情技术、同期发情技术、超数排卵技术和人工诱导双胎技术。诱导发情技术和同期发情技术采用的方法基本一致，能够诱导发情的技术同时对一群母牛处理，就能起到同期发情的作用。

1. 诱导发情技术

（1）孕激素处理方法

① 埋植法　把一定量的孕激素制剂装入塑料细管中，管壁有小孔，以利于药物向外释放进入体组织。用套管针或者埋植器将药管埋入耳背皮下，经过一定天数，在埋植处做切口将药管取出，同时注射 PMSG500～800 单位。也可将制剂装入硅胶管中埋植。硅胶有微孔，药物可渗出。用量依药物种类不同，18 甲基炔诺酮为 15～20 毫克，埋植时，只需将药芯推出至皮下即可。

② 阴道栓塞法　栓塞物为泡沫塑料块或硅胶环。后者为一螺旋状钢片，表面敷以硅胶，其中含一定量的孕酮或孕激素制剂。将栓塞物放在子宫颈外口处，激素向外释放。处理结束时，将其取出或同时注射 PMSG。

（2）PMSG 处理方法　乏情母牛卵巢上无黄体存在，一定量的 PMSG（750～1500 单位或 3～3.5 单位/千克体重），可促进卵泡发育和发情。10 天内仍未发情的可再次如法处理，剂量稍加大。

（3）FSH 处理方法　FSH 在动物体内半衰期为 2～3 小时，用该激素纯品诱发发情时，剂量为 5～7.5 毫克，分 6～9 次，连续 2～4 天，上午、下午各肌内注射 1 次为一个疗程。处理 4～6 天后仍未发情，再处理一个疗程。该激素价格较高，每个疗程需多次注射，因而在生产中较难推广。

（4）GnRH 处理方法　目前国产的 GnRH 类似物半衰期长，活性高。有促排卵素 2 号（LRH-A2）和促排卵素 3 号（LRH-A3），是经济有效的诱发发情的激素制剂。使用 LRH-A3 时，剂量为 50～100 微克，一次肌注。该法的处理方法与 PMSG 的诱发发情相同。处理后 10 天内仍未见发情的，可再次处理。

2. 同期发情技术

（1）孕激素法

① 埋植法　同诱导发情技术。

② 阴道栓塞法　同诱导发情技术。

③ 口服法　对于舍饲奶牛，口服孕激素也是可行的。孕激素处理结束后，在第二、第三、第四天大多数母牛有卵泡发育并排卵。

（2）前列腺素法　前列腺素的投药方法有子宫注入和肌内注射两种，前者用药量较少，效果明显，但子宫注入较为困难，肌内注射虽操作容易，但用药量需适当增加。国产 15 甲基 $PGF_{2\alpha}$ 和 $PGF_{1\alpha}$ 甲酯均具有溶黄体作用，效价高于 $PGF_{2\alpha}$，用于同期发情处理，可取得预期的效果。注入子宫颈的用量为 1～2 毫克。高效 $PGF_{2\alpha}$ 类似物制剂，如氯前列烯醇，肌注 0.5 毫克即可。

（3）孕激素和前列腺素结合法　将孕激素短期处理与前列腺素结合起来，效果优于二者单独处理。一般先用孕激素处理 9～10 天或 5～7 天，结束前 1～2 天注射前列腺素。若在结束孕激素处理当天注射前列腺素，出现发情的时间较晚，同期化程度较差。处理结束时，配合使用 PMSG，可提高同期发情率和受胎率。采用前列腺素处理时，可在注射之前 2 天先注射 PMSG，这样可使发情时间提前且较集中。在前列腺素处理后、输精前 5～6 小时（或更早）注射 GnRH 100～200 微克。在同期发情处理结束后，注意观察母牛的发情表现并进行输精。如发情时间集中，可不做发情鉴定，进行定时输精。采用定时输精，一般是在孕激素处理结束后的第二、第三或第三、第四两天内各输精一次；前列腺素处理后，在第三、第四或第四、第五两天内各输精一次。也可在最适时间输精一次。

3. 牛的超数排卵技术

（1）FSH＋PGF 法　在母牛发情周期的第 9～第 13 天任意一天开始，每天上午、下午采用逐渐减量的方法肌内注射 FSH，连续注射 4 天，每日注射 2 次，间隔 12 小时，注射 FSH48 小时后肌注 $PGF_{2\alpha}$ 4 毫升，人工输精 3 次，每次间隔 12 小时。

（2）PMSG 法　注射前列腺素消除黄体，在母牛发情后的第 16 或第 17 天的任意一天肌注 PMSG1500～3000 单位，隔日注射 HCG1000～1500 单位，24～48 小时后发情。人工输精 3 次，每次间隔 12 小时。

4. 人工诱导双胎技术

一般的肉牛品种都是三年产两胎，由于营养、繁殖间隔等因素影响，很难保证繁殖母牛一年产一胎，这也是肉牛生产效率低的主要原因。应用双胎技术可以使母牛多排卵、产双犊，从而实现一胎双犊，这样就可以大幅度地提高基础母牛的繁殖力。人工诱导双胎技术一直是人类探索的课题，目前人工诱导母牛双胎的方法有遗传选择法、复合促性腺激素法、生殖激素免疫法、胚胎移植法和营养调控法。在肉牛中较为有效的方法是复合促性腺激素法，该法用促性腺激素诱导双胎。试验表明，PMSG 在 1100～2000 单位间均有双胎产生，对牛提高双胎率效果显著，使用简便。但也存在成本高、作用时间短、只在一个情期起作用、双卵的同侧排放受精易使胚胎拥挤导致流产等缺点。不同个体、同一头牛在不同生理状态下对同一种处理方法的反应存在个体差异，3 胎也时有发生，但易造成流产。

第三节　肉牛繁殖管理技术

一、提高母牛繁殖率的措施

1. 提高受配率

饲养管理得好、营养全面，可使青年母牛提早发情配种，成年牛正常发情配种。草料不足、饲草单一、日粮不全价，尤其缺乏蛋白质和维生素及矿物质，是造成母牛不发情的主要原因。为此，对营养中下等和瘦弱母牛要在配种前 1 个月增加精饲料；有放牧条件的要尽早给予放牧；及时检查和治疗不发情母牛，生殖器官患病而不能发情的，应及时诊断和治疗。对已确认失去繁殖能力的母牛应及时淘汰。

加强母牛的发情观察，防止漏配、误配是提高母牛受配数的关键之一。为此，饲养人员必须熟悉母牛的发情规律和表现，做好记录。对发情症状不明显或不发情的母牛，及时诊治。对产犊母牛，要在产犊 25 天后注意观察发情表现，不使其漏配。高产奶牛多表现安静发情，故需加强观察，防止漏配。在牧区，一般青年公牛配种母牛 8～12 头，成年公牛配种母牛 15～20 头，跟群自然交配。母牛头数过多，公牛太少，会造成漏配，降低受配率。

2. 提高受胎率

为保证母牛受胎，母牛的健康和及时配种是两个重要的影响因素。牛只有病要及时治疗，特别是生殖道疾病。对那些难以治愈的生殖道疾病，久不发情或 2 年以上连配而屡配不孕的母牛要及时淘汰。改善饲养管理，营养中要有足够的能量、蛋白质和维生素及矿物质微量元素。营养全面才能使母牛发育正常、生殖系统的结构和功能健全，从而为受胎提供好的母体基础。营养不良，会使母牛受胎率降低，即使受胎，也会发生胚胎早期死亡或流产。

公牛也必须健康无病，精液品质良好。跟群配种公牛，要求具有健康的四肢和较强的配种能力。在配种之前对公牛要逐头检查，及时发现并淘汰不合格公牛。饲养管理是头等重要事情，在配种季节到来前 2 个月就应加强饲养，喂以优质饲草、全价饲料，蛋白质必须丰富。

二、母牛产犊后的护理技术

母牛产犊 10 天内，尚处于身体恢复阶段，要限制精饲料及根茎饲料的喂量，此期若饲养过于丰富，特别是精饲料给量过多，母牛食欲不好、消化失调，易加重乳房水肿或发炎，有时因钙、磷代谢失调而发生乳热症等，这种情况在高产母牛身上极易出现。因此，对于产犊后体况过肥或过瘦的母牛必须进行适度饲养。对体弱母牛，产后 3 天内只喂优质干草，4 天后可喂给适量的精饲料和多汁饲料，并根据乳房及消化系统的恢复状况，逐渐增加给料量，但每天增加精料量不得超过 1 千克，当乳房水肿完全消失时，饲料可增至正常。若母牛产后乳房没有水肿，体质健康、粪便正常，在产犊后的第一天就可饲喂多汁饲料和精料，到第 6～第 7 天即可增至正常喂量。总的来说，犊牛产出后的处理可以分为母牛的处理与犊牛的处理两个方面。

三、种牛合理利用技术

种牛对牛群的发展和改良提高起着极其重要的作用。尤其是种公牛，在人工授精和冷冻精液日益普及的今天更为重要。我们饲养种牛的目的在于保持公牛健壮的体质，充沛的精力生产大量品质优良的精液，延长其使用年限，并且将其优良性状稳固地遗传给后代，因此，应尽量延长种公牛的利用年限，使其发挥最大作用。但在实际生产过程中，种公牛的利用年限普遍偏低。肢蹄病、精液品质差、性欲低、疾病是影响种公牛利用年限的重要原因，在实际生产中应做好预防工作。因此，在提高种牛的利用率之前，必须对种牛的基本情况进行了解。

种牛开始配种产子后繁殖成绩不断提高，当达到 2～3 岁时是繁殖力最高的时期，以后随年龄的增长，性机能逐渐下降，一直到性衰竭为止。种牛的繁殖特点：①青壮年种牛的优点主要是 1～3 岁的种公牛四肢健壮、性欲强、性反射快、受胎率高、精液品质良好、身体灵活、肢蹄病较少；头数多且健壮，母牛连产性高、哺育能力强，犊牛生活力强、生长发育快。②老年种牛的缺点主要是在繁殖力方面有所下降。老年种公牛配种能力差、四肢不灵活、性欲差、性反射慢、体重大且笨重、常伴有肢蹄病。老年母牛产仔头数虽然不少但哺育能力差，常有少奶或无奶的个体出现，且体大笨重易踩压犊牛。

在种牛的饲养管理中，应在保证牛体健壮的基础上，努力提高精液的品质及延长使用年限。在养殖中，增进牛的体质健康是提高种牛利用效率最重要的一条；提高精液品质也是一个重要措施，要求在射精量、活力、密度及生存指数等指标上都能保持高标准；延长使用年限对加速改良牛群、充分发挥优秀种公牛的作用具有重要意义。

四、种牛生态环境管理技术

1. 肉牛适宜的生态环境

生态环境是指由生物群落及非生物自然因素组成的各种生态系统所构成的整体，主要或完全由自然因素形成，并间接地、潜在地、长远地对人类的生存和发展产生影响。生态环境的破坏，最终会导致人类生活环境的恶化。因此，要保护和改善生活环境，就必须保护和改善生态环境。

（1）温度 温度对种公牛的精液品质和繁殖力有很大的影响，夏季持续高温会引起种公牛性机能减退，精液品质下降，畸形精子率增加。①气温对精子活率、密度影响显著，对精液量影响不大；②夏季高温、高湿是造成精液品质下降的主要原因，外界温度越高，持续时间越长，对公牛精液品质影响也越大；③高温对精液品质的影响不仅在高温时立即表现出来，并在高温过后不能立即消除，需要有一段恢复时期，其恢复期长短与高温的程度及高温时间长短有关；④气温与精子活率呈负相关，温度越高活率越差；⑤湿度对精液品质的影响不如气温那样明显。但当气温超过24℃时，高湿就严重妨碍牛的散热，对精液品质产生不良影响。

（2）季节 牛繁殖效率的季节性变化大都由热应激或日照长短所造成，在最热的季节给牛配种，其繁殖性能就会下降。牛的妊娠率与温湿指数呈显著的负相关。如果夏季采取降温措施（如凉棚），将显著提高母牛妊娠率。母牛繁殖机能的季节性变化，也涉及内分泌的季节性变化，据测定，夏季性周期前18天血浆中孕酮的含量水平明显低于冬季，输卵管上皮细胞数亦明显低于秋季。公牛繁殖机能的季节性变化，表现在夏季精子数有减少趋势，与甲状腺分泌量明显减少有关。精液品质全面下降，与睾丸温度升高损害精子受精能力有关。

（3）应激反应 环境应激和运输应激均会造成牛的不育。由于环境的突然改变，使牛处于应激状态。如长途运输由于装卸、驱赶、挤压，牛拒食、频频排粪尿、哼叫不安，会造成公牛暂时性不育、妊娠母牛发生流产等。

2. 保护好生态环境的措施

（1）加强宣传教育。重点围绕水源地的治理和保护，采取多种宣传形式，在全场宣传生态环境保护的有关法律、法规和环境保护的重要性，提高职工群众的生态环境意识。

（2）切实加强人工饲草料地的建设。

（3）切实抓好生态建设项目。按照综合治理与生态建设相结合的原则，实施退耕还林、天然林保护等生态工程。

（4）高度重视草原火灾和生物灾害工作。

（5）加强草原建设与保护。减轻草原承载压力，改善牧民生产、生活条件。

（6）强化日常环境治理工作。对兽医药品进行统一管理、回收，并进行集中无害化处理，取消牲畜药浴。对有机畜产品生产加工过程中产生的废弃物，严格按照有机食品生产基地的要求进行处理。

第七章 生态肉牛规模化养殖放牧草地的管理和利用技术

第一节　草地饲用牧草经济价值的评定

一、饲用牧草经济价值的评定方法

饲用价值主要包括营养成分、消化率、适口性等。对饲用牧草进行营养成分分析和消化率的测定，是评定牧草的饲用价值的主要指标。由于在草地上放牧，肉牛采食的牧草多种多样，因此必须在不同类型的草地上采集混合样品进行适口性的测定，才能说明草地牧草的饲用价值，营养成分分析和消化率的测定一般要在专业机构进行。

适口性是指某种牧草为牛群喜食的程度，可以通过观察肉牛的采食进行评价。有些牧草营养价值并不低，但由于适口性很差，牛群不愿采食，或基本不愿采食，则这种牧草的饲用价值也是不高的。

饲用牧草的适口性，是相对的。在草场上不为牛群所采食的牧草是有限的。牛群对草场上不同牧草和发育阶段不同的同一牧草，喜食程度也是不同的，不同的牛群喜食的牧草也不同，通常牛喜食柔嫩多汁的禾本科牧草。

饲用牧草适口性的一般鉴定方法，主要从牧草茎叶上革质的有无、质地的坚韧程度、茸毛和刚毛的多少、芒刺的有无、不爽气味的大小、茎叶比等来初步判定。这些资料的获得应进行实地观察或通过向有经验的牧工访问获取。较为确切可靠的方法是有计划地实地观察记载牛群现场采食情况，进行评定，一般可根据喜食程度而分为特殊喜食的牧草、喜食牧草、可食的牧草、不大喜食的牧草、不愿采食的牧草和不采食的牧草等级别。一般肉牛不采食的牧草多是有毒有害的草。

二、饲用牧草出现率及丰富度的评定方法

牧草在草地上的出现率及丰富度是指某种牧草在草地中的数量情况。所谓出现率就是在测定很多样方时，某一种或几种牧草在样方中出现的次数多少。出现率是说明牧草分布广泛程度的指标。丰富度是指某种牧草在测定样方内所占的重量比。一般说，出现率高，它在总产草量中的比重就大，所以同一种牧草出现率和丰富度成正比例关系，但是不同种类牧草之间出现率和丰富度往往有差异，有些特别高大或特别短小的牧草，出现率同丰富度则往往出现相互矛盾的情况。

草地上有些牧草营养价值很高，肉牛也很喜食，但在草地上极少出现，因而经济价值也不高。相反，有些牧草虽然适口性及营养价值都不太好，甚至有些苦涩味，但只要牛群愿意采食，分布又广，产草量也较高，它就是具有相当高的经济价值的饲用牧草。因此，出现率及丰富度也是衡量牧草经济价值的重要指标。

三、饲用牧草生活力的评定方法

牧草生活力是指某种牧草在草地牧草群落中的生活能力。一般可以用单位时间内某种牧草的数量和重量的相对增减量进行评定。草地上牧草在种和种的组成上，无时无刻不在发生变化，有些牧草由优势变劣势，最后在草地上消失。这种变化一方面由于环境条件的改变；另一方面则决定于牧草生活力的强弱，也就是说当条件变化以后，这些牧草是否可以正常生长和开花结实，是处于压倒优势还是处于劣势，这也是衡量饲用牧草在相对条件下，经济价值高低的一个方面。

第二节　草地放牧生态肉牛利用技术

一、放牧肉牛强度的确定

放牧肉牛强度主要可用载畜量来说明。载畜量是指单位草地面积上放牧牛群的头数或每头牛占有草地面积的数量。另一种载畜量的计算方法是将单位面积上放牧牛群的头数与放牧天数结合。研究证明，在一定范围内单位面积上牛群头数增多，对牧草的啃食和践踏的程度增强。由于采食的竞争，每头牛的生产性能逐渐下降，单位面积的畜产品总产量逐渐提高。但是，肉牛的单产和单位面积上的总产量不可能同时都提高，超过一定限度后，随着载畜量增加，单位面积上畜产品总产量反而下降（图 7-1）。合理确定载畜量是确定放牧强度的关键。

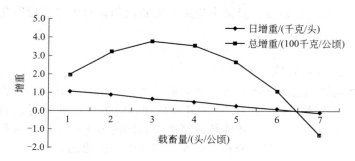

图 7-1　草地放牧强度与肉牛生产能力的关系

确定载畜量要以草定畜，实行草畜平衡。根据草地载畜能力及牛群采食量，确定适宜的放牧强度，是草地利用的关键。载畜量的确定受多种因素影响，主要包括确定草地牧草产量、牛群的日采食量、放牧天数和草地利用率。肉牛载畜量的计算公式如下：

载畜量(公顷/头)＝采食量(千克/头·天)×放牧时间(天)/草地
产量(千克/公顷)×草地利用率(%)

例如，牧草地的产草量为 6667.5 千克/公顷，放牧肉牛每天采食青草 45.5 千克/头·天，实行分区轮牧时，该草地放牧 6 天，如果放牧草地利用率为 90%，其载畜量应该为 45.5×6/6667.5×90%＝

0.04(公顷/头)。即每头肉牛占有 0.04 公顷的草地为合理的放牧强度。

载畜量确定以后，草地载畜量是否合适，还应从草地植被状况，如牧草种类成分变化、产草量、土壤板结程度等和牛群体况及畜产品数量来检验。

二、采食饲用牧草高度的确定

采食饲用牧草高度要根据放牧后剩余高度情况而定。"牛群采食高度"即放牧后剩余高度，它同牧草的适度利用有密切关系。从草地的合理利用角度来看，采食后剩余高度越低，利用越多，浪费越少，但也不能太低。放牧后留茬太低，牧草下部叶片啃食过多，营养物贮存量减少，再生能力受到影响。特别是晚秋放牧留茬过低，影响草地积雪和开春后牧草再生，对低温的抵抗力也会降低。放牧不同于刈割，放牧后留茬高度，只能掌握一个大致范围。肉牛采食后留茬高度大致为 5～6 厘米为宜。

三、肉牛放牧期的确定

草地最适当的开始放牧时期到最适当的结束放牧时期，称为该草地的"放牧期"或"放牧季"。只有根据科学的放牧期进行放牧，对草地的破坏性才较小，才能持续高产。我国南方很多地区牛群都是终年放牧的。在生产上划分放牧时期，实际上是困难的。但必须掌握有关的原理，才能设法弥补缺陷、避免损失，从而合理利用草地、培育草地、提高草地利用率。

在生产实践中牧民多根据节令（季节）来确定放牧时期。如甘肃有的地区牧民认为：高山草原最适始牧期是夏至（6 月下旬）；亚高山草原在芒种（6 月上旬）；湿润或干旱草原在小满（5 月下旬）。黑龙江草甸化草原区也多在小满（5 月下旬）后开始放牧。在川西地区有"畜望清明满山草"之说，即清明前后为最适开始放牧期。这些都属地区性经验，对其他地区仅供参考，即是在同一地区不同年份也有一些差异，还应根据当时的实际情况灵活应用。当前比较公认的办法，仍然是根据优势牧草生育期并参考草地水分状况等来确定放牧时期。从土壤水分状况来看，以不超过 50%～60% 为宜，凭经验判断，如果是人、畜走过草地无脚印，即认为水分适宜。草地上的优势牧草以达到下列生育期即为开始放牧适期：禾本科草开始抽茎期；豆科或杂类草是腋芽（侧枝）发生期；莎草科分蘖停止或叶片生长到成熟大小时；等等。

四、自由放牧技术

放牧制度是草地在以放牧利用为基本形式时，将放牧时期、牛群控制、放牧技术的运用等通盘考虑的一种体系。大致可分为自由放牧制度及计划放牧制度两类，而自由放牧制度则是我国现在用于生产的基本放牧制度。自由放牧，也叫无系统放牧，对草地的利用程度及对牛群健康状况的影响基本上决定于牧工的技术及责任感。这种放牧制度常采用以下几种方式。

1. 连续放牧

是农区最为常见的一种形式，整个放牧季节里，甚至全年均在一个地段上连续放牧，常引发草地植被破坏、牛群健康不良。这是最原始、最落后的放牧方式，应予改进。

2. 季带放牧

将草地分成若干季带，如春、夏、秋、冬四季草场。是牧区常采用的一种形式，在一个地段放牧三个月或半年，然后转场。这虽比连续放牧有所改进，但仍难克服连续放牧的基本缺点。

3. 抓膘放牧

即夏末秋初，正当牧草结籽季节，由青壮年放牧员驱赶牛群，携带用具，经常转移牧地，选择水草好的地方，使牛群在短时间内催肥（抓膘）以便越冬。这种形式多用于牛群密度小的草地上。抓膘放牧属于季带放牧的一种。

4. 就地宿营放牧

这是自由放牧中比较进步的一种形式，放牧地虽无严格次序，但放牧后就地宿营，避免了人、畜奔波的辛劳，同时畜粪可撒播均匀，还可减少寄生性蠕虫病的传播。

五、划区轮牧技术

划区轮牧是把草地划分为若干个季带。在每个季带内再划分为若干个轮牧区。每个轮牧区由很多轮牧分区组成。放牧时根据分区载畜量的大小。按照一定的顺序逐区轮流利用。在放牧时可酌情采用系留放牧、一昼放牧、不同牛群更替放牧、混合牛群放牧、野营放牧等形式。季带划分的主要依据是气候、地形、植被、水源等条件。在山区要特别重视地势条件。其一般原则如下。

1. 冬季草场

冬季牛群体质较瘦弱，又值母畜妊娠后期或临产期，这时牧草枯黄，又多被雪覆盖，因此冬场应选择背风向阳的地段。陕北农谚"春湿、夏干、秋抢茬，冬季放在沙巴拉（即沙窝子）"；"春栏背坡、夏栏梁，秋栏峁坡、冬栏阳"，这都是符合科学道理的。在植被选择上，牧草茎秆要高，盖度要大，才不会被风吹雪盖。也要考虑离营地和饮水点要近，避免牛群走动过远消耗体力。

2. 春季草场

此时牛群处于所谓"春乏期"，又值临产或哺乳季节，对草场要求背风向阳、地势开阔，最好有牧草萌发较早的地段，以利于提前补饲青绿饲料。

3. 夏季草场

此时是牧草生长旺盛期，也是牛群恢复体力抓夏膘的季节。但夏季气候炎热，蚊蝇较多，故夏场要选地势高燥、凉爽通风的地段。

4. 秋季草场

此时是牛群抓"秋膘"的季节，牧草处于结实期，在草场的选择上要地势较低、平坦而开阔。农谚有"春放平川，秋放洼"的说法。因为低洼地段水分条件好，牧草枯黄晚些，有利于抓秋膘。但芨芨草草滩，不宜作秋场，秋季牛群不吃芨芨草。针茅、黄背茅、扭黄茅等比重大的有害草地也不宜作秋场，因为这时正值它们结实期，长芒常钻入牛体危害很大，同时，还有帮助它们自然播种的不利作用。

第三节　草地植被的培育更新技术

一、草地植被灌丛与刺灌丛的清除

草地上的灌丛、刺灌丛饲用价值低，徒占面积，羁绊牛群，影响放牧。割草时影响机具运转，特别是带刺的灌丛为草地上的严重草害，放牧母牛时，易刺伤畜体划破其乳房，应予清除。草地上灌木稀少时可用人力挖掘，有的灌木萌发力差，只需齐地面挖掉，残根可自然腐烂，面积大时，则需要用灌木清除机。化学除草剂也可考虑采用。

并不是草地上所有灌丛均应清除。例如，北方有些地区依靠灌丛积雪。荒漠、半荒漠草原上灌木是主要饲料，要保护灌丛，有时还要栽培灌木牧草。在南方山区坡度很大的地段，灌木可保持水土。因此，清除灌丛、刺灌丛要权衡利弊，因地制宜。

二、草地封育技术

草地的封育亦称封滩育草、封沟育草、封沙育草。主要是划出一定面积的草地，在规定的时间内禁止放牧和割草，以达到草地植被自然更新的目的。根据各地经验，封育一年后，一般比不封育的可增产1～3倍。封育能提高草地产草量，其原因是草地连年利用，生长势削弱，同时靠种子繁殖的牧草没有结种机会，生长节律被破坏，产草量急剧下降。封育以后，恢复了牧草正常的生长与发育，加强了优良牧草在草群中的竞争能力，达到植被更新的目的。

各地经验证明，封育时间应根据草地退化程度、气候、土壤等条件来确定，一般可封育1～4年。当然，对植被退化严重的草地也可超过4年。在生产上，从保养草地出发，也可采用夏秋封育冬春用；第一年封，第二年用；一年封几年用等方式。在封育区内还应采取灌溉、施肥、松耙、补播和营造防护林等综合措施，以缩短封育时间，提高封育效果。

三、牧草补播技术

牧草补播，就是在不破坏或少破坏原有植被的情况下，在草群中播种一些优质牧草，达到改善饲草品质，提高草地生产力的目的。

草种的选择是补播成败的关键，用作补播草种的牧草产量、适应性等条件中首先要考虑的是适应性和竞争力。因此，最理想的补播品种是抗逆性良好的野生牧草。当选择一些优良的栽培牧草进行补播时，必须事先经过试种。

补播过程中的一系列措施，均应围绕着如何加强补播草种的竞争力。播前应对草地进行一番清理工作，如清除乱石、松耙、清除有毒有害的牧草等。在播种时期的选择上要因地制宜，如内蒙古春季风大、干旱不宜播种，夏季风小且有一定降雨量，故夏季在降雨前后进行补播较为适宜；新疆的干旱草原地区、荒漠草原地区，主要是土壤水分不足，在积雪融化期或融雪后进行补播。

在地势不平、机器运转困难的地区，可用人工播种，播种后驱赶牛群放牧践踏以覆土，可使播种均匀。也可将种子拌在泥土和厩肥中制作丸衣，用人工或飞机进行播种。地势陡峭的地区，还可在泥土和厩肥里拌上草种，做成小的饼块，当下雨前后，将种饼块用竹扦钉在陡坡上，种子便很快萌发。在地势平坦的地区，可采用机播，大粒种子（如柠条等）可点播，小粒种子可拌土拌沙撒播，可骑马也可在汽车或拖拉机上，人工撒种。大面积草地用飞机播种效果更好。

除人工补播外，对天然补播也不可忽视，具体方法是在封育草地上待草种成熟后，用棍子把草种打落撒布在草地里，或放牧牛群让畜蹄践踏撒布种子。不管是人工补播或天然补播，如果能结合松耙、施肥、灌溉、排水、划破草皮等措施补播效果就更好。

四、草地有毒、有害植物防除技术

1. 生物防除法

生物防除是利用生物间的互相制约关系进行防除。这种方法简单易行，成本低，效果好。如飞燕草，牛最易中毒，马次之，绵羊采食量超过体重3%时，才引起慢性中毒。但它对山羊、猪却例外，不会引起中毒。因此，在飞燕草较多的草地上，利用山羊反复重牧可以除灭。山羊还对灌丛、刺灌丛有嗜食习性，反复重牧亦可逐渐除灭这类牧草。又如，有些牧草只有在种子成熟后才造成危害，如针茅属、扭黄茅等；相反，有些牧草在幼嫩时造成危害，成熟后特别是经霜以后是牛群的良好饲料，如蒿属牧草。遏兰菜幼嫩时无毒，只有种子里才含有毒质。根据这些特点，可在这些牧草无毒无害时期进行反复重牧除灭。一般连续3～4次重牧，有的毒害牧草即可除灭，有的可受到抑制。也可利用牧草的种间竞争进行除灭。例如，采用农业技术手段，促使优良的根茎型禾本科牧草生长与繁殖可使处于抑制状态的有毒有害植物逐渐淘汰。有的毒草，如毒芹、乌头、毛茛、藜芦、王孙、酸模、问荆等喜湿性强，也可采用排水、降低地下水位、改变牧草生态环境的办法予以除灭。

2. 人工防除法

对于在正常情况下，牛群均不采食的毒草，可采用反复刈割来代替反复重牧。有些数量不多，但有剧毒的牧草，可用人工挖除的办法。

3. 化学防除法

化学防除的效率很高，可彻底除灭某些有毒有害毒草。选择性强的除莠剂，它能杀灭毒草，而不伤害牧草，因此经济而有效的化学除莠剂的生产在草原杂草和有毒有害植物的防除上具有极其重大的意义。

五、荒地改良技术

由于水热条件不足、土壤基质疏松、肥力降低而废弃的土地或因土壤沙化、盐渍化而被迫弃耕的农地均称为撂荒地。这些荒地可以通过改良，建立草地。向撂荒地施以改良措施前，必须充分考虑到撂荒地的气候、土壤、水分及相邻地段的植被条件等，才可酌情采取措施。如撂荒地面积大、风蚀强、沙化严重，应首先栽种固沙牧草作生物屏障，为播种创造良好条件。在撂荒地播种条件已基本具备时，也可直接播种多年生牧草。

第四节　草地土壤改良技术

一、草地松耙技术

草地土壤如过于紧密，通气性、透水性均差时，土壤微生物活动减弱，直接影响到土壤对牧草水分及养分的供应，加速草原退化。通过松耙措施可予以改良。松耙改良的方法很多，要因地制宜地采用。

松耙工具最好用旋耕犁，因旋耕犁可把土壤撒布在草皮上，覆盖根茎和受伤的部分，避免牧草暴露失水枯萎死亡。松耙时间在早春进行，这时松耙有利于保持土壤水分，促进牧草分蘖。但那些全年只利用一次的草地，在利用后再松耙不致影响当年产草量。雨季来临前松耙效果最好，松耙配合补播、施肥、灌溉，效果更显著。

二、低湿草地改良技术

我国有大面积低湿的沼泽化草地，由于长期水分过多、土壤温度低、通气状况不良、微生物活动减弱，因而土壤有机质大量积累。在这些草地上多生长苔草、莎草、灯心草等湿生牧草，毒害草比重也较大。这种草地必须经过排水才可改良。

生物排水是主要的改良措施，生物排水是利用植物蒸腾作用来除去土壤多余的水分，蒸发量强大的树木有柳树、杨树、梧桐树等。生物排水的优点是经济，一举多得。但它只能作为草地排水的辅助措施，必须与其他措施配合使用，如开沟排水。

三、草地水蚀防治技术

水蚀即水土流失。造成草地水土流失的原因有雨量集中、坡度大、植被稀疏、土质松散、地表径流量大等。应在调查研究的基础上进行全面规划，综合治理。在缓坡地带可修筑梯田，为了耕作方便，梯田宽度一般不能少于 6 米。在劳动力缺少的地区，还可修筑坡地与耕地相间的隔坡梯田，即复式梯田，坡的面积为梯田的 5 倍，坡地种牧草，作为梯田的水肥来源。"坡养田，田护坡"一举多得。根据不同的流失部位，分别种植水分调节林、护坡林和护沟林等。另外，也可因地制宜地在缓坡地带种植灌丛和牧草。比较常用的护坡牧草灌丛有苜蓿、草木樨、沙打旺、紫穗槐、杞柳、芦苇等。

在生产上常用的还有开挖环山沟的方法，即沿等高线开挖环山截流沟和修建山塘等。以保持水土为目的，山塘多修在坡地的边缘，在截流沟地埂的两端，使截流沟的水能流入山塘。积水性能好的塘尚可用于灌溉，山塘也有修在山坳和沟头上方的。在坡较陡、地形破碎的坡面上还可以挖鱼鳞坑，坑按三角形选点，挖半圆形的土坑。坑内可栽植杨树、柳树、榆树或果树，有的地区在鱼鳞坑内播种优良牧草。为了避免地表径流冲坏鱼鳞坑，可以在坑与坑之间开水平排水沟，以增强蓄水保土效果。

为了防止沟头向上延伸，使草地不受蚕食，一般采用沟头防护措施，在离沟头约 1 米远的地方，筑一弧形的封沟埂或封沟墙以防护。在较大较深的沟中，还可筑淤地坝，间距大致 10 米，高约 1～5 米。用以拦蓄泥沙，待泥沙淤满以后，即可种草。

四、草地施肥技术

据测定，每公顷草场一年中大约要损失氮 60 千克、磷 7.5 千克、钾 45 千克、钙 26.25 千克。为了提高草地生产力，施肥是必要的。同时牧草缺乏某种元素，不但牧草本身生长发育受阻，而且在此草地放牧的牛群也会因此遭到新陈代谢失调。

根据各地经验，草地可采用圈牛施肥法，该法是将夜间休息的牛群圈在一定的地段上，几天移圈一次，按照一定程序使放牧地或轮牧地分区，都轮流圈过牛，施过肥。将牛圈养在草地，时间不宜过长，一般 7～10 天。牛群大小以 100 头左右为宜，每只牛占地约 2～3 米^2。圈牛时期在牧草萌发后比萌发前效果好，禾本科为主的草地，在长出 2～3 片叶时较适宜，当牧草拔节以后圈畜会损伤牧草。

五、盐碱草地改良技术

我国沿海地区由于受海水浸灌，西北和内蒙古等干旱地区由于蒸发过度，因而形成了大面积的盐碱草地。盐碱草地中，凡属氯化钠或硫酸钠过多者，称为白碱土草地；凡属碳酸钠过多者，称为黑碱土草地；凡属硝酸钠过多者，称为棕碱土草地。危害最重的为棕碱土和黑碱土草地。土壤溶液中碱性过大，浓度超过牧草根的渗透压时，即妨碍牧草对水分、养分的吸收，抑制牧草对铁、磷的利用，并对牧草根部有腐蚀作用。土壤中含钠过多，会破坏土壤团粒结构。

改良盐碱草地可采用灌溉及排水，引淡水冲洗，使盐碱随水流走。在低湿地，还可开深沟降低地下水位，使盐碱保蓄于新土层中，不致因水分蒸发而上升到地表。当盐碱在地面积聚时，可将地表土层刮走。同时，还可在地上盖草，减少盐碱质随水分蒸发而上升。此外，施用酸性肥如硫酸铵、过磷酸钙等，均有中和碱质的作用。盐碱土植被稀疏，种类单纯，进行牧草补播时，要选择耐盐碱牧草，如披碱草、鹅观草、羊草、无芒草、苜蓿、沙打旺等。

六、草地的规划布局技术

基本草地的建设必须在草地全面规划的基础上进行。按照草地生产能力划分季带草场，在季带内进行划区轮牧设计。基本草地要根据各季带草地的余缺情况有计划地安排，做到各季节饲料供应基本平衡。基本草地的建设要跟畜圈、居民点、饮水点、牧道布置作通盘考虑。培育草地离棚圈、饮水点的距离，应以牛群出牧、收牧来回的最长距离为限。人工草地应接近棚圈、接近干草饲料贮藏库，应尽量减少肥料与饲草的运输距离。

各类基本草地占地面积的比例，应根据牛群的需要和建设条件的可能，作恰当安排。但最低要求，应首先解决现有牛群冬春淡季饲料问题。冬春季饲料贮藏量，可参考下面公式进行计算。

$$S = EHD/TW$$

式中：S——需要各类草地面积（公顷）；

E——每头肉牛每天所需饲草量（冬春期，每头牛以 6 千克干草计）；

H——肉牛头数；

D——计划放牧天数；

T——冬春枯草期，牧草的保存系数（禾本科、莎草科占优势的草地取 0.6～0.7，双子叶牧草占优势的草地取 0.3～0.5）；

W——秋季牧草产量（千克/公顷）。

根据以上公式计算，当基本草牧场建成以后，产草量（W）提高，也就是说每群需要草地面积（S）减少，就一个生产单位而论，牛群饲养量将有所增加。

人工草地利用不当，也会导致减产。一年生牧草地，主要用于割草，再生能力强的，在翻耕以前亦可放牧利用。多年生混播牧草地，主要是用于刈割干草。那些耐牧性强的牧草，在利用后期产量低时，也可以用于放牧。但是播种当年不能放牧，越冬前更不能放牧。

第五节　草地生产力评价技术

一、草地高度

草地植被高度是反应牧草生长情况及其适应能力的重要指标。在测定时一般采用最高高度、最低高度和平均高度三项。在调查实践中多以有代表性的 10 株高度求其平均数。

　　牧草高度包括草层高度和植株高度。草层高度，指草地上优势牧草种从地面到茎叶交错最密部位的高度。也可称为自然高度。而植株高度则指的是茎叶高度（长度），也可称为"伸直高度"或"绝对高度"。是用手将植株拉直后测定的。根据牧草种类及物候期的不同而测法不同。开花以后，株高的测定是自地面至生殖枝的高度（长度）；开花以前，禾本科株高是由地面至最长叶尖的高度（长度），豆科或其他牧草则是自地面至茎顶端的高度（长度）。

二、草地盖度

　　盖度也叫覆盖度，是在一定面积内牧草投影在地表的面积与地表总面积之比。它可反映牧草茂密程度，在调查中可用下列方法测定。

1. 目测法

　　借助于小方格的样方框，用肉眼直接估测。熟练的工作者，其误差不超过 5%。但它不能有效地测定各种牧草地分盖度。

2. 针刺法

　　用特制的牧草盖度测定网，罩住牧草，用竹针或钢针，从样方的各交汇点垂直插下，如果针与牧草任何部位相接触，即算"有"，反之，则算"无"，最后统计"有"、"无"的次数和总针数之比，即得盖度。例如，总针数为 100，其中 70 次接触牧草，总盖度为 70%，在 70 次中有 30 次接触了高羊茅，则高羊茅盖度为 30%，以此类推。此法简单准确，并可同时测出总盖度及分盖度。为了求得较准确的数字，如样方面积小，则测定的样方数应多一些。并尽量选择在有代表性的地段进行。

3. 线段法

　　对株丛较大的灌丛，或植株非常稀疏不宜用样方网测定时，可用线段法。用测尺在被测的植被上方水平拉过，垂直观察株丛在测尺上投影的长度。计算总投影长度和测绳长度之比，即为盖度百分比。用线段法测定盖度应在不同方向测取三条以上线段，取其平均数。

三、草地牧草组成

　　草地牧草组成一般用多度来表示，多度是指群落组成各种牧草个体数目的多少。它取决于种的特性，有些种通常只有少量个体，有些种则有大量个体、种间的关系以及生态条件等因素。

多度测定一般用目测法，估计个体数量的比例，也可计算样方中每个种的数目。在进行较准确的研究时，要把 1 米² 内各个牧草的每一个体的位置用不同的符号记载于纸上，即所谓多度样方。

多度的等级一般采用德鲁捷六级制，其规定如下。

Cop3 (copiosae3)：植株很多，分盖度 70%～90%。

Cop2 (copiosae2)：个体多，分盖度 50%～70%。

Cop1 (copiosae1)：个体较多，分盖度 30%～50%。

Sp. (sparsae)：植株不多，星散分布，分盖度 10%～30%。

Sol (solitarae)：植株很少，偶见一些个体，分盖度 10%以下。

Un. (unicum)：来表示样方中只出现一株。

Soc. (socialis)：植株互相密接，郁蔽，形成背景化，该种个体分盖度在 90%以上。

gr. (gregatium)：地上丛生成紧密的集团。

Soc. 和 gr. 是与前面六个等级之任何一级连用的，如 Cop3 gr. 意数量很多而丛生，Cop3 Soc. 则意数量很多而较匀密。

四、草地频度

频度是指各个物种在调查地段上水平分布的均匀程度。频度是牧草种在测区内出现的次数，以百分比表示。如在调查的区中，沿调查路线抛掷样圈（直径 35.6 厘米）50 个，某种牧草在每个样圈内都出现，即使数目很少，只要有都算，它的频度即为 100%，该牧草在 25 个样圈中出现，则其频度为 50%。

五、草地牧草的优势度

草地牧草的优势度是指牧草种的优势度，是由"多度"、"盖度"、"重量"等多种特征构成的。而其中"重量"又占有重要地位，是区别优势种的主要因素。种的优势度分为四级，一是优势种在牧草群落中占主导地位的一些种，优势牧草的总产量约占群落总量的 60%～90%，分种产量不少于 15%，优势种的盖度不少于总盖度的 30%。一般情况下，优势种只是 1～2 种，特殊情况下也不多于 3～4 种。二是亚优势种，数量仅次于优势种。分种产量为 5％～15％，总产量不少于 10％～30％，盖度在 30％以下。种数 1～3 种，特殊情况下可达 4～5 种。三是显著伴生种，种数可以很多，但其全部产量不超过总产量的 10％～20％，分种产量不超过 1％～5％。四是不显著伴生种，种数比显著伴生种还多，但个别数量少，难于分种计算重量，有时只有一株。

优势种和亚优势种的产量，在不同的样方中有很大的差异，在人工草地差导可达 10％～20％，在天然草地差异更大，统计时应注意到这一点。根据调查所得即可将牧草按优势顺序排列进行牧草群落的命名，进而进行草地"型"的命名。"型"是草地分类中的低级单位，是在群落命名的基础上进一步归纳而成的。它除具有植被及其环境特征的一致性外，还应当具有服务于畜牧业生产的一定的经济意义。"型"的命名，可以直接运用优势牧草、亚优势牧草的排列方式，相同于牧草群落命名，如羊草-冷蒿型；也可以全部或部分地用优势牧草、亚优势牧草的属、科、生活型甚至以所属经济类群来命名，如羊草-杂类草型、莎草科-根茎禾草型等。

六、草地牧草再生能力

1. 再生速度测定

再生速度也称生长速度，是指单位时间内植株生长的高度；再生速度也就是单位时间内再生草植株生长的高度（单位为厘米/天）。测定时可将牧草系以标签，逐日按时测得植株生长速度。但目的在于测定草地牧草的耐牧性时，则需要反复刈割，以观察其再生速度。观察点至少应该选取 10 个。当牧草生长到一定高度时进行刈割，每次刈割留茬高度一致，计算生长速度。每次刈割牧草的高度因草地牧草的种类而异，一般高度 20 厘米，留 3～4 厘米。

2. 再生强度的测定

再生强度也称生长强度，是单位时间内牧草生产的干物质重量，单位用克/天来表示。生长强度直接关系到牧草产量的高低，因而常和牧草产量的测定结合起来。为每月测定一次，采取三次重复时，样区的设计可如图 7-2 所示。

样区周围用刺铁丝围建，中间的小区四角可钉以木桩来识别其范

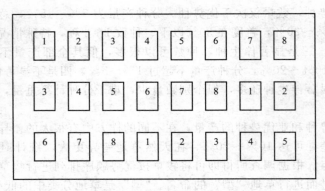

图 7-2　草地牧草生长强度测定样区设计方案图

围。样方面积可用 1 米²，每个样方之间至少留 0.5 米的人行道，保护带至少留 1 米以上。然后每月定期分别测定产量，如 1/Ⅳ测第 1 号样方、1/Ⅴ测第 2 号样方，以此类推，1/Ⅺ测完为止。

设 8 次所测定的产量次序为 W_1，$W_2 \cdots \cdots W_7$，则：

$W_1 =$ 返青到 1/Ⅳ的生长强度；

$W_2 - W_1 = 1/Ⅳ$ 到 1/Ⅴ的生长强度；

$W_3 - W_2 = 1/Ⅴ$ 到 1/Ⅵ的生长强度；

$W_8 - W_7 = 1/Ⅹ$ 到 1/Ⅺ的生长强度。

将各次产量累计则为整个生长季节总产草量。用各月产草量与总产草量相比，可以作出该草地每月生长强度曲线图。这可以作为饲料平衡供应的依据。

3. 再生性测算

再生性是草地牧草在生长期内被牧食或刈割以后，能重新恢复绿色草丛到可供经济利用的次数来测定。较简捷的方法是访问有经验的牧民。当然，也可作定位观察。

七、草地牧草生活力

草地牧草生活力是说明某些牧草在草群中是受到抑制还是处于旺盛发育的状态。可把草地上被调查牧草的生活能力分为四级。其生活状态及代表符号如下。

Ⅰ表示正常生活，能完成全部生活史；

Ⅱ表示发育周期不完全，但发育强盛的牧草；

Ⅲ表示发育周期不完全，发育衰弱的牧草；

Ⅳ表示有时生出幼苗，不久死亡。

八、草地牧草的物候期

草地牧草物候期是牧草在某一气候条件下所表现的发育状态，称为物候期。在草地植被调查或在利用时，都必须说明草地牧草处于什么物候期。因此，统一物候期的记载标准，对于资料交流是很重要的。

九、牧草产量测定方法

牧草产量是一项很主要的经济特征，是表现草地生产能力的基础。调查方法通常是在测区内用小样方作抽样测定。

1. 样方的选择

应在有代表性的地段设置测产样方。在平地或坡度在15°以下的草地，可在测区内拉对角线，在对角线的适当距离布置样方。在坡度超过15°以上的地段上，应在坡的上、中、下不同部位沿等高线的适当位置布置样方。二者均以植被情况具有代表性为准。样方的大小，通常为0.25米^2、1米^2、2.5米^{2}或10米^2。牧草生长较均匀，产量较高，样方可小些，反之要大些。样方数目也是产量较高可少些，反之可多些。样方过大、数目过多，费工费时。过小、过少，无代表性。根据实践，同一类型的样方以10个左右为宜。

2. 样方的割取

以草类为主的样方，用剪刀（也可用镰刀）把草全部剪下。留茬高度以牛群采食后剩余高度为准，通常规定低矮的牧草留茬2～3厘米、中等高度的牧草留茬4～5厘米、高草留茬6～7厘米。同时，牛群采食习性不同，留茬高度也不一样，黄牛剩余高度为5～6厘米、马为2～3厘米、绵羊与牦牛为1～2厘米。把样方内牧草割下，剔除牛群根本不能利用的粗老茎枝、残根、杂物以及有毒有害植物等。按照正常情况下牛群可利用的牧草计产，剔除的有毒有害植物可分别称重，作为毒害草的比重。

产草量的测定常与植被外貌调查结合进行，因此在进行此项调查时，可先进行样区一般记述后，然后对某一牧草进行各项观察，如高度、多度、物候期等，并刈割计重。如是逐一进行，在对每一牧草均进行各项观察计产以后，即可计算出每一样方的总产量。分型归类即可计算出每一类型草场的平均产草量。根据各种类型草场面积即可计算草场的总产量。

在灌丛区测产则是另一种做法。由于灌丛较大且分布不均匀，样方选择要大，通常为 30 米×30 米或 100 米×100 米。在样方内将灌丛按大、中、小划分等级，分别统计大、中、小灌丛的株数与丛数。每个等级分别测定 3～4 株（丛），求每个等级单株（丛）的平均产量，再统计每个等级的灌丛数。各等级可食重量总量，即为该样方的产量。灌丛的可食部分应模仿牛群采食部分及采食高度来测定。一般以剪取当年生长之幼嫩枝叶计产，如羊可采食 1.2 米、骆驼可采食 2.5～3.0 米的高度的灌丛。灌丛下的草本牧草，以牛群采食力所能及的部位测产。

计产方法，先求出每平方米的平均产草量，然后再推算出每亩或每公顷产草重。在短期调查或选线考察时，通常只能作一次草量测定，这一产草量只能代表测定时期的放牧方式下的载畜量。但它并不是全年载畜量。要较准确地计算全年产草量，必须进行定位的草地贮草量观测，用长期观察的比率，推算出全年产草量。这只有在特定的情况下，才有此条件，一般多用经验比率来计产。例如，根据该类草地植被情况，全年可放牧利用三次，第一次产草量约占全年产草的 50%、第二次占 20%、第三次占 20%。假如测产是在第二次利用时，那所测的产量是占全年产草的 20%，以此就可以推算全年的产草量。

十、采食量测定方法

牛群在放牧地所采食牧草的实际重量，称为采食量。这是测定草地生产能力的重要项目，也是草地研究中的基本技术。比较常用的方法则为"差别法"。用"差别法"测定牛群的牧草采食量的方法是在草地上选择几组样区，每组之一在放牧前刈割称重，测得试验区的牧草可食量（A），另一组在放牧后再刈割称重，测其牧草剩余产量（B），则（A）－（B）即为放牧牛群的实际采食量。这一方法简便易行，且较迅速，到目前为止在生产上常用此法。缺点是方法较粗糙，有一定的误差。测出草地牧草采食量以后，即可算出该草地牧草的利用率。

十一、草地分级方法

草地分级是在草原分类的基础上进行的。在草原类型已经确定之后，在同一草原类型上具有不同经济价值的草地可以分级来表示其相对的优劣。草地的分级是体现草地当前生产能力指标，它为草地利用提供科学依据，也是检验草地利用与培育措施的尺度。草地分级可用单项指标（如牧草产量与质量等），但用综合指标比较适当，一般可用牧草指标、土壤指标、地面指标和牛群指标进行表示。牧草指标包括草地牧草覆盖度的大小、可食草占草层中牧草总量的比率、牧草产草量的高低等。土壤指标包括生草土状况、自然肥力高低、土壤侵蚀的大小等。地面指标包括地面石块、灌丛、鼠穴、蚁塔的有无与多少，草丘的有无与大小等。牛群指标包括草地生产能力高低最终反映在牛群生产能力的高低上，如在维持牛群的正常生长与发育情况下，每一标准头数牛群所需草地面积的大小等。根据这些项目评分规定，即可对某一草地予以评分并按所拟"标准"进行草地等级的评定。

第八章 生态肉牛规模化养殖的饲料配方设计技术

第一节 肉牛的营养需要和饲养标准

一、肉牛营养需要和饲养标准的含义

肉牛的营养需要是指肉牛在最适宜环境条件下，正常、健康生长或达到理想生产成绩对各种营养物质种类和数量的最低要求，简称"需要"。营养需要量是一个群体平均值，不包括一切可能增加需要量而设定的保险系数。对营养物质需要的数量而言，一般是指每头每天需要能量、蛋白质、矿物质和干物质等营养指标的数量。按照肉牛生长发育的规律、特点及其影响因素，在研究和制定生长肉牛的营养需要过程中，一般分阶段进行。我国及世界很多国家的饲养标准对生长肉牛的营养需要量都是按阶段规定。确定需要量的方法有析因法和综合法两种。其区别在于，前者将肉牛的需要剖分为维持与生产（生长、妊娠）分别研究考虑，后者则是综合试验考察。

饲养标准是根据大量饲养实验结果和肉牛生产实践的经验总结，对各种特定动物所需要的各种营养物质的定额作出的规定，这种系统的营养定额及有关资料统称为饲养标准。简言之，即特定动物系统成套的营养定额就是饲养标准，简称"标准"。

（1）饲养标准具有先进性 饲养标准高度反映了肉牛生存和生产

对饲养及营养物质的客观要求，具体体现了本领域科学研究的最新进展和生产实践的最新总结。纳入饲养标准或营养需要中的营养、饲养原理和数据资料，都是以可信度很高的重复实验资料为基础，对重复实验资料不多的部分营养指标均有说明。随着科学技术的不断发展、实验方法的不断进步、肉牛营养研究的不断深入和定量实验研究的更加精确，饲养标准或营养需要也更接近肉牛对营养物质摄入的实际需要。

（2）饲养标准具有权威性　标准内容科学先进，制定过程程序严格，制定人员为该领域学术专家，颁布机构为权威组织。我国研究制订的饲养标准，均由农业部颁布。世界各国的饲养标准或营养需要均由该国的有关权威部门颁布。其中有较大影响的饲养标准有美国国家科学研究委员会（NRC）制订的各种动物的营养需要、英国农业科学研究委员会（ARC）制订的畜禽营养需要、日本的畜禽饲养标准等，这些标准都是国内外研究者和生产者参考学习和应用的依据。

（3）饲养标准具有针对性　饲养标准的制定过程都是在特定条件下完成的，它是以特定饲养动物为对象，在特定环境条件下研制的满足其特定生理阶段或生理状态的营养物质需要的数量定额。在肉牛生产实际中，影响饲养和营养需要的因素很多，诸如同品种动物之间的个体差异、各种饲料的不同适口性及其物理特性、不同的环境条件甚至市场经济形势的变化等。所以，任何饲养标准都只在一定条件下、一定范围内适用。在利用饲养标准中的营养定额配制饲粮、设计饲料配方、制定饲养计划等工作中，要根据实际情况进行适当调整，才能提高利用效果。

二、肉牛营养需要和饲养标准

（1）美国 NRC（1996）生长育肥牛营养需要饲养标准见表 8-1。

（2）我国（2004）生长育肥牛营养需要饲养标准见表 8-2。

（3）妊娠期母牛的营养需要标准见表 8-3。

（4）我国（2004）哺乳母牛的营养需要标准见表 8-4。

（5）肉牛矿物质营养需要标准（NRC，1996）见表 8-5。

表 8-1 美国 NRC（1996）生长育肥牛营养需要标准

少量大理石纹 533 千克；体重范围 200～450 千克；平均日增重范围0.5～2.5 千克；典型品种为安格斯牛

体重/千克	200	250	300	350	400	450
维持需要						
维持净能/(兆焦/天)	17.14	20.23	23.2	26.04	28.8	31.43
代谢/(克/天)	202	239	274	307	340	371
钙/(克/天)	6	8	9	11	12	14
磷/(克/天)	5	6	7	8	10	11
生长需要						
日增重/(千克/天)	增重净能/(兆焦/天)					
0.5	5.31	6.27	7.19	8.07	8.95	9.74
1.0	11.37	13.42	15.38	17.26	19.10	20.86
1.5	17.72	20.94	23.99	26.96	29.80	33.40
2.0	24.29	28.72	32.94	36.95	40.84	44.64
2.5	31.02	36.70	42.05	47.19	52.17	57.02
	代谢蛋白/(克/天)					
0.5	154	155	158	157	145	133
1.0	299	300	303	298	272	246
1.5	441	440	442	432	391	352
2.0	580	577	577	561	505	451
2.5	718	712	710	687	616	547
	钙/(克/天)					
0.5	14	13	12	11	10	9
1.0	27	25	23	21	19	17
1.5	39	36	33	30	27	25
2.0	52	47	43	39	35	32
2.5	64	59	53	48	43	38
	磷(克/天)					
0.5	6	5	5	4	4	4
1.0	11	10	9	8	8	7
1.5	16	15	13	12	11	10
2.0	21	19	18	16	14	13
2.5	26	24	22	19	17	15

表 8-2　我国（2004）生长肥育牛营养需要饲养标准

体重/千克	150										
日增重/（千克/天）	0	0.3	0.4	0.5	0.6	0.7	0.8	0.9	1	1.1	1.2
干物质采食量/（千克/天）	2.66	3.29	3.49	3.7	3.91	4.12	4.33	4.54	4.75	4.95	5.16
肉牛能量单位	1.46	1.87	1.97	2.07	2.19	2.3	2.45	2.61	2.8	3.02	3.25
粗蛋白/（克/天）	236	377	421	465	507	548	589	627	665	704	739
钙/（克/天）	5	14	17	19	22	25	28	31	34	37	40
磷/（克/天）	5	8	9	10	11	12	13	14	15	16	16

体重/千克	175										
日增重/（千克/天）	0	0.3	0.4	0.5	0.6	0.7	0.8	0.9	1	1.1	1.2
干物质采食量/（千克/天）	2.98	3.63	3.85	4.07	4.29	4.51	4.72	4.94	5.16	5.38	5.59
肉牛能量单位	1.63	2.09	2.2	2.32	2.44	2.57	2.79	2.91	3.12	3.37	3.63
粗蛋白/（克/天）	265	403	447	489	530	571	609	650	686	724	749
钙/（克/天）	6	14	17	20	23	26	28	31	34	37	40
磷/（克/天）	6	9	9	10	11	12	13	14	15	16	17

体重/千克	200										
日增重/（千克/天）	0	0.3	0.4	0.5	0.6	0.7	0.8	0.9	1	1.1	1.2
干物质采食量/（千克/天）	3.3	3.98	4.21	4.44	4.66	4.89	5.12	5.34	5.57	5.8	6.03
肉牛能量单位	1.8	2.32	2.43	2.56	2.69	2.83	3.01	3.21	3.45	3.71	4
粗蛋白/（克/天）	293	428	472	514	555	593	631	669	708	743	778
钙/（克/天）	7	15	17	20	23	26	29	31	34	37	40
磷/（克/天）	7	9	10	11	12	13	14	15	16	17	17

体重/千克	225										
日增重/（千克/天）	0	0.3	0.4	0.5	0.6	0.7	0.8	0.9	1	1.1	1.2
干物质采食量/（千克/天）	3.6	4.31	4.55	4.78	5.02	5.26	5.49	5.73	5.96	6.2	6.44
肉牛能量单位	1.87	2.56	2.69	2.83	2.98	3.14	3.33	3.55	3.81	4.1	4.42
粗蛋白/（克/天）	320	452	494	535	576	614	652	691	726	761	796
钙/（克/天）	7	15	18	20	23	26	29	31	34	37	39
磷/（克/天）	7	10	11	12	13	14	14	15	16	17	18

续表

体重/千克	250										
日增重/(千克/天)	0	0.3	0.4	0.5	0.6	0.7	0.8	0.9	1	1.1	1.2
干物质采食量/(千克/天)	3.9	4.64	4.88	5.13	5.37	5.62	5.87	6.11	6.36	6.6	6.85
肉牛能量单位	2.2	2.81	2.95	3.11	3.27	3.45	3.65	3.89	4.18	4.49	4.84
粗蛋白/(克/天)	346	475	517	558	599	637	672	711	746	781	814
钙/(克/天)	8	16	18	21	23	26	29	31	34	36	39
磷/(克/天)	8	11	12	12	13	14	15	16	17	18	18
体重/千克	275										
日增重/(千克/天)	0	0.3	0.4	0.5	0.6	0.7	0.8	0.9	1	1.1	1.2
干物质采食量/(千克/天)	4.19	4.96	5.21	5.47	5.72	5.98	6.23	6.49	6.74	7	7.25
肉牛能量单位	2.4	3.07	3.22	3.39	3.57	3.75	3.98	4.23	4.55	4.89	5.6
粗蛋白/(克/天)	372	501	543	581	619	657	696	731	766	798	834
钙/(克/天)	9	16	19	21	24	26	29	31	34	36	39
磷/(克/天)	9	12	12	13	14	15	16	16	17	18	18
体重/千克	300										
日增重/(千克/天)	0	0.3	0.4	0.5	0.6	0.7	0.8	0.9	1	1.1	1.2
干物质采食量/(千克/天)	4.46	5.26	5.53	5.79	6.06	6.32	6.58	6.85	7.11	7.38	7.64
肉牛能量单位	2.6	3.32	3.48	3.66	3.86	4.06	4.31	4.58	4.92	5.29	5.69
粗蛋白/(克/天)	397	523	565	603	641	679	715	750	785	818	850
钙/(克/天)	10	17	19	21	24	26	29	31	34	36	38
磷/(克/天)	10	12	13	14	15	15	16	17	18	19	19
体重/千克	325										
日增重/(千克/天)	0	0.3	0.4	0.5	0.6	0.7	0.8	0.9	1	1.1	1.2
干物质采食量/(千克/天)	4.75	5.57	5.84	6.12	6.39	6.66	6.94	7.21	7.49	7.76	8.03
肉牛能量单位	2.78	3.54	3.72	3.91	4.12	4.36	4.6	4.9	5.25	5.65	6.08
粗蛋白/(克/天)	421	547	586	624	662	700	736	771	803	839	868
钙/(克/天)	11	17	19	22	24	26	29	31	33	36	38
磷/(克/天)	11	13	14	14	15	16	17	18	18	19	20

体重/千克	350										
日增重/(千克/天)	0	0.3	0.4	0.5	0.6	0.7	0.8	0.9	1	1.1	1.2
干物质采食量/(千克/天)	5.02	5.87	6.15	6.43	6.72	7	7.28	7.57	7.85	8.13	8.41
肉牛能量单位	2.98	3.76	3.95	4.16	4.38	4.61	4.89	5.21	5.59	6.01	6.47
粗蛋白/(克/天)	445	569	607	645	683	719	757	789	824	857	889
钙/(克/天)	12	18	20	22	24	27	29	31	33	36	38
磷/(克/天)	12	14	14	15	16	17	17	18	19	20	20

体重/千克	375										
日增重/(千克/天)	0	0.3	0.4	0.5	0.6	0.7	0.8	0.9	1	1.1	1.2
干物质采食量/(千克/天)	5.28	6.16	6.45	6.74	7.03	7.32	7.62	7.91	8.2	8.49	8.79
肉牛能量单位	3.13	3.99	4.19	4.41	4.65	4.89	5.19	5.52	5.93	6.26	6.75
粗蛋白/(克/天)	469	593	631	669	704	743	778	810	845	878	907
钙/(克/天)	12	18	20	22	25	27	29	31	33	35	38
磷/(克/天)	12	14	15	16	17	17	18	19	19	20	20

体重/千克	400										
日增重/(千克/天)	0	0.3	0.4	0.5	0.6	0.7	0.8	0.9	1	1.1	1.2
干物质采食量/(千克/天)	5.55	6.45	6.76	7.06	7.36	7.66	7.96	8.26	8.56	8.87	9.17
肉牛能量单位	3.31	4.22	4.43	4.66	4.91	5.17	5.49	5.64	6.27	6.74	7.26
粗蛋白/(克/天)	492	613	651	689	727	763	798	830	866	895	927
钙/(克/天)	13	19	21	23	25	27	29	31	33	35	37
磷/(克/天)	13	15	16	17	17	18	19	19	20	21	21

体重/千克	425										
日增重/(千克/天)	0	0.3	0.4	0.5	0.6	0.7	0.8	0.9	1	1.1	1.2
干物质采食量/(千克/天)	5.8	6.73	7.04	7.35	7.66	7.97	8.29	8.6	8.91	9.22	9.53
肉牛能量单位	3.48	4.43	4.65	4.9	5.16	5.44	5.77	6.14	6.59	7.09	7.64
粗蛋白/(克/天)	515	636	674	712	747	783	818	850	886	918	947
钙/(克/天)	14	19	21	23	25	27	29	31	33	35	37
磷/(克/天)	14	16	17	17	18	18	19	20	20	21	22

体重/千克	450										
日增重/(千克/天)	0	0.3	0.4	0.5	0.6	0.7	0.8	0.9	1	1.1	1.2
干物质采食量/(千克/天)	6.06	7.02	7.34	7.66	7.98	8.3	8.62	8.94	9.26	9.58	9.9
肉牛能量单位	3.36	4.63	4.87	5.12	5.4	5.69	6.03	6.43	6.9	7.42	8
粗蛋白/(克/天)	538	659	697	732	770	806	841	873	906	938	967
钙/(克/天)	15	20	21	23	25	27	29	31	33	35	37
磷/(克/天)	15	17	17	18	19	19	20	20	21	22	22

体重/千克	475										
日增重/(千克/天)	0	0.3	0.4	0.5	0.6	0.7	0.8	0.9	1	1.1	1.2
干物质采食量/(千克/天)	6.31	7.3	7.63	7.96	8.29	8.61	8.94	9.27	9.6	9.93	10.26
肉牛能量单位	3.79	4.84	5.09	5.35	5.64	5.94	6.31	6.72	7.22	7.77	8.37
粗蛋白/(克/天)	560	681	719	754	789	825	860	892	928	957	989
钙/(克/天)	16	20	22	24	25	27	29	31	33	35	36
磷/(克/天)	16	17	18	19	19	20	20	21	21	22	23

体重/千克	500										
日增重/(千克/天)	0	0.3	0.4	0.5	0.6	0.7	0.8	0.9	1	1.1	1.2
干物质采食量/(千克/天)	6.56	7.58	7.91	8.25	8.59	8.93	9.27	9.61	9.94	10.28	10.62
肉牛能量单位	3.95	5.04	5.3	5.58	5.88	6.2	6.58	7.01	7.53	8.1	8.73
粗蛋白/(克/天)	582	700	738	776	811	847	882	912	947	979	1011
钙/(克/天)	16	21	22	24	26	27	29	31	33	34	36
磷/(克/天)	16	18	19	19	20	20	21	21	22	23	23

表8-3 妊娠期母牛的营养需要标准

体重/千克	妊娠月份	干物质/千克	肉牛能量单位/RND	综合净能/兆焦	粗蛋白质/克	钙/克	磷/克
	6	6.32	2.80	22.60	409	14	12
300	7	6.43	3.11	25.12	477	16	12
	8	6.60	3.50	28.26	587	18	13
	9	6.77	3.97	32.05	735	20	13

续表

体重 /千克	妊娠 月份	干物质 /千克	肉牛能量 单位 /RND	综合净能 /兆焦	粗蛋白质 /克	钙 /克	磷 /克
350	6	6.86	3.12	25.19	449	16	13
	7	6.98	3.45	27.87	517	18	14
	8	7.15	3.87	31.24	627	20	15
	9	7.32	4.37	35.30	775	22	15
400	6	7.39	3.43	27.69	488	18	15
	7	7.51	3.78	30.56	556	20	16
	8	7.68	4.23	34.13	666	22	16
	9	7.84	4.76	38.47	814	24	17
450	6	7.90	3.73	30.12	526	20	17
	7	8.02	4.11	33.15	594	22	18
	8	8.19	4.58	36.99	704	24	18
	9	8.36	5.15	41.58	852	27	19
500	6	8.40	4.03	32.51	563	22	19
	7	8.52	4.42	35.72	631	24	19
	8	8.69	4.92	39.76	741	26	20
	9	8.86	5.53	44.62	889	29	21
550	6	8.89	4.31	34.83	599	24	20
	7	9.00	4.73	38.23	667	26	21
	8	9.17	5.26	42.47	777	29	22
	9	9.34	5.90	47.61	925	31	23

表 8-4 我国（2004）哺乳母牛的营养需要标准

体重 /千克	干物质 /千克	肉牛能 量单位 /RND	综合净能 /兆焦	粗蛋白质 /克	钙 /克	磷 /克
300	4.47	2.36	19.04	332	10	10
350	5.02	2.65	21.38	372	12	12
400	5.55	2.93	23.64	411	13	13

续表

体重 /千克	干物质 /千克	肉牛能 量单位 /RND	综合净能 /兆焦	粗蛋白质 /克	钙 /克	磷 /克
450	6.06	3.20	25.82	449	15	15
500	6.56	3.46	27.91	486	16	16
550	7.04	3.72	30.04	522	18	18

表 8-5　肉牛矿物质营养需要标准 （NRC，1996）

矿物元素	需要量(以日粮干物质计)			最大 耐受浓度
	生长育肥牛	妊娠母牛	泌乳早期母牛	
钾/%	0.60	0.60	0.70	3
钠/%	0.06～0.08	0.06～0.08	0.10	
氯/%				
镁/%	0.10	0.12	0.20	0.40
硫/%	0.15	0.15	0.15	0.4
铁/(毫克/千克)	50	50	50	500
铜/(毫克/千克)	10	10	10	100
锰/(毫克/千克)	20	40	40	1000
锌/(毫克/千克)	30	30	30	500
碘/(毫克/千克)	0.5	0.50	0.50	50
硒/(毫克/千克)	0.10	0.10	0.10	2
铬/(毫克/千克)				1000
钴/(毫克/千克)	0.10	0.10	0.10	10
钼/(毫克/千克)				5
镍/(毫克/千克)				50

第二节　生态肉牛规模化养殖饲料加工利用技术

一、能量饲料加工利用技术

1. 谷实类饲料加工利用技术

（1）谷实类饲料的加工方法　谷物类饲料比较坚实，除有种皮外，大麦、燕麦、稻谷等还包被一层硬壳，因此要进行机械加工，以利消化。加工方法主要有粉碎、压扁、浸泡、焙炒、发芽、糖化和湿贮。

① 粉碎是常用的加工方法，但喂牛的谷物不宜粉碎得太碎，否则容易糊化或呛入牛的气管，影响采食。太碎在胃肠内易形成黏性团状物，不利消化。一般细度以直径 2 毫米左右为宜。

② 玉米、高粱、大麦等压扁更适合喂肉牛。将每 100 千克谷物加水 16 千克，再用蒸汽加热到 120℃，用压片机辊轴压扁，玉米蒸煮后再压扁效果更好。

③ 将谷物及豆类、饼类放在缸内，用水浸泡，100 千克料用水 150 千克。浸泡后可使饲料柔软，容易消化。夏天浸泡饼类时间宜短，否则容易腐败变质。

④ 焙炒能使饲料中的淀粉转化为糊精而产生香味，增加适口性，并能提高淀粉的消化率。一般温度 150℃，时间宜短，不要炒成焦糊状。

⑤ 谷物饲料经发芽后可为肉牛补充维生素，一般芽高 0.5～1 厘米，富含 B 族维生素和维生素 E；芽长到 6～8 厘米时，富含胡萝卜素及维生素 E、B 族维生素。发芽处理方法较简单，把籽实用 15℃的温水或冷水浸泡 12～24 小时后，摊放在平盘或细筛内，厚约 3～5 厘米，上盖麻袋或草席，经常喷洒清洁的水，保持湿润。发芽常温控制在 20～25℃，在这种条件下 5～8 天即可发芽。发芽的饲料适宜喂成年种公牛，每头每天 100～150 克。妊娠母牛临产前不要喂，以防流产。

⑥ 糖化就是利用谷实类籽实中的淀粉酶把其中一部分淀粉转化为麦芽糖，提高适口性。方法是在磨碎的籽实中加 2.5 倍热水，搅拌均匀，放在 55～60℃温度下，使酶发生作用。4 小时后，饲料含糖量可增加到 8%～12%。如果在每 100 千克籽实中加入 2 千克麦芽，糖化作用更快。糖化饲料喂育肥牛，可提高采食量，促进消化。

⑦ 湿贮是贮存饲用谷物的新方法。作为饲料栽培的玉米、大麦、燕麦、高粱等，当籽实成熟度达到含水量 30%～35% 时收获，基本上不影响营养物质的产量。可以整粒或压碎后贮存在内壁防锈的密闭容器内。经过轻度嫌气发酵，产生少量有机酸，可抑制霉菌和细菌的

繁殖，使谷物不致变质发霉。此法可以节约谷物干燥的劳力和费用，且减少阴雨天收获谷物的损失。湿贮谷物养分的损失，在良好条件下为2%～4%，一般不超过7%。还有加酸（甲酸、乙酸、丙酸）或（和）甲醛湿贮以及加1%尿素湿贮。

（2）谷实类饲料的利用　谷实类饲料中含无氮浸出物多，为60%～70%，消化能值高，每千克能产生消化能12.55兆焦，是牛补充热能的主要来源。这类饲料含粗蛋白较少，为9%～12%，蛋白质品质也不高，缺乏赖氨酸、蛋氨酸、色氨酸，含磷0.3%左右，钙很少，约0.1%左右。维生素以维生素B_1和维生素E较为丰富，但缺乏维生素A、维生素D，除黄玉米外，都缺乏胡萝卜素。谷实类饲料粗纤维少、营养集中、体积小、易消化，是小牛和快速育肥肉牛十分重要的热能饲料。饲喂时应注意搭配蛋白质饲料，补充钙和维生素A。谷实类饲料营养素含量的多少，除与品种、栽培土壤、气候条件有关外，含水量、杂质含量与新鲜程度等，也对其有很大的影响。谷类籽实的新鲜程度，可以胚的颜色来判别，浅色者新鲜，带褐色者陈旧。

2. 糠麸类饲料加工利用技术

糠麸类饲料是谷物加工的副产品，一般不需要进一步加工。糠麸类饲料所含能量是原粮的60%左右，除无氮浸出物外，其他成分都比原粮多。这类饲料含磷多、钙少，维生素以维生素B_1、尼克酸含量较多，质地疏松，有轻泻性，有利于胃肠蠕动，能通便。其缺点是含可利用能值低，代谢能水平为谷实类饲料的一半，有吸水性，容易发霉、变质，尤其大米糠含脂肪多，更易酸败，难以贮存。加工保存过程要注意其含水量和保存环境。在利用过程中可适当使用脱霉剂和防霉剂。

3. 油脂类饲料加工利用技术

（1）脂类饲料的加工技术　脂类饲料的加工方法主要有甲醛-蛋白复合包被、血粉包被、氢化和钙化。甲醛-蛋白复合包被是利用甲醛可以防止饲料中的不饱和脂肪酸转化为饱和脂肪酸，有利于提高产品质量，降低不饱和脂肪酸对瘤胃微生物的副作用，其营养机理是形成保护膜的甲醛-蛋白质反应在酸性环境下是可逆的。保护膜在pH值为5～7的瘤胃环境中不能分解；而在pH值为2～3的真胃环境中保护膜被破坏，溶出包被的脂肪，因而不影响油脂在后消化段的消化。甲醛-蛋白复合物对脂肪的保护程度可达85%。

血粉包被是利用血浆白蛋白能在饲料颗粒表面形成保护膜，可防止养分在瘤胃内扩散溶解以及消化吸收，其加工工艺根据不同需要有所不同，主要是通过喷雾法将血浆白蛋白通过喷雾的形式喷向油脂，形成血粉包被。

氢化脂肪的瘤胃保护机制是以纯脂肪或脂肪混合物的总熔点为基础的，即固体脂肪转化为液体脂肪时的温度；而脂肪酸的熔点由其分子结构及碳链的长度和键结合的类型决定。因此，长链的饱和脂肪酸（如硬脂酸和棕榈酸等）具有较高的熔点，含有双键的不饱和脂肪酸（如油酸、亚油酸和亚麻油酸等）的熔点较低。在一般的外界环境下饱和脂肪酸为固体，而不饱和脂肪酸熔点低则为液体。因此，可以通过对脂肪加氢饱和化来生产过瘤胃脂肪。这些脂肪的熔点为 $50 \sim 55℃$，而瘤胃内的温度一般为 $38 \sim 39℃$，所以这些脂肪在瘤胃中保持固体形态而不溶解，不会对瘤胃细菌和原虫造成不良影响，自身的结构也不变。然而，在小肠中胃液的酶可以消化这些饱和脂肪酸。

脂肪酸钙的瘤胃保护机制是依据瘤胃和小肠中的酸碱度或pH值，脂肪酸钙在中性环境下保持完整，而在酸性环境下（pH=3）就会解离。通常情况下瘤胃呈中性，这使钙盐保持完整，它们在瘤胃液中不会被溶解也不会受到瘤胃微生物的影响，更不会破坏瘤胃正常酸度，能有效地保持稳定并通过瘤胃。当脂肪酸钙进入皱胃时就进入了酸性环境（pH值为 $2 \sim 3$），此时便立即解离成 Ca^{2+} 和脂肪酸，而脂肪酸是游离的不再稳定。从皱胃出来的游离的脂肪酸可以像饱和脂肪酸一样被更有效地吸收；此外在钙盐产品组分中饱和脂肪酸（硬脂酸和棕榈酸）和单个不饱和脂肪酸所占的比例几乎是相等的，总的熔点接近38℃，这就使得钙盐产品在皱胃中可更有效地溶解，也使得从钙盐中释放出的脂肪酸的吸收率能够稳定在95%，同时减少了其在粪中的释放离子的损失。

（2）脂类的利用

① 肉牛日粮使用脂类的目的是为了提高饲料的能量水平；作为脂溶性营养素的溶剂，提高脂溶性营养物质的利用率；磷脂具有乳化

剂特性，可促进消化道内油脂的乳化，有利于提高饲料中脂肪和脂溶性营养物质的消化率，促进生长，提供必需脂肪酸的来源，提高肉牛被毛的光泽；在炎热的夏季在肉牛饲料中加入适量油脂，可以减少肉牛由于高温出现的热应激而造成采食下降、生长停滞、生长性能受阻等反应。

② 目前肉牛养殖上可利用的脂类很多，包括植物油和肉牛脂肪。植物油的原料主要有大豆、花生、棉籽、油菜籽、向日葵、干椰子肉、棕榈核、红花籽、芝麻、亚麻籽、玉米胚芽、米糠等。我国是世界上主要油料生产国之一，主要生产油菜籽、大豆、棉籽、花生、葵花籽、芝麻、亚麻等大宗油料。其中油菜籽产量占世界油菜籽总产量的 26.6%，花生产量占世界总产量的 35.3%，芝麻产量占世界总产量的 20%，亚麻占 22.4%。我国的棕榈油和椰子油生产很少，肉牛油脂原料主要取自牛乳以及猪、牛、羊的脂肪部分。

③ 肉牛为能量而食，添加油脂可提高日粮能量，采食量可能降低，应防止其他养分不足。能量提高，其他养分浓度应相应提高。同时要防止油脂的氧化和对加工设备的影响。一般添加油脂应有喷油设备、肉牛油的加热设备。油脂大于 3% 时，饲料制粒困难，且外观发青，可将一部分油脂在制粒后以喷雾的方式添加使用。

④ 使用乳化剂，提高脂肪利用效率。饲用乳化剂的种类常见的主要有磷脂类、脂肪酸酯、氨基酸类和糖苷酯类，通常也使用胆汁酸盐类乳化剂。在不同的外源乳化剂之间，由于分子结构的不同，其所表现出的亲水性和亲脂性是不相同的，二者之间的比值叫做 HLB值，其范围在 0～20 之间。HLB 值越低，乳化剂的亲脂性就越高；相反，HLB 值越高，乳化剂的亲水性就越强。即 HLB 值低的乳化剂就能使水分散到油中，从而降低饲料脂肪滴的颗粒的大小，由此增加脂肪的总表面积；HLB 值高的乳化剂则可使油脂分散到水中，从而刺激微粒形成和溶解脂肪酸。商品化的乳化剂产品并不是由单一的乳化剂组成，为了有更好的乳化性能，通常是几种乳化剂按照合适的比率组成复合乳化剂。

4. 生态肉牛养殖常用能量饲料营养价值

生态肉牛养殖常用能量饲料营养价值见表 8-6。

表 8-6 生态肉牛养殖常用能量饲料营养价值

原料	干物质 /%	综合净能 /(RND /千克)	粗蛋白质 /%	钙 /%	磷 /%	可发酵有机物/%
玉米	88.4	1.00	8.6	0.08	0.21	59.31
高粱	89.3	0.88	8.7	0.29	0.31	54.78
大麦	88.8	0.89	10.8	0.29	0.31	54.30
籼稻谷	90.6	0.86	8.3	0.13	0.28	48.94
燕麦	90.3	0.86	11.6	0.15	0.33	53.18
小麦	91.8	1.03	12.1	0.11	0.36	55.55
油脂	99.5	2.85				
小麦麸	88.6	0.73	14.4	0.20	0.78	52.90
玉米皮	87.9	0.57	10.2	0.28	0.35	37.03
米糠	90.2	0.89	12.1	0.14	1.04	55.83
高粱糠	91.1	0.92	9.6	0.07	0.81	38.56
次粉	87.2	1.00	9.5	0.08	0.44	58.75
大豆皮	91.0	0.67	18.8	0.35	0.35	40.72

二、蛋白质补充饲料加工利用技术

1. 植物性蛋白饲料加工利用技术

（1）籽实类蛋白质饲料加工利用技术 籽实类蛋白质饲料包括黑豆、黄豆、豌豆、蚕豆等。同谷类籽实相比，除了具有粗纤维含量低、可消化养分多、容重等共性外，其营养特点是蛋白质含量丰富且品质较好，能值差别不大或略偏高，矿物质和维生素含量与谷实类相似。但应注意的是，生的豆类饲料含有有害物质，如抗胰蛋白酶、致甲状腺肿物质、皂素与血凝集素等，影响饲料的适口性、消化性与肉牛的一些生理过程。在饲喂前需进行适当的热处理，如焙炒、蒸煮或膨化。

（2）饼粕类饲料加工利用技术 饼粕类饲料主要有豆饼、棉籽饼、菜籽饼、胡麻饼等，是饲喂肉牛不可缺少的主要蛋白质饲料，其营养价值变化很大，取决于种类和加工工艺。大豆饼的营养价值很高，消化率也高，在我国主要作为猪、鸡的蛋白质饲料使用。因牛可以利用尿素等非蛋白氮，可考虑少喂或不喂豆饼，以降低饲料成本。棉籽饼中含有棉酚，其毒性很强，常呈慢性累积性中毒，在日粮配合时，用量不得超过7%。为减轻毒性，可用硫酸亚铁法进行脱毒，其方法是将5倍于游离棉酚量的硫酸亚铁配成1%的溶液与等量棉籽饼混匀，晾干即可。若再加适量的石灰水，脱毒效果更佳。也有研究表明，瘤胃微生物能降解游离棉酚，成年牛饲喂未脱毒的棉籽饼很少出现中毒现象。菜籽饼味辛辣，适口性不良，不宜多用。菜籽饼中含有一种芥酸物质，在体内受芥子水解酶的作用，形成异硫氰酸盐、噁唑烷硫酮，这些物质具有毒性，可引起肉牛中毒。使用前最好脱毒。亚麻仁饼含有一种黏性胶质，可吸收大量水分而膨胀，从而使饲料在瘤胃中滞留时间延长，有利于微生物对饲料进行消化。但亚麻仁中含有亚麻苷配糖体，经亚麻酶的作用，产生氢氰酸，引起肉牛中毒。为防止其中毒，将亚麻仁饼在开水中煮10分钟，使亚麻酶被破坏。花生饼粕带有甜香味，是适口性较好的蛋白质饲料，但在肉牛育肥期不宜多用，因为它会使肉牛机体脂肪变软，影响肉的品质。向日葵饼粕和芝麻饼粕，饲喂前不做特殊的加工处理。

2. 微生物蛋白饲料加工利用技术

（1）微生物蛋白饲料的特点 微生物蛋白饲料是指以微生物、复合酶为生物饲料发酵剂菌种，将饲料原料转化为微生物菌体蛋白、生物活性小肽类氨基酸、微生物活性益生菌和复合酶制剂为一体的生物发酵蛋白饲料。所以，也称为微生物发酵蛋白饲料。

饲料经微生物发酵后，微生物的代谢产物可以降低饲料毒素含量，如甘露聚糖可以有效地降解黄曲霉 B_1、曲霉属、串珠霉属的部分菌株，能有效地降低发酵棉籽粕中游离棉酚的含量；微生物可以分解品质较差的植物性或动物性蛋白质，合成品质较好的微生物蛋白质，例如活性肽、寡肽等，有利于肉牛的消化吸收；产生促生长因子，不同的菌种发酵饲料后所产生的促生长因子量不同，这些促生长因子主要有有机酸、B族维生素和未知生长因子等；降低粗纤维含量，一般发酵水平可使发酵基料的粗纤维含量降低12%～16%，增加适口性和消化率等；发酵后饲料中的植酸磷或无机磷酸盐被降解或析出，变成了易被肉牛吸收的游离磷。

（2）发酵蛋白饲料加工利用技术 目前常用的发酵饲料有发酵豆

粕、发酵棉粕、发酵菜粕、发酵肉骨粉和发酵羽毛粉等。豆粕经过微生物发酵脱毒，可将其中的多种抗原进行降解，使各种抗营养因子的含量大幅度下降。发酵豆粕中胰蛋白酶抑制因子一般≤200微克/克、凝血素≤6微克/克、寡糖≤1%、脲酶活性≤0.1毫克/克·分钟，而抗营养因子、植酸、致甲状腺肿素可有效去除，降低大豆蛋白中的抗营养因子的抗营养作用。豆粕经过乳酸发酵，其维生素B_{12}会大大提高。有研究报道，利用枯草芽孢杆菌酿酒酵母菌、乳酸菌对豆粕进行发酵后豆粕中粗蛋白的含量比发酵前提高了13.48%，粗脂肪的含量比发酵前提高了18.18%，磷的含量比发酵前提高了55.56%（$p <$ 0.01），氨基酸的含量比发酵前提高了11.49%。其中胰蛋白酶抑制因子和豆粕中的其他抗营养因子得到了彻底消除。

棉粕经过微生物发酵以后，其所含的棉酚、环丙烯脂肪酸、植酸及植酸盐、α-半乳糖苷、非淀粉多糖等抗营养因子就会降低或消除，饲喂效果大大增加。有报道，发酵后棉籽粕的粗蛋白质提高10.92%，必需氨基酸除精氨酸外均增加，赖氨酸、蛋氨酸和苏氨酸分别提高12.73%、22.39%和52.00%。利用4种酵母混合发酵，使棉酚得到高效降解，脱毒率高达97.45%。利用微生物发酵棉粕代替豆粕进行饲喂犊牛试验，经过17天的实验研究，饲料成本分别降低了36.84%和21.37%，棉粕经过发酵后适口性提高了，粪尿中的NH_3、H_2S等有害气体大大降低，生态环境得到改善。

菜籽饼粕是一种比较廉价的蛋白质饲料资源，其含有较丰富的蛋白质与氨基酸组成，但因为菜籽粕中含有大量的毒素及抗营养因子，限制了其作为饲料的利用。目前，国内外关于菜籽粕脱毒的方法主要有物理脱毒法、化学脱毒法及生物脱毒法三大类。生物学脱毒法主要有酶催化水解法、微生物发酵法。和其他脱毒方法相比，微生物发酵法具有条件温和、工艺过程简单、干物质损失小等优点。有研究表明，利用曲霉菌将菜籽饼粕与酱油渣混合发酵生产蛋白饲料，发酵后粗蛋白质提高16.9%，粗纤维下降。利用模拟瘤胃技术对菜籽粕进行发酵脱毒，在菜籽粕发酵培养基含水60%的条件下，39℃厌氧发酵4天，其噁唑烷硫酮和异硫氰酸酯的总脱毒率可达82.7%和90.5%，单宁的降解率为48.3%。

肉骨粉和羽毛粉等产量也很大，含有丰富的营养物质。肉骨粉蛋白质含量在 45%～50%，矿物质铁、磷、钙含量很高，但骨钙大多以羟磷灰石形式存在，不利于吸收，微生物发酵产酸使羟磷灰石中磷酸钙在酸的作用下生成可溶性乳酸钙，有利于肉牛吸收。家禽羽毛粉蛋白质含量在 85%～90%，胱氨酸含量高达 4.65%。也含有 B 族维生素和一些未知的生长素；铁、锌、硒含量很高。羽毛粉经过微生物发酵，羽毛角质蛋白降解，产生大量的游离氨基酸和小肽，具有更高的营养价值。

3. 常用蛋白质饲料营养价值

肉牛规模化养殖常用蛋白质饲料营养价值见表 8-7。

表 8-7　肉牛常用蛋白质饲料营养价值

原料	干物质 /%	综合净能 /(RND /千克)	粗蛋白质 /%	钙 /%	磷 /%	可发酵有机物 /%
豆饼	91.1	0.97	37.4	0.32	0.50	59.00
豆粕	89.0	0.90	44.6	0.30	0.63	53.52
红麻饼	92.0	0.91	33.1	0.58	0.77	55.62
棉籽饼	89.1	0.75	21.2	0.52	0.59	47.54
棉仁饼	89.6	0.82	32.5	0.27	0.81	32.38
棉仁粕	91.0	0.76	41.2	0.17	1.10	26.75
带壳向日葵饼	92.9	0.45	24.8	0.35	0.89	40.05
去壳向日葵饼	93.6	0.61	46.1	0.53	0.35	37.10
菜籽饼	92.4	0.84	36.2	0.74	1.01	40.50
菜籽粕	91.0	0.67	37.0	0.61	0.95	37.87
花生饼	89.0	0.91	46.4	0.24	0.52	57.36
玉米胚芽饼	93.0	0.93	17.5	0.05	0.49	54.30
米糠饼	90.7	0.71	15.2	0.20	0.89	44.27
芝麻饼	92.0	0.87	39.2	2.24	1.19	52.97

三、加工业副产品饲料加工利用技术

1. 大豆皮饲料加工利用技术

(1) 大豆皮饲料的特点　大豆皮是大豆制油工艺的副产品，由油脂加工热法脱皮或压碎筛理两种加工方法所得。主要成分是细胞壁和植物纤维，粗纤维含量为38%、粗蛋白12.2%、氧化钙0.53%、磷0.18%，木质素含量低于2%。纤维素的木质化程度是饲料中纤维素消化高低的重要因素，由于大豆皮的粗纤维含量高而木质化程度很低，因此大豆皮可代替秸秆和干草。试验表明，尼龙袋法测定大豆皮干物质27小时消化率为90.3%、36~48小时可被完全消化。大豆皮的中性洗涤纤维可消化率高达95%。易消化的纤维性副产品（如大豆皮）是冬季牧场很好的粗饲料，优于在冬季饲喂干草。

大豆皮的粗蛋白含量为12.2%，高于玉米的含量（10%），低于小麦麸的含量（17.1%）。大豆皮的净能为8.15兆焦/千克，高于小麦麸的净能（6.72兆焦/千克），低于玉米的净能（8.23兆焦/千克），因此大豆皮可代替一定量的玉米与小麦麸。添加大豆皮也可减少肉牛的代谢病。用大豆皮代替部分谷物饲料，不仅可减少因为高精料日粮导致的酸中毒，形成有利的瘤胃pH值，而且大豆皮能刺激瘤胃液中分解纤维的微生物快速生长，增强降解纤维的活力。

（2）大豆皮的合理利用 大豆皮在肉牛粗料日粮中所占比例不宜过大。大量的试验结果表明，大豆皮不能完全代替肉牛粗饲料。用大豆皮为基础日粮喂肉牛，日增重仅为0.64千克，饲料转化率为10.1%。以大豆皮为基础日粮与以精料为基础日粮对牛增重的影响的试验结果表明，大豆皮日粮比精料日粮日增重低29%，饲料转化率低27%。原因是大豆皮颗粒小、容重大，因此过瘤胃速度快，不利于日粮干物质和纤维素的消化吸收。因此，可以向大豆皮中加干草以减少日粮过瘤胃时间，提高干物质消化率。

在肉牛饲料中添加适量的必需氨基酸。有研究表明，大豆皮为基础的日粮，可能导致肉牛缺乏几种必需氨基酸，从而限制其蛋白质的合成和肌肉的生长。向饲喂大豆皮为基础的日粮中添加适量的蛋氨酸、组氨酸、亮氨酸、缬氨酸等限制性氨基酸，肉牛的生长效果较好。

清除大豆皮中的营养抑制因子。大豆皮含有较高的胰蛋白酶抑制因子，其活性范围超过国家标准规定，影响肉牛消化营养物质和生长性能。建议在每次饲喂前蒸煮大豆皮以清除其抗营养因子。

2. 啤酒糟饲料加工利用技术

（1）啤酒糟的特点 啤酒糟又称为麦糟、麦芽糟，是啤酒工业中的主要副产品。啤酒企业约有 1/3 啤酒产量的副产品，啤酒糟占总副产品的 85％。每投产 100 千克原料，产湿啤酒糟 120～130 千克（含水分 75％～80％），以干物质计为 25～33 千克。因其含水率高、不宜长久贮藏、易腐烂、不便于运输，目前在我国大多数厂家以低价直接出售给农户作饲料，少数厂家将其烘干作饲料，有的甚至直接当废物排放，这样在浪费资源的同时严重破坏了啤酒厂附近的生态环境。

啤酒制造的原料中最大的成分是淀粉，约占 76％，几乎全部转移到麦汁中；蛋白质占 9％，1/3 转移到麦汁中，2/3 保留在啤酒糟中，转移到麦汁中的是游离氨基酸和小分子肽，大分子的蛋白质因与纤维紧密相连则保留在啤酒糟中；纤维和脂肪全部保留在啤酒糟中。纤维几乎全部存在于皮壳中，蛋白质以蛋白颗粒状态存在于糊粉层内部或表面。因此啤酒糟中纤维和蛋白含量均较高。

（2）啤酒糟的加工　啤酒糟含水量高达 80％以上，不易贮存，易腐烂，一般经冷冻、烘干和冷冻干燥后保存。冷冻法的贮存体积较大，啤酒糟中的阿拉伯糖含量会有变化；烘干法和冷冻干燥法可大大减少啤酒糟的贮存体积，且不改变啤酒糟的组成成分。同时烘干比冻干更为经济，并且有利于啤酒糟的再利用，烘干是目前利用最为广泛的一种啤酒糟加工方法。一般烘干法要求烘干啤酒糟的温度低于 60℃，若烘干温度高于 60℃将产生不良气味。根据含水量的不同，啤酒糟可分为湿糟（水分低于 80％）、脱水糟（水分约为 65％）和干燥糟（水分小于 10％）。

3. 甜菜渣饲料加工利用技术

（1）甜菜渣的特点　甜菜渣是制糖工业的副产品，甜菜渣柔软多汁、营养丰富。未经处理的甜菜渣也可称为鲜湿甜菜渣，鲜湿甜菜渣经晾晒后得到干甜菜渣；经烘干制粒后，称为甜菜粕或甜菜渣颗粒。鲜湿甜菜渣也可制成甜菜渣青贮，甜菜渣中主要含有纤维素、半纤维素和果胶，还有少量的蛋白质、糖分等，矿物质中钙多磷少，富含甜菜碱，维生素中烟酸含量高，同时甜菜渣中有较多游离酸，大量饲喂易引起腹泻。无论是鲜湿甜菜渣还是干甜菜渣，均含有较丰富的营养物质，是一种适口性好、营养较丰富的质优价廉的多汁饲料资源，经干燥等处理后是一种廉价的饲料原料。

甜菜渣中中性洗涤纤维占干物质 59％左右，甜菜渣被称为非粗饲料纤维原料，与其他粗饲料相比，甜菜渣纤维的填充性比粗饲料中性洗涤纤维低，长度小，更迅速地被消化，可消化纤维含量高，可以增加采食量，可以有效减少亚急性瘤胃酸中毒引起的蹄叶炎和跛足。对于青年肉牛，甜菜粕还是一种非常重要的优化瘤胃发育的原料。

甜菜渣果胶含量平均为 28% 左右，而多数饲料原料果胶含量少（<3%）。果胶属于非淀粉多糖（NSP），国外普遍作为能量饲料用于肉牛的饲养。碳水化合物的消化和发酵对肉牛的瘤胃功能和生产性能有很大的影响。不同种类的碳水化合物发酵速度不同。果胶同淀粉一样属于发酵速度较快的碳水化合物，发酵后为肉牛提供能量。而果胶由于其分子的半乳糖结构，可通过离子交换和结合金属离子的途径等起缓冲作用，当瘤胃 pH 值下降时果胶发酵速度变慢，从而阻止瘤胃液 pH 值下降和乳酸的生产，保持瘤胃内环境相对稳定。

甜菜中含有甜菜碱、蛋氨酸和胆碱三种甲基供体，它们之间有相互替代作用。甜菜碱是肉牛蛋白质、氨基酸代谢中普遍存在的中间代谢物。如果蛋氨酸供应过量而又缺乏胆碱和甜菜碱，那么大量的高半胱氨酸在体内积蓄，会产生胫骨软骨发育不良和动脉粥样硬化等，日粮中要有足够的胆碱和甜菜碱来满足对不稳定甲基的需要，维持肉牛体的健康。甜菜碱还可以调节脂肪代谢，重新分配体内脂肪。但甜菜碱对犊牛和胎儿有毒害作用，建议围产期母牛不宜食用甜菜渣。

甜菜渣中富含烟酸，烟酸是机体内的一种必需维生素，是重要辅酶 NAD（尼克酰胺腺嘌呤二核苷酸）和 NADP（磷酸尼克酰胺腺嘌呤二核苷酸）的直接前体，参与脂肪酸、碳水化合物和氨基酸的合成与分解。肉牛饲料中和瘤胃微生物合成的烟酸，一般可以满足需要，不需另外添加。但肉牛在某些条件下需要补充烟酸，如日粮中精料比例增加或亮氨酸和精氨酸过量、饲料加工过程中饲料中烟酸和体内可以合成烟酸的色氨酸的破坏。

（2）甜菜渣的加工　可将甜菜渣脱水至 65%～75% 进行窖贮，也可将甜菜渣与其他青饲料或糖蜜等混合，使含水量降至 45%～75% 进行青贮，有条件的地区可添加蛋白含量高的豆科牧草混贮。经厌氧贮藏的甜菜渣比贮藏前的营养价值高，具有香味，适口性好。在青贮中添加氮源（尿素）和碳源（糖蜜）可使青贮的粗蛋白和粗脂肪显著增加，而无氮浸出物有所减少。由于植物本身含有水解尿素的酶，自然环境中存在的微生物也可分解尿素，因而，在贮存过程中，贮料中添加的尿素经水解而产生氨气，对贮料有氨化作用，结果使消化率有增高的趋势。用20％玉米秸秆或10％大麦秸与甜菜混合制成的混青贮，各种碳水化合物含量平衡，干物质含量高，适于直接饲喂肉牛。

将鲜甜菜渣晒干或自然风干后得到干甜菜渣，利于保存，但营养成分损失大。晒干的甜菜渣比新鲜的甜菜渣粗蛋白减少42％。干甜菜渣饲喂育肥牛，1天饲喂5.5千克，用2～3千克的水浸泡，以免干粕被食用后，在瘤胃内大量吸水，破坏瘤胃菌群平衡。

经压榨处理的鲜甜菜渣，在高温或低温中快速干燥，再经压粒机制成颗粒，每100吨甜菜，可生产颗粒粕6吨。颗粒粕与鲜甜菜渣相比，干物质、粗脂肪、粗纤维等含量大大增加。运输方便，利于保存，泡水后体积增大4～5倍。甜菜颗粒粕饲喂奶牛时，每头牛每天2～4千克，最多可达到精料的20％。

加糖蜜干甜菜渣块是尿素理想的载体，它质硬、适口性好，消化慢，能使尿素在瘤胃中放慢释放速度，而且其中的糖分又是瘤胃微生物的速效能来源，所以它有利于尿素的吸收利用。但是加糖蜜干甜菜渣含磷少，必须添加一些矿物质。为提高其营养价值，英国糖业公司生产一种三联渣块，即以加糖蜜干甜菜渣为主，再加入4％的磷酸氢钙和2.8％的尿素。该产品含磷0.72％、粗蛋白质17％。人们认为，可用它作矿物质平衡剂，为饲喂谷物及秸秆的肉牛配制全价日粮。

（3）甜菜渣的利用　用湿甜菜渣饲喂时，每牛1天建议饲喂12千克，青年公牛可饲喂量24千克。但由于鲜渣草酸含量高，过量会引起腹泻，而且湿粕的体积大，所以不宜多喂。可根据牛粪便的干稀，增减甜菜渣的喂量，牛粪干了多喂，牛粪稀了少喂。直接饲喂时，应适当搭配一些干草、青贮、饼粕、糠麸等，以补充其不足的养分。

4. 其他糟渣饲料加工利用技术

（1）红苕渣饲料加工利用技术　红苕渣是红苕（红薯）脱淀粉后的副产物。红苕渣经脱淀粉后，含水量较高，初水在70％～95％。一般农户将红苕渣晾晒达到干红苕渣，工厂化生产主要靠大型脱水设备脱水，一般不烘干处理。红苕渣的含水量因脱水方法和干燥方法而不同，差异较大。红薯中无氮浸出物含量占干物质的86.2％～

88.0%，而磷、粗脂肪、粗纤维和灰分含量较低。红苕渣经脱淀粉处理后，一般其中的养分含量会发生变化，可溶于水的淀粉、蛋白质、纤维、维生素和矿物质将被洗脱掉。红苕渣中含有优良的纤维，是良好的纤维来源。对肉牛而言，粗纤维是一种必需营养素，对肉牛生产性能的发挥具有十分重要的调节作用。故红苕渣中高消化性的粗纤维，使之成为一种优良的肉牛饲料资源。

（2）豆腐渣饲料加工利用技术　豆腐渣是豆腐、腐竹及豆浆等豆制品加工过程中的副产品，由于其水分含量高、易腐败、口感粗糙、不便运储等缺点，一般都被当做饲料或废弃物处理，既浪费了资源又污染了环境。鲜豆腐渣中含有丰富的营养成分，其中的纤维素及半纤维素类等多糖是豆腐渣的主要成分，约占豆腐渣干物质的一半左右，是理想的纤维之一。不仅纤维本身，豆腐渣中丰富的蛋白质类（含多肽、氨基酸）、黄酮类、皂角苷及微量元素等营养物质也不能充分得到利用。由于纤维的大量存在，导致豆腐渣的适口性降低。

（3）果渣饲料加工利用技术　我国每年在果汁加工中耗用水果10000万吨，年排出果渣4000万吨。目前仅有少量果渣被用于深加工或直接作饲料，绝大部分用于堆肥或被遗弃，造成了严重的资源浪费和环境污染。果渣中含一定量的蛋白质、糖分、果胶质、纤维素和半纤维素、维生素和矿质元素等营养成分，是微生物的良好营养基质。

据报道，苹果湿渣中含干物质20.2%、粗蛋白1.1%、粗纤维3.4%、粗脂肪1.2%、无氮浸出物13.7%、粗灰分0.8%、钙及磷含量均为0.02%，微量元素Cu、Fe、Zn、Mn、Se分别为11.8、158.0、15.4、14.0、0.08毫克/千克，总糖15.08%。

5. 常用糟渣饲料的营养价值

生态肉牛规模化养殖常用糟渣类饲料的营养价值见表8-8。

四、青绿多汁饲料加工利用技术

1. 青绿饲料的特点

青绿饲料不仅营养丰富，而且加入到肉牛日粮中，会提高整个日粮的利用率。青绿饲料含有丰富的蛋白质，在一般禾本科和叶菜类中含1.5%～3%（干物质中13%～15%），豆科青饲料中含3.2%～4.4%（干物质中18%～24%）。青绿饲料叶片中的叶蛋白，其氨基

表 8-8　糟渣类饲料的营养价值

原料	干物质/%	综合净能/(RND/千克)	粗蛋白质/%	钙/%	磷/%	可发酵有机物/%
豆腐渣	10.8	0.11	3.3	0.05	0.03	54.45
玉米粉渣	15.0	0.16	1.8	0.02	0.02	50.00
土豆粉渣	15.0	0.12	1.0	0.06	0.04	43.79
豌豆粉渣	12.0	0.09	2.5	0.06	0.02	38.98
绿豆粉渣	14.0	0.02	2.1	0.06	0.03	45.25
木薯粉渣	91.0	0.85	3.0	0.32	0.02	52.77
酱油渣	23.4	0.21	7.1	0.11	0.03	61.90
玉米酒糟	35.0	0.26	6.4	0.09	0.07	53.11
红薯干酒糟	35.0	0.18	5.7	0.36	0.07	28.40
谷糠酒糟	30.0	0.11	3.8	0.13	0.14	20.88
大米酒糟	20.3	0.22	6.0	0.16	0.10	60.21
高粱酒糟	37.7	0.36	9.3	0.23	0.09	53.11
啤酒糟	23.4	0.17	8.8	0.09	0.18	42.08
甜菜渣	11.9	0.08	1.2	0.10	0.03	39.82
橘子渣	89.2	0.81	5.6	0.63	0.10	51.37
苹果渣	89.0	0.68	4.6	0.45	0.21	43.02

酸组成接近酪蛋白，能很快转化为乳蛋白。青绿饲料中含有各种必需氨基酸，尤其是赖氨酸、色氨酸和精氨酸较多，所以营养价值很高。

青绿饲料是肉牛多种维生素的主要来源，能为肉牛提供丰富的 B 族维生素和维生素 C、维生素 E、维生素 K、胡萝卜素。肉牛经常喂青饲料就不会患维生素缺乏病，甚至大大超过肉牛在这方面的营养需要量。但维生素 B_{12} 和维生素 D 缺乏。

青绿饲料含有矿物质，钙、磷丰富，比例适宜，尤其是豆科牧草含量较高。青绿饲料中的铁、锰、锌、铜等必需元素含量也较高，粗纤维含量低，而且木质素少，无氮浸出物较高。植物开花前或抽穗前利用则消化率高。肉牛对优质牧草的有机物消化率可达 75%～85%。

青绿饲料的水分含量高，一般在 $75\%\sim90\%$，每千克仅含消化能 $1255\sim2510$ 千焦，这对肉牛来说，以青绿饲料作为日粮是不能满足能量需要的，必须配合其他饲料，才能满足能量需要。在肉牛生长期可单一用优良青绿饲料饲喂（或放牧），在育肥后期加快育肥时一定要补充谷物、饼粕等能量饲料和蛋白饲料。青绿饲料是一种营养相对均衡的饲料，是一种理想的粗饲料。在规模化生态肉牛养殖中，必须充分生产和利用青绿饲料。

2. 青绿饲料的利用与加工方法

（1）放牧利用方法　青绿饲料是牛放牧的优良草料，是蛋白质和维生素的良好来源。青绿饲料幼嫩时不耐践踏，放牧会影响其生长发育，不宜过早放牧。青草地雨后或有露水时，要根据青草种类的具体情况决定是否放牧，以防破坏草地或由豆科草导致鼓胀病的发生。应注意每次放牧时间不宜过长。

（2）青绿饲料利用方法　青绿饲料费工较多、成本高，但可避免放牧时的践踏、粪尿污染和干燥贮存时养分的损失。与放牧一样，青绿饲料可使牛采食到新鲜幼嫩的饲草，与干草和青贮相比可提高增重、增加产奶量、生物效应好。青饲时，青绿饲料的收割和利用时间应根据各种青绿饲料的适宜刈割期来确定。一般豆科牧草在盛花期收割，禾本科牧草在蜡熟期收割，单位面积产量高，其营养价值也较好。青绿饲料饲喂量应根据青绿饲料的营养价值、牛的生长发育阶段等灵活掌握。在不影响牛的生长发育、生产性能的基础上，尽量增加喂量，以节省精料、降低生产成本。饲喂方法根据具体情况来选择，可以整株饲喂，也可采用切短、粉碎、揉碎等手段处理后饲喂。

（3）晒制干草方法　调制干草的方法有自然干燥法、人工干燥法、人工化学干燥法和机械干燥法。干草的饲用价值受调制方法或调制技术水平的影响。自然条件下晒制的干草，养分损失大，干物质损失率达到 $10\%\sim30\%$，可消化养分损失达到 50% 以上；人工快速干燥的干草，养分损失不到 5%，对消化率几乎无影响。

（4）调制青贮方法　青贮是青绿饲料在密封条件下，经过物理、化学、微生物等因素的相互作用后在相当长的时间内仍能保持其质量相对不变的一种保鲜技术。能有效保持青绿饲料的营养品质，养分损失少。一般禾本科青绿饲料含糖量高，容易青贮。豆科牧草含糖量低，含蛋白质高、易发生酪酸发酵、使青贮料腐败变质，较难制作青贮。但作为优良的牧草资源，进行豆科青绿饲料的青贮调制对于养牛业的发展有着重要的实践意义。因此，在青贮时可使用青贮添加剂或与含糖量多的饲料混合青贮。

（5）打制草捆　草捆是应用最为广泛的草产品，其他草产品基本上都是在草捆的基础上进一步加工而来的。美国出口的草产品中80％以上都是干草捆。草捆加工工艺简单，成本低，主要通过自然干燥法使青绿饲料脱水干燥，然后打捆。

（6）加工草粉和草颗粒　草粉是将适时刈割的青绿饲料经快速干燥后粉碎而成的青绿状草产品。目前，许多国家都把青草粉作为重要的蛋白质、维生素饲料来源。青草粉加工业已逐渐形成一种产业，叫青饲料脱水工业，就是把优质牧草经人工快速干燥后，粉碎成草粉或者再加工成草颗粒，或者切成碎段后压制成草块、草饼等。国内外已经把草粉的绝大部分用于配合饲料，使用量一般为12％～13％。

（7）生产叶蛋白饲料　叶蛋白或称植物浓缩蛋白、绿色蛋白浓缩物，它是以新鲜牧草或青饲料作物茎叶为原料，经改变分子表面电荷致使蛋白质分子变性，溶解度降低，采用磨碎机或压榨机将原料磨碎、压榨过滤后，从纤维物质中分离出浆汁，或加热或溶剂抽提、加酸、加碱而凝集的可溶性蛋白质。叶蛋白饲料比青绿饲料纤维素含量低，能量浓度降低，蛋白质利用率高，能提高肉牛生产性能。

3. 使用青绿饲料注意事项

青绿饲料的营养价值受土壤、肥料、收获期、气候等因素的影响。收获过早，饲料幼嫩，含水分多，产量低、品质差；收获过晚，粗纤维含量高，消化率下降；多雨地区土壤受冲刷，钙质易流失，饲料中钙含量降低，所以应当适时收割。

当牛的日粮由其他草更换为青草时需有7～10天的过渡期，每天逐渐增加青草喂量。突然大幅度更换，易造成牛拉稀，妨碍增重，严重时引起瘤胃胀气，造成死亡。如苜蓿等豆科牧草含有皂角素，有抑制酶的作用，牛大量采食鲜嫩苜蓿后，可在瘤胃内形成大量泡沫样物质，引起鼓胀。收割后的牧草应摊开晾晒，厚度小于20厘米，以免发霉腐败，牛暂时吃不完的要晒制成干草。

在青绿饲料中，如萝卜叶、芥菜叶、油菜叶中都含有硝酸盐。硝酸盐本身对牛无毒或毒性很低，但当有细菌存在时可将硝酸盐还原为亚硝酸盐，亚硝酸盐则具有毒性。青绿饲料堆放时间长、发霉腐败、加热或煮后放置过夜均会促进细菌的作用。因此，在上述情况下，应注意防止亚硝酸盐中毒。亚硝酸盐中毒症状表现为不安、腹痛、呕吐、吐白沫、震颤、呼吸困难、血液呈酱油色等症状，可用1%美兰溶液肌内注射解毒，每千克体重1～2毫升。

一些青绿饲料，如高粱苗、玉米苗、马铃薯幼苗、三叶草、木薯、亚麻叶、南瓜蔓等中含有氰苷配糖体，当这类饲料堆放发霉或霜冻枯萎时则会分解产生氢氰酸。氢氰酸对牛有较强的毒性，中毒症状表现为腹痛、胀痛、呼吸困难，呼出气体有苦杏仁味，站立步态不稳，黏膜呈白色或带紫色，牙关紧闭，最后因呼吸麻痹而死亡。可用1%亚硝酸钠或1%美兰溶液肌内注射解毒。

草木樨和三叶草中含有香豆素，当草木樨霉变或在细菌作用下香豆素即变为双香豆素，后者对维生素 K 有拮抗作用，易造成中毒。草木樨中毒常见症状为血凝时间变慢，皮下出现血肿，鼻流出血样泡沫。出现中毒时可用维生素 K 治疗。此外，还应注意防止用污染了农药的青饲料饲喂肉牛，以免造成农药中毒症的发生。发霉严重的粗饲料会因含有大量霉菌代谢物造成对瘤胃微生物的抑制，导致消化不良、拉稀、麻酱状粪便，严重影响牛的健康甚至导致死亡。

青绿饲料含水分高，刈割后细胞并未死亡，继续进行呼吸代谢等作用，并产生热量，所以在气温较高时，堆放时容易发热。通常应摊开，厚度不要超过 20 厘米，并且不宜严密覆盖和挤压。当气温低于 $-5℃$，含水分多的青绿饲料容易冻结，牛吃大量冰冻饲料会造成瘤胃温度大幅度下降、消化能力降低、消化紊乱、拉稀、孕牛会导致流产等。

4. 常用青绿多汁饲料的营养价值

生态肉牛规模化养殖常用青绿多汁饲料的营养价值见表8-9。

五、矿物质饲料利用技术

1. 常量矿物质饲料

（1）钠源性饲料　钠源性饲料主要有食盐、碳酸氢钠和硫酸钠。食盐又叫氯化钠，具有调味和营养的作用。食盐能促进唾液分泌，促

表 8-9　常用青绿多汁饲料的营养价值

原料	干物质/%	综合净能（RND/千克）	粗蛋白质/%	钙/%	磷/%	可发酵有机物/%
大麦苗	15.7	0.11	2.0	0.12	0.29	38.91
甘薯藤	13.0	0.08	2.1	0.20	0.05	30.21
黑麦草	18.0	0.14	3.3	0.13	0.05	42.90
苜蓿	26.2	0.13	3.8	0.34	0.01	34.60
沙打旺	14.9	0.10	3.5	0.20	0.02	39.68
象草	20.0	0.13	2.0	0.15	0.02	37.66
野草	18.9	0.12	3.2	0.24	0.03	35.70
甘薯	25.0	0.26	1.0	0.13	0.05	33.80
胡萝卜	12.0	0.13	0.3	0.15	0.09	55.69
马铃薯	22.0	0.23	1.6	0.02	0.03	55.69
甜菜	15.0	0.12	2.0	0.06	0.04	46.71
甜菜丝干	88.6	0.80	7.3	0.66	0.07	32.70
芜菁甘蓝	10.0	0.11	1.0	0.06	0.02	33.87

进消化酶的活动，帮助消化。它能提高适口性，增强肉牛的食欲。食盐还是胃液的组成部分，不足会降低饲料利用率，使肉牛被毛粗乱，生长缓慢，啃泥舔墙。植物性饲料中含氯和钠很少，一般不能满足肉牛的需要，所以在肉牛日粮中要补喂食盐。食盐的喂量，可按每100千克干饲料里补加0.2～0.25千克。喂青贮饲料时要比喂干草时多喂食盐，喂青绿多汁饲料时要比喂干枯饲料时多喂食盐，喂高粗料时要比喂高精料时多喂食盐。

碳酸氢钠又名小苏打，为无色结晶粉末，无味，略具潮解性，其水溶液因水解而呈微碱性，受热易分解放出二氧化碳。碳酸氢钠含钠27%以上，生物利用率高，是优质的钠源性矿物质饲料之一。碳酸氢钠不仅可以补充钠，更重要的是其具有缓冲作用，能够调节饲粮电解质平衡和胃肠道pH值。肉牛饲粮中添加碳酸氢钠可以防止精料型饲粮引起的代谢性疾病，提高增重、产奶量和乳脂率，一般添加量为0.5%～2%。

硫酸钠又名芒硝，为白色粉末。含钠 32% 以上、含硫 22% 以上，生物利用率高，既可补钠又可补硫，特别是补钠时不会增加氯含量，是优良的钠、硫来源之一。

（2）钙源性饲料　钙源性饲料主要有石灰石粉、贝壳粉和蛋壳粉等。石灰石粉又称石粉，为天然的碳酸钙（$CaCO_3$），一般含纯钙 35% 以上，是补充钙的最廉价、最方便的矿物质原料。按干物质计，石灰石粉的成分为灰分 96.9%、钙 35.89%、氯 0.03%、铁 0.35%、锰 0.027%、镁 2.06%。

贝壳粉是各种贝类外壳（蚌壳、牡蛎壳、蛤蜊壳、螺蛳壳等）经加工粉碎而成的粉状或粒状产品，多呈灰白色、灰色、灰褐色，主要成分也为碳酸钙，含钙量应不低于 33%。品质好的贝壳粉杂质少，含钙高，呈白色粉状或片状。贝壳粉内常掺杂砂石和泥土等杂质，使用时应注意检查。另外，若贝肉未除尽，加之贮存不当，堆积日久易出现发霉、腐臭等情况，这会使其饲料价值显著降低。选购及应用时要特别注意。

蛋壳粉是禽蛋加工厂或孵化厂废弃的蛋壳经干燥灭菌、粉碎而得。无论蛋品加工后的蛋壳或孵化出雏后的蛋壳，都残留有壳膜和一些蛋白，因此除了含有 34% 左右钙外，还含有 7% 的蛋白质及 0.09% 的磷。应注意蛋壳干燥的温度应超过 82℃，以消除传染病源。

（3）磷源性饲料　磷源性饲料主要有磷酸钙类、磷酸钾类和磷酸钠类饲料。磷酸钙类包括一钙、二钙和三钙。磷酸一钙又称磷酸二氢钙或过磷酸钙，常含有少量碳酸钙及游离磷酸，吸湿性强，且呈酸性。含磷 22% 左右，含钙 15% 左右，利用率比磷酸二钙或磷酸三钙好。由于磷酸二氢钙磷高钙低，在配制饲粮时易于调整钙磷平衡。磷酸二钙也叫磷酸氢钙，为白色或灰白色的粉末或粒状产品，又分为无水盐和二水盐两种，后者的钙、磷利用率较高。含磷 18% 以上，含钙 21% 以上。磷酸三钙又称磷酸钙，饲料用常由磷酸废液制造，为灰色或褐色，并有臭味，经脱氟处理后，称作脱氟磷酸钙，为灰白色或茶褐色粉末，含钙 29% 以上，含磷 15%～18%，含氟 0.12% 以下。

磷酸钾类包括一钾和二钾。磷酸一钾，又称磷酸二氢钾，为无色四方晶系结晶或白色结晶性粉末，因其有潮解性，宜保存于干燥处。含磷 22% 以上，含钾 28% 以上。本品水溶性好，易为肉牛吸收利用，可同时提供磷和钾，适当使用有利于肉牛体内的电解质平衡，促进肉牛生长发育和生产性能的提高。磷酸二钾，也称磷酸氢二钾，一般含磷 13% 以上，含钾 34% 以上，应用同磷酸一钾。

磷酸钠类包括一钠和二钠。磷酸一钠，又称磷酸二氢钠，为白色结晶性粉末，因其有潮解性，宜保存于干燥处。无水物含磷约 25%、含钠约 19%。因其不含钙，在钙要求低的饲料中可充当磷源，在调整高钙、低磷配方时使用不会改变钙的比例。磷酸二钠，也称磷酸氢二钠，呈白色无味的细粒状，无水物一般含磷 18%～22%、含钠 27%～32.5%，应用同磷酸一钠。

（4）含硫饲料　肉牛所需的硫一般认为是有机硫，如蛋白质中的含硫氨基酸等，因此蛋白质饲料是肉牛的主要硫源。但近年来认为无机硫对肉牛也具有一定的营养意义。同位素试验表明，肉牛瘤胃中的微生物能有效地利用无机含硫化合物如硫酸钠、硫酸钾、硫酸钙等合成含硫氨基酸和维生素。硫的来源有蛋氨酸、胱氨酸、硫酸钠、硫酸钾、硫酸钙、硫酸镁等。就肉牛而言，蛋氨酸的硫利用率为 100%，硫酸钠中硫的利用率为 54%，元素硫的利用率为 31%，且硫的补充量不宜超过饲粮干物质的 0.05%。

（5）含镁饲料　饲料中含镁丰富，一般都在 0.1% 以上，因此不必另外添加。但早春牧草中镁的利用率很低，有时会使放牧肉牛因缺镁而出现"草痉挛"，故对放牧的肉牛以及用玉米作为主要饲料并补加非蛋白氮饲喂的牛，常需要补加镁，一般用氧化镁。饲料工业中使用的氧化镁一般为菱镁矿在 800～1000℃ 下煅烧的产物，此外还可选用硫酸镁、碳酸镁和磷酸镁等。

（6）天然矿物质饲料　天然矿物质饲料主要有麦饭石、膨润土、沸石。麦饭石为黄色或灰黄色、黄白色相间，中粗粒结构，颗粒疏松，刚性差，积聚如一团麦饭，如豆如米，一般粉碎后使用。麦饭石含有多种有益元素，且溶出性较高。麦饭石进入胃肠道中，在酸性条件下溶出无机离子，被机体吸收后参与酶促反应，调节新陈代谢，促进生长；麦饭石能吸附有毒有害物质，还可增强机体的细胞免疫功能，这样能增加饲料养分的吸收，减少机体对营养的消耗。每头肉牛每天可喂 150～250 克，混于饲料中饲喂。

膨润土为淡黄色，粉碎后呈干粉末状，俗称"白黏土"、"白土"。

膨润土含有对畜体有益的矿物质元素，可使酶、激素的活性或免疫反应发生，有利于畜体的变化，可以吸收体内有害物质，如氨气、硫化氢气体，吸附胃肠中的病菌，抑制其生长。在每 100 千克肉牛精料混合料中，均匀混入 1～3 千克膨润土饲喂。

沸石为浅灰白或浅褐色，粉碎成细末，在高温加热时呈沸腾状，故名沸石。沸石能吸附胃肠道中有害气体，并将吸附的氨离子缓慢释放，供肉牛利用合成菌体蛋白，并增强畜体蛋白质的生成和沉积。对机体酶有催化作用，改善瘤胃环境，瘤胃微生物对纤维素分解能力增强，使饲料消化率提高。可在每 100 千克肉牛精料混合料中加入 4～6 千克，混匀饲喂。

2. 微量矿物质饲料

（1）微量元素饲料特点　微量元素是指肉牛体内含量低于 0.01% 的元素。微量元素含量虽少，但在肉牛代谢和免疫中起重要作用，肉牛日粮含量过低或过高均会引发代谢障碍或者生长减慢，严重的还会引起肉牛中毒。因此，微量元素缺多少补多少。在实践中，可对饲料中含有的微量元素忽略不计，而用添加剂来满足牛的营养需求。常用的有铁、锌、锰、铜、碘、硒和钴等。由于在日粮中的添加量少，微量元素添加剂几乎都是用纯度高的化工生产产品为原料，常用的主要是各元素的无机盐或有机盐以及氧化物、氯化物。近些年来对微量元素络合物，特别是与某些氨基酸、肽或蛋白质、多糖及 ED-TA（乙二胺四乙酸）等的络合物，用作饲料添加剂的研究和产品开发有了很大进展。大量研究结果显示，这些微量元素络合物的生物学效价高、毒性低、加工特性也好，但价格较昂贵。

（2）常用微量元素饲料　肉牛生态规模化养殖常用微量元素饲料添加剂及元素含量见表 8-10。

六、青贮饲料加工利用技术

1. 原料的适时收割

优质青贮原料是调制优良青贮饲料的物质基础。在适当的时期对青贮原料进行刈割，可以获得最高产量和最佳养分含量。根据饲料的青贮糖差，可将青贮原料分为三类。第一类为易于青贮的原料，如玉米、高粱、禾本科牧草、甘薯藤、南瓜、菊芋、向日葵、芜菁、甘蓝

表 8-10　常用微量元素饲料添加剂及元素含量

化合物名称	化学式	提供的微量元素	微量元素含量/%
硫酸铜	$CuSO_4 \cdot 5H_2O$	铜	25.5
	$CuSO_4 \cdot H_2O$	铜	38.8
碳酸铜	$CuCO_3$	铜	51.4
硫酸锌	$ZnSO_4 \cdot 7H_2O$	锌	22.7
	$ZnSO_4 \cdot H_2O$	锌	36.5
氧化锌	ZnO	锌	80.3
碳酸锌	$ZnCO_3$	锌	52.2
硫酸锰	$MnSO_4 \cdot 4H_2O$	锰	22.8
	$MnSO_4 \cdot H_2O$	锰	32.5
氧化锰	MnO	锰	27.4
碳酸锰	$MnCO_3$	锰	47.8
硫酸亚铁	$FeSO_4 \cdot 7H_2O$	铁	20.1
	$FeSO_4 \cdot H_2O$	铁	32.9
碳酸亚铁	$FeCO_3 \cdot H_2O$	铁	41.7
亚硒酸钠	Na_2SeO_3	硒	45.6
硒酸钠	Na_2SeO_4	硒	41.8
碘化钾	KI	碘	76.5
氯化钴	$CoCl_2$	钴	45.4

等，这类饲料中含有适量或较多易溶性碳水化合物，具有较大的青贮糖差；第二类是不易于青贮的原料，如苜蓿、三叶草、草木樨、大豆、豌豆、紫云英、马铃薯叶等，均为负青贮糖差，即含碳水化合物较少，达不到适合青贮的含糖量，这类饲料宜与第一类混贮；第三类是不能单独青贮的原料，如南瓜蔓、西瓜蔓等，这类植物含糖量极低，单独青贮不易成功，只有与其他易于青贮的原料混贮或添加碳水化合物，或加酸青贮，才能成功。

选择青贮原料时还需注意其含水量，适时收割的原料含水量通常为75%~80%或更高，适宜青贮的含水量为65%~75%。以豆科牧草作原料时，其含水量以60%~70%为宜。一般来说，将青贮的原料切碎后，握在手里，手中感到湿润，但不滴水，这个时机较为适宜。如果水分偏高，收割后可晾晒一天再贮。含水量不足，可以添加清水。加水数量要根据原料的实际含水多少，计算应加水的数量。

2. 切碎

原料切碎后，使植物细胞渗出汁液润湿饲料表面，有利于乳酸菌的繁殖和青贮饲料品质的提高。便于装填和压实，节约踩压的时间；有利于排除青贮窖内的空气，尽早进入密封状态，阻止植物呼吸，形成厌氧条件，减少养分损失，添加剂能均匀撒在原料中。切碎的程度取决于原料的粗细、软硬程度、含水量、铡切工具等。禾本科和豆科牧草及叶菜类等切成 2～3 厘米，大麦、燕麦、牧草等茎秆柔软，其切碎长度为 3～4 厘米。

3. 装填与压实

切碎的原料在青贮设施中都要装匀和压实，而且压得越实越好，尤其是靠近窖壁和窖角的地方不能留有空隙，以减少空气，利于乳酸菌的繁殖和抑制好气性微生物的活力。如果是土窖，窖的四周应铺垫塑料薄膜，以避免饲料接触泥土被污染，影响青贮发酵。砖、石、水泥结构的永久窖则不需铺塑料薄膜。小型青贮窖可人力踩踏，大型青贮窖则用履带式拖拉机来压实。用拖拉机压实要注意不要能带进泥土、油垢、金属等污染物，压不到的边角可人力踩压。青贮原料装填过程应尽量缩短时间，小型窖应在 1 天内完成，中型窖 2～3 天，大型窖 3～4 天。

4. 密封与管理

原料装填压实之后，应立即密封和覆盖。其目的是隔绝空气与原料接触，并防止雨水进入。一般原料装填到高出窖口 40～50 厘米，长方形窖形成鱼脊背式，圆形窖成馒头状，然后进行密封和覆盖。密封和覆盖可先盖一层细软的青草，草上再盖一层塑料薄膜，并用泥土堆压靠在青贮窖或壕壁处，然后用适当的盖子将其盖严；也可在青贮料上盖一层塑料膜，然后盖 30～50 厘米的湿土；如果不用塑料薄膜，需在压实的原料上面加盖约 3～5 厘米厚的软青草一层，再在上面覆盖一层 35～45 厘米厚的湿土。窖四周要把多余泥土清理好，挖好排水沟，防止雨水流入窖内。封窖后应每天检查盖土下沉的状况，并将下沉时盖顶上所形成的裂缝和孔隙用泥巴抹好，以保证高度密封，在青贮窖无棚的情况下，窖顶的泥土必须高出青贮窖的边缘，并呈圆顶形，以免雨水流入窖内。

5. 青贮饲料的品质鉴定

（1）感官鉴定　感官鉴定就是根据青贮饲料的颜色、气味、口味、质地、结构等指标，通过感官评定其品质好坏的方法称为感官鉴定。芳香味重，绿色或黄绿色有光泽，湿润，松散柔软，不黏手，茎叶花能辨认清楚，给人以舒适感的为良好青贮饲料。可参照表 8-11进行评分鉴定，总分 16～20 为一级（优良）、总分 10～15 为二级（尚好）、总分 5～9 为三级（中等）、总分 0～4 为四级（腐败）。

表 8-11　青贮饲料感官评定标准

项目	评　分　标　准	分数
气味	无丁酸臭味，有芳香果味或明显的面包香味	14
	有微弱的丁酸臭味，或较强的酸味，芳香味弱	10
	丁酸味颇重，或有刺鼻的焦烟臭或霉味	4
	有很强的丁酸臭或氨味，或几乎无酸味	2
结构	茎叶结构保持良好	4
	叶子结构保持较差	2
	茎叶结构保存极差或发现有轻度霉菌或轻度污染	1
	茎叶腐烂或污染严重	0
色泽	与原料相似，烘干后呈淡褐色	2
	略有变色，呈淡黄色或带褐色	1
	变色严重，墨绿色或褪色呈褐色，呈较强的霉味	0

（2）实验室鉴定　实验室鉴定的内容包括青贮饲料的氢离子浓度（pH 值）、各种有机酸含量、微生物种类和数量、营养物质含量变化以及青贮饲料可消化性及营养价值等。就常规青贮饲料来说，pH 值4.2 以下为优、4.2～4.5 为良、4.6～4.8 为可利用、4.8 以上不能利用。半干青贮饲料不以 pH 为标准，而根据感官鉴定结果来判断。青贮中有机酸包括乳酸、乙酸、丙酸和丁酸。青贮饲料中乳酸占总酸的比例越大，说明青贮饲料的品质越好。氨态氮与总氮的比例越大，品质越差。标准为 10% 以下为优、10％～15％为良、15％～20％为一

般、20％以上为劣。

6. 青贮饲料的利用

饲喂青贮饲料的饲槽要保持清洁卫生。每天必须清扫干净饲槽，以免剩料腐烂变质。青贮饲料是一种优质多汁饲料，第一次饲喂青贮饲料，有些肉牛可能不习惯，可将少量青贮饲料放在食槽底部，上面覆盖一些精饲料，等肉牛慢慢习惯后，再逐渐增加饲喂量。

青贮饲料取出后，应及时密封窖口，以防青贮饲料长期暴露在空气中发霉变质，饲喂肉牛后引起中毒或其他疾病。

青贮饲料虽然是一种优质饲料，但饲喂时必须按肉牛的营养需要与精料和其他饲料进行合理搭配。刚开始饲喂时，可先喂其他饲料；也可将青贮饲料和其他饲料拌在一起饲喂，以提高饲料利用率。常用青贮饲料的营养价值见表 8-12。

表 8-12　常用青贮饲料的营养价值

原料	干物质/％	综合净能/（RND/千克）	粗蛋白质/％	钙/％	磷/％	可发酵有机物/％
玉米青贮	22.7	0.12	1.6	0.10	0.06	31.60
苜蓿青贮	33.7	0.16	5.3	0.50	0.10	40.10
甜菜叶青贮	37.5	0.26	4.6	0.39	0.10	34.50

七、青干草饲料加工利用技术

1. 青干草饲料加工基本原则

（1）尽量加速牧草的脱水，缩短干燥时间，以减少由于生理、生化作用和氧化作用造成营养物质的损失。尤其要避免雨水淋溶。

（2）在干燥末期应力求植物各部分的含水量均匀。

（3）牧草在干燥过程中，应防止雨露的淋湿，并尽量避免在阳光下长期暴晒。

（4）集草、聚堆、压捆等作业，应在植物细嫩部分尚不易折断时进行。

（5）豆科牧草的叶片在叶子含水量为 26％～28％时开始脱落；禾本科牧草在叶片含水量为 22％～23％，即牧草全株的总含水量在

40%以下时，叶片开始脱落。为了保存营养价值高的叶片，搂草和集草作业应在此之前进行。

（6）由于牧草干燥时间的长短实际上取决于茎干燥时间的长短。如豆科牧草及一些杂类草当叶片含水量降低到15%～20%时，茎的水分仍为35%～40%，所以加快茎的干燥速度，就能加快牧草的整个干燥过程。

2. 青干草质量评定技术

（1）化学分析　通过分析饲料中的化学成分，评定青干草的质量。一般粗蛋白质、胡萝卜素、中性洗涤纤维、酸性洗涤纤维是青干草品质评定的重要测定指标。美国以粗蛋白质等7项指标制定了豆科、禾本科、豆科与禾本科混播干草的六个等级，粗蛋白质含量大于19%为一级、17%～19%为二级、14%～16%为三级、11%～13%为四级、8%～10%为五级、小于8%为六级。

（2）感官判断

① 收割时期　适时收割的青干草一般颜色较青绿，气味芳香，叶量丰富，茎秆质地柔软，营养成分含量高，消化率高。

② 颜色气味　优质干草呈绿色，绿色越深，其营养物质损失就越小，所含可溶性营养物质、胡萝卜素及其他维生素越多，品质越好。保存不好的牧草可能因为发酵产热，温度过高，颜色发暗或变褐色，甚至黑色，品质较差。优质青干草具有浓厚的芳香味，如果干草有霉味或焦灼的气味，其品质不佳。

③ 叶片含量　干草中的叶量多，品质就好。这是因为干草叶片的营养价值较高，所含的矿物质、蛋白比茎秆中的多1～1.5倍、胡萝卜素多10～15倍、纤维素少1～2倍、消化率高40%。鉴定时取一束干草，看叶量的多少。优质豆科牧草干草中叶量应占干草总质量的50%以上。

④ 牧草形态　初花期或以前收割的牧草，干草中含有花蕾，未结实花序的枝条也较多，叶量丰富，茎秆质地柔软，品质好；若刈割过迟，干草中叶量少，带有成熟或未成熟种子的枝条的数目多，茎秆坚硬，适口性、消化率都下降，品质变劣。

⑤ 牧草组分　干草中优质豆科或禾本科牧草占有的比例大时，品质较好，而杂草数目多时品质差。

⑥ 含水量　干草含水量应为 15%～17%，超过 20% 时，不利于贮藏。

⑦ 病虫害情况　由病虫侵害过的牧草调制成的干草，其营养价值较低，且不利于肉牛健康。鉴定时抓一把干草，检查叶片、穗上是否有病斑出现，是否带有黑色粉末等，如果发现带有病斑，则不能饲喂肉牛。

3. 常用青干草的营养价值

生态肉牛规模化养殖常用青干草的营养价值见表 8-13。

表 8-13　常用青干草的营养价值

原料	干物质/%	综合净能/(RND/千克)	粗蛋白质/%	钙/%	磷/%	可发酵有机物/%
羊草	91.6	0.46	7.4	0.37	0.18	28.40
苜蓿干草	92.4	0.56	16.8	1.95	0.28	39.50
野干草	87.9	0.44	9.3	0.33	0.31	32.70
黑麦草	87.8	0.62	17.0	0.39	0.24	38.77
碱草	91.7	0.29	7.4	0.42	0.13	28.26

八、农作物秸秆饲料加工利用技术

1. 秸秆饲料的物理加工利用技术

（1）机械加工　机械加工是指利用机械将粗饲料铡碎、粉碎或揉碎，这是粗饲料利用最简便又常用的方法。尤其是秸秆饲料比较粗硬，加工后便于咀嚼，减少能耗，提高采食量，并减少饲喂过程中的饲料浪费，增加瘤胃微生物对秸秆的接触面积，可提高进食量和通过瘤胃的速度。物理加工对玉米秸和玉米蕊很有效。与不加工的玉米秸相比，铡短粉碎后的玉米秸可以提高采食量 25%、提高饲料利用率 35%、提高日增重。农谚讲"寸草铡三刀，没料也上膘"就是这个道理。

（2）热加工　目前热加工秸秆的方法主要有蒸煮、膨化和高压蒸汽裂解。将切碎的秸秆放在容器内加水蒸煮，以提高秸秆饲料的适口性和消化率。在 2.07×10^6 帕压力下处理稻草 1.5 分钟，可获得较好的效果。如压力为 $7.8 \times 10^5 \sim 8.8 \times 10^5$ 帕时,需处理 $30 \sim 60$ 分钟。

膨化是利用高压水蒸气处理后突然降压以破坏纤维结构的方法,对秸秆甚至木材都有效果。膨化可使木质素低分子化和分解结构性碳水化合物,从而增加可溶性成分。麦秸在气压 7.8×10^5 帕下处理 10分钟,喷放压力为 $1.37 \times 10^6 \sim 1.47 \times 10^6$ 帕时,干物质消化率和肉牛增重速度均有显著提高。

高压蒸汽裂解是将各种农林副产物,如稻草、蔗渣、刨花、树枝等置入热压器内,通入高压蒸汽,使物料连续发生蒸汽裂解,以破坏纤维素和木质素的紧密结构,并将纤维素和半纤维素分解出来,以利于肉牛消化。

(3)盐化和 γ 射线处理 盐化是将铡碎或粉碎的秸秆饲料,用 1%的食盐水与等重量的秸秆充分搅拌后,放入容器内或在水泥地面堆放,用塑料薄膜覆盖,放置 $12 \sim 24$ 小时,使其自然软化,可明显提高适口性和采食量。在东北地区广泛利用,效果良好。另外,还有利用射线照射以增加饲料的水溶性部分,提高其饲用价值。有人曾用 γ 射线对低质饲料进行照射,有一定的效果。

2. 秸秆饲料的化学加工利用技术

(1)碱化处理 碱化是通过碱类物质的氢氧根离子打断木质素与半纤维素之间的酯键,使大部分木质素（60%～80%）溶于碱中,把镶嵌在木质素与半纤维素复合物中的纤维素释放出来。同时,碱类物质还能溶解半纤维素,也有利于肉牛对饲料的消化,提高粗饲料的消化率。碱化处理所用原料主要是氢氧化钠和石灰水。

氢氧化钠处理可将秸秆放在盛有 1.5%氢氧化钠溶液池内浸泡 24小时,然后用水反复冲洗至中性,湿喂或晾干后喂肉牛。或用占秸秆质量 4%～5%的氢氧化钠配制成 30%～40%的溶液,喷洒在粉碎的秸秆上,堆放数日,直接饲喂肉牛。

石灰水处理可将 3 千克生石灰,加水 200～300 千克制成石灰乳,将石灰乳均匀喷洒在 100 千克粉碎的秸秆上,堆放在水泥地面上,经 1～2 天后直接饲喂肉牛。

(2)氨化处理 先将优质干燥秸秆切成 2～3 厘米,含水量在 10%以下（麦秸、玉米秸必须切成 2～3 厘米,而且要揉碎,稻草为 7 厘米长）。将尿素配成 6%～10%水溶液,如秸秆很干燥可配成 6%

水溶液，反之浓度可高些。为了加速溶解，可用 40℃ 的热水搅拌溶解。如用 0.5% 的盐水配制，适口性更好。

每 100 千克秸秆喷洒尿素水溶液 30～40 千克左右，使尿素含量每 100 千克秸秆中为 2～3 千克左右，边洒边搅拌，使秸秆与尿素均匀混合，尿素溶液喷洒的均匀度是保证秸秆氨化饲料质量的关键。把拌好的稻草放入氨化池（不漏气的水泥池）、塑料袋、缸、干燥的地窖都可以，压实密封，密封方法与青贮相同。夏季 10 天，春秋季半个月，冬季 30～45 天左右即可腐熟使用。

氨化秸秆在饲喂之前应进行品质检验，以确定能否用于饲喂肉牛。一般氨化好的秸秆柔软蓬松，用手紧握没有明显的扎手感。颜色与原色相比都有一定变化，经氨化的麦秸颜色为杏黄色，未氨化的麦秸为灰黄色；氨化的玉米秸为褐色，其原色为黄褐色，如果呈黑色或棕黑色，黏结成块，则为霉败变质；氨化秸秆 pH 为 8.0 左右时，有煳香味和刺鼻的氨味。

氨化秸秆饲喂时，需放氨 1～2 天，消除氨味后，方可饲喂。放氨时，应将刚取出的氨化秸秆放置在远离牛舍的地方，以免释放出的氨气刺激人、畜呼吸道和影响肉牛的食欲，若秸秆湿度较小，天气寒冷，通风时间应稍长。每次取用量根据用量而定，其余的再密封起来，以防放氨后含水量仍很高的氨化秸秆在短期内饲喂不完而发霉变质。氨化秸秆喂牛应由少到多，少给勤添。刚开始饲喂时，可与谷草、青干草等搭配，7 天后即可全部喂氨化秸秆。使用氨化秸秆也要注意合理搭配日粮，喂氨化秸秆适当搭配些精料混合料，以提高育肥效果。

3. 秸秆生物发酵技术

（1）秸秆生物发酵适宜的菌种　秸秆饲料的生物学处理主要指微生物的处理。其主要原理是利用某些有益微生物，在适宜培养的条件下，分解秸秆中难以被肉牛利用的纤维素或木质素，并增加菌体蛋白、维生素等有益物质，软化秸秆，改善味道，从而提高秸秆饲料的营养价值。在秸秆饲料微生物的处理方面，筛选出一批优良菌种用于发酵秸秆，如层孔菌、裂褶菌、多孔菌、担子菌、酵母菌、木霉等。

（2）秸秆饲料发酵方法　首先将准备发酵的秸秆饲料如秸秆、树叶等切成 20～40 毫米的小段或粉碎。然后按每 100 千克秸秆饲料加入用温水化开的 1~2 克菌种，搅拌均匀，使菌种均匀分布于秸秆饲料中，边翻搅，边加水，水以 50℃ 的温水为宜。水分掌握以手握紧饲料，指缝有水珠，但不流出为宜。将搅拌好的饲料，堆积或装入缸中，插入温度计，上面盖好一层干草粉，当温度上升到 35~45℃ 时，翻动一次。最后，堆积或装缸，压实封闭 1~3 天，即可饲喂。

制作瘤胃发酵饲料时，也可添加其他营养物。瘤胃微生物必须有一定种类和数量的营养物质，并稳定在 pH 值 6~8 的环境中，才能正常繁殖。秸秆饲料发酵的碳源由秸秆饲料本身提供，不足时再加；氮可添加尿素替代；加入碱性缓冲剂及酸性磷酸盐类，也可用草木灰替代碱。

（3）发酵饲料的利用　发酵好的饲料，干的浮在上面，稀的沉在下层，表层有一层灰黑色，下面呈黄色。原料不同，色泽也不同，如高粱秸呈黄色、黏、呈酱状。若表层变黑，表明漏进了空气。味道有酸臭味，不能有腐臭味，否则已变坏。用手摸，纤维软化，将滤纸装在塑料纱窗布做好的口袋内，置于缸内 1/3 处，与饲料一同发酵，经48 小时后，慢慢拉出，将口袋中的饲料冲掉，滤纸条已断裂，说明纤维分解能力强，反之则弱。发酵好的饲料可直接饲喂肉牛。

4. 常用秸秆类饲料的营养价值

生态肉牛规模化常用青干草的营养价值见表 8-14。

表 8-14　常用青干草的营养价值

原料	干物质/%	综合净能/(RND/千克)	粗蛋白质/%	钙/%	磷/%	可发酵有机物/%
玉米秸	90.0	0.31	5.9	0.39	0.23	31.30
小麦秸	89.6	0.24	5.6	0.05	0.06	21.02
稻草	89.4	0.24	2.5	0.07	0.05	19.77
谷草	90.7	0.34	4.5	0.34	0.03	27.84
甘薯秧	88.0	0.41	8.1	1.55	0.11	35.40
花生秧	91.3	0.53	11.0	1.29	0.03	31.95

九、添加剂饲料的利用技术

1. 非蛋白氮饲料利用技术

（1）非蛋白氮饲料的种类　凡含氮的非蛋白可饲物质均称为非蛋

白氮饲料（NPN），NPN 包括饲料用的尿素、双缩脲、氨、铵盐及其他合成的简单含氮化合物。作为简单的纯化合物质，NPN 对肉牛不能提供能量，其作用只是供给瘤胃微生物合成蛋白质所需的氮源，节省饲料蛋白质。目前，世界各国大都用 NPN 作为肉牛蛋白质营养的补充来源，效果显著。

（2）非蛋白氮饲料的利用

① 尿素的饲喂对象为 6 个月以上的肉牛，用量不能超过饲粮总氮量的 1/3，或占饲粮总量的 1%，或按照 100 千克体重饲喂 15～20克/天。美国 NRC（1984）推荐的尿素用量计算公式为：

尿素潜力（克/千克干物质）＝11.78NEm＋6.85－0.0357CP×DEG

式中：NEm 为维持净能（兆卡/千克）；

CP 为饲料粗蛋白含量（%）；

DEG 为饲料中蛋白质在瘤胃中的降解率（%）。

例如，某牛场育肥牛的日粮维持净能为 1.6 兆卡/千克干物质、粗蛋白含量为 12%、蛋白质在瘤胃的降解率为 50%、尿素潜力为4.278 克/千克干物质。

② 饲粮中易被消化吸收的碳水化合物的数量是影响尿素利用效率的最主要的因素。饲喂尿素时要注意日粮中有适当的籽实类饲料。

③ 供给肉牛适量的天然饲料蛋白质，其水平占饲粮的 9%～12%，以促进菌体蛋白的合成。粗饲料中粗纤维含量高，不利于利用尿素的微生物繁殖，也达不到使用尿素的目的。

④ 供给适量的硫、钴、锌、铜、锰等微量元素，可为微生物合成含硫氨基酸和吸收利用氮素提供有利条件。

⑤ 供给适量的维生素，特别是维生素 A、维生素 D，以保证微生物的正常活性。

⑥ 要控制尿素在瘤胃中分解的速度。能使瘤胃微生物最大限度地发挥其利用效率的氨的最适宜量为 100 毫升瘤胃液中含有 20 毫克氨。瘤胃中大量的微生物会迅速利用氨产生大量有机酸，除了能够缓慢释放氮外，还能为氨基酸的合成提供支链脂肪酸。

⑦ 尿素不宜单一饲喂，应与其他精料合理搭配。豆粕、大豆、南瓜等饲料含有大量脲酶，切不可与尿素一起饲喂，以免引起中毒。浸泡粗饲料投喂或调制成尿素青贮料（0.3%～0.5%）饲喂，与糖浆

制成液体尿素精料投喂或做成尿素颗粒料、尿素精料砖等也是有效的利用方式。

⑧ 尿素用量过多可引起肉牛氨中毒，主要表现为气喘、走路不稳、运动失调、流涎和产生瘤胃臌气，甚至导致死亡。氨中毒可通过加酸而得到缓解，将醋酸溶入冷水中，对肉牛进行饲喂可以减少氨的吸收，冷水还具有稀释瘤胃氨的浓度，降低尿素转化为氨的速度。

2. 氨基酸饲料添加剂利用技术

瘤胃微生物可合成牛所需要的各种氨基酸，但是对于快速生长的肉牛来说，赖氨酸、蛋氨酸、色氨酸、胱氨酸、精氨酸是主要的限制性氨基酸。近年来，人们开发研制出了一些可以免遭瘤胃微生物降解的保护性氨基酸添加剂，如德国 Degussa 公司推广使用的 N-羟甲基蛋氨酸，商品名为麦普伦（Mepron），其蛋氨酸效价为 67.6%。

3. 维生素饲料添加剂利用技术

（1）维生素 A 和胡萝卜素　青绿饲料和黄玉米含有丰富的胡萝卜素，胡萝卜素也叫维生素 A 原，在肉牛体内可以转化为维生素 A。添加化学合成的维生素 A，可以拌在饲料中，也可以肌内注射。

（2）维生素 D　对舍饲肉牛要补充维生素 D。如果肉牛晒太阳的时间在 6 小时以上，就不需要在日粮内另外补加维生素 D。缺乏维生素 D 时肉牛易患佝偻病和软骨症。

（3）维生素 E　维生素 E 对肉牛繁殖和肌肉的质量有影响。植物的叶、谷物都含有较多的维生素 E。一般肉牛的饲料内不需要添加。但是，对应激、运输和免疫能力差的肉牛，应该补充维生素 E。

（4）维生素 K　瘤胃微生物能合成足够的维生素 K，无需在肉牛日粮内添加。

（5）B 族维生素　8 周龄前的犊牛要补充 B 族维生素，8 周龄后瘤胃微生物能合成足够的 B 族维生素，不需再补加。维生素遇阳光直射，温度过高、湿度过大都会使效能下降。盛放的容器要密封、避光、防潮，温度最好在 20℃ 以下。多数维生素和矿物质微量元素能相互作用而失效，最好不要把它们混在一起使用。夏季大量饲喂青绿饲料时可少添或不添维生素。

4. 瘤胃调控剂利用技术

目前常用的瘤胃调控剂有莫能菌素、维吉尼亚霉素、拉沙里霉素、莱特洛霉素和杆菌肽锌等。莫能菌素是最常用的瘤胃调控剂，莫能菌素又名瘤胃素，它的主要作用是通过减少甲烷气体能量损失和饲料蛋白质降解、脱氨损失，控制和提高瘤胃发酵效率，从而提高增重速度及饲料转化率，莫能菌素对肉牛瘤胃鼓胀病也有缓解作用。有报道，放牧肉牛及以粗饲料为主舍饲的肉牛，每头每天添加150～200毫克，日增重比对照牛提高 13.5% ～15%，放牧犊牛日增重提高 23%～45%。高精料强度育肥舍饲牛，每头每天添加150～200毫克，日增重比对照牛提高 1.6%。每千克增重减少饲料消耗 7.5%。

5. 缓冲剂的利用技术

缓冲剂是一类能增强溶液酸碱缓冲能力的化学物质。一般认为在牛高精料日粮、大量酸性青贮料、啤酒糟或者饲料加工过细的日粮中，添加缓冲剂可调整瘤胃 pH，中和胃酸，增进食欲，保证牛的健康，有助于提高牛的生产性能，并控制奶牛乳脂率下降，使瘤胃内环境更适合微生物生长。比较理想的缓冲剂首推碳酸氢钠（小苏打），其次是氧化镁，乙酸钠近年也引起重视。碳酸氢钠添加量因牛的日粮而异，通常占精料补充料的 1.5%。氧化镁用量一般占精料补充料的0.75% 或占整个日粮干物质的 0.3%～0.5%。碳酸氢钠与氧化镁二者同时使用效果更好，合用比例以 (2～3)：1 较好。乙酸钠用量为每千克体重饲喂 0.50 克。均匀混合于饲料中饲喂。

6. 中草药饲料添加剂

(1) 健运脾胃，消积导滞，行气消胀类　常用的有神曲、麦芽、山楂、陈皮、香附、芒硝、青皮、枳壳、元明粉等，用它们作添加剂，消食导滞，理气健脾，能维持脾胃运化功能旺盛，促进消化，提高饲料利用率。

(2) 调整畜体气血阴阳类　常用的有黄芪、刺五加、杜仲、白芍、山药、山茱萸、党参、枸杞、淫羊藿、阳起石、巴戟天等。这些药物壮气壮阳，养血滋阴，能增强体质，促进新陈代谢，提高生产力。

(3) 清热、涩肠、止痢、驱虫消积类　常用的有黄连、黄柏、金银花、马齿苋、苦参、仙鹤草、地榆、常山等，这些药物可除邪清热，驱虫消积，预防疾病，提高生产性能，促进生长发育。

第三节 生态肉牛规模化养殖的饲料配方设计

一、肉牛配合饲料

肉牛日粮是指 1 头牛一昼夜所采食的各种饲料的总量。根据肉牛饲养标准和饲料营养价值表，选取几种饲料，按一定比例相互搭配而成日粮。要求日粮中含有的能量、蛋白质等各种营养物质的数量及比例能够满足一定体重、一定阶段、一定增重的需要量，这就叫全价日粮或平衡日粮。为了使用方便，饲喂前将日粮的所有或部分原料配合在一起，就称为配合饲料。配合饲料按营养成分和用途可分类为全价配合饲料、混合饲料、浓缩饲料、精料混合料、预混合饲料等。肉牛配合饲料中各种原料所占的比例就称为配方。肉牛主要配合饲料组成中所含饲料原料见表 8-15。

表 8-15 肉牛饲料分类及特点

配合饲料类型	所含饲料原料	备 注
肉牛全价饲料	粗饲料＋青饲料＋青贮饲料＋能量饲料＋蛋白质饲料＋矿物质饲料＋维生素饲料＋添加剂＋载体或稀释剂	精粗混合饲喂用量：100%
混合饲料	青饲料＋能量饲料＋蛋白质饲料＋矿物质饲料	用量：100%
肉牛精料补充料	能量饲料＋蛋白质饲料＋矿物质饲料＋维生素饲料＋添加剂＋载体或稀释剂	用量占全价粮干物质：15%～40%
浓缩饲料	蛋白质饲料＋矿物质饲料＋维生素饲料＋添加剂＋载体或稀释剂	用量占肉牛精料补充料：20%～40%
超级浓缩料	少量蛋白质饲料＋矿物质饲料＋维生素饲料＋添加剂＋氨基酸＋载体或稀释剂	用量占肉牛精料补充料：10%～20%
基础预混料	矿物质饲料＋维生素饲料＋添加剂＋氨基酸＋载体或稀释剂	用量占肉牛精料补充料：2%～6%
添加剂预混料	微量矿物元素＋维生素饲料＋添加剂＋载体或稀释剂	用量占肉牛精料补充料：≤1%

二、饲料配方的设计要求

1. 经济生态原则

（1）要求所选用的饲料原料价格适宜，选择时要因地制宜、就近取材，促进生态平衡。

（2）在肉牛生产中，由于饲料费用占饲养成本的 70% 左右，配合日粮时，必须因地制宜、巧用饲料，尽量选用营养丰富、质量稳定、价格低廉、资源充足、当地产的饲料，增加农副产品比例，充分利用当地的农作物秸秆和饲草资源。

（3）可建立饲料饲草基地，全部或部分解决饲料供给，形成稳定的生态肉牛生产系统。

（4）饲料中的成分在动物产品中的残留与排泄应对环境和人类没有毒害作用或潜在威胁。

（5）要保证配合饲料的饲用安全性，对那些可能对肉牛机体产生伤害的饲料原料，除采用特殊的脱毒处理措施外，不可用于配方设计。

（6）对于允许添加的添加剂应严格按规定添加，防止这些添加成分通过动物排泄物或动物产品危害生态环境和人类的健康。

（7）对禁止使用的，应严禁添加，确保生态环境和产品安全。

2. 营养生理原则

（1）规模化生态肉牛育肥场应根据长期饲养实践中肉牛生长和生产性能所反映的情况，结合肉牛营养需要量标准制订饲料配方，以满足肉牛对各种营养物质的需要。实际生产中应做到首先要满足肉牛对能量的要求，其次考虑蛋白质、矿物质和维生素等的需要。

（2）注意能量与蛋白质的比例。在保持一定蛋白质水平的条件下，可提供非蛋白氮饲料，以节省饲料蛋白质。重视能量与氨基酸、矿物质与维生素等营养物质的相互关系，重视营养物质之间的平衡。

（3）应了解所用饲料原料中的营养成分及含量变化。能量进食量不宜超过肉牛标准需要量的 105%，蛋白质进食量可以超过标准需要量的 5%～10%，干物质进食量不宜超过标准需要量的 103%。

（4）营养物质的进食量均不宜低于动物最低需要量的 97%。粗纤维的含量以 15%～20% 为宜。

（5）考虑动物的采食量与饲料营养浓度之间的关系，既要保证肉牛的每天饲料量能够吃进去，而且还要保证所提供的养分满足其对各种营养物质的需要。饲料的体积，一般按采食量每 100 千克体重 2～3 千克供给。

（6）饲料的组成应多样化，适口性好，易消化。一般饲料组成中除提供的矿物质元素、维生素及其他添加剂外，含有的精饲料种类不应少于3~5种，粗饲料种类不应少于2~3种。饲料组成应保持相对稳定，如果必须更换饲料时，应遵循逐渐更换，过渡适应期为10天左右。

3. 科学与时俱进原则

（1）正确理解和应用饲养标准。在没有充分理由时，标准规定的养分需要量或饲粮养分浓度不应随意变动。然而饲养标准是在一定条件下提出来的，不可能在任何条件下都适用。事实上，饲粮类型、肉牛品种、环境因素、饲养方式、研究方法等均会影响肉牛的营养需要，因此，饲养标准具有局限性。这在日粮配制中有两点指导意义：第一，要选用适当的饲养标准，该标准的研制条件最接近实际应用条件，不能无条件地采用任何标准；第二，标准规定的饲粮养分浓度并非一成不变，应根据所掌握的材料，决定数值的合理性，必要时对一些数值可加以调整。

（2）由于饲料标准和饲料营养成分表均具有局限性，它们总是落后于科研成果，因此，了解并合理吸收关于肉牛的营养需要和饲料营养价值的最新研究成果，是克服上述局限性的必要措施，必须经常注意国内外各种有关文献的新情报。

（3）日粮的适口性和消化率。日粮的适口性和消化率都是在一定条件下测定的结果，在配合日粮时，通过计算，配合饲料的营养成分可以满足牛的营养需要，如果牛对这种配合饲料不喜欢采食或采食太少，仍不能认为配合饲料合格，要不断观察牛的采食和粪便，及时总结，改进日粮配方。

（4）生态系统是一个动态的系统，生态肉牛规模化养殖是利用生态系统获取优质的肉牛产品，虽然生态的生产观念已经被人们广泛接受和认可，但是由于生态系统的多样性和复杂性，如何正确地科学利用生态系统还需要许多工作，因此要因地制宜不断总结，提高生态资源的利用效果。

三、饲料配方的方法

1. 饲料配方设计方法

设计饲料配方是根据肉牛营养需要和饲料营养价值为肉牛设计日

粮供给方案的过程，有多种计算方法可以设计饲料配方，试差法、对角线法和联立方程组法。由于设计饲料配方过程，精确度越高，计算量越大，目前多用计算机设计，可以节省配方设计计算过程，但其设计步骤基本类似。

2. 饲料配方设计的基本步骤

（1）获取肉牛信息　弄清动物的年龄、体重、生理状态、生产水平和所处生态环境，选用适当的饲养标准，查阅并计算重要养分的需要量。由于养殖场的情况千差万别，动物的生产性能各异，加上环境条件的不同，因此在选择饲养标准时不应照搬，而是在参考标准的同时，根据当地的实际情况，进行必要的调整，稳妥的方法是先进行试验，在有了一定把握的情况下再大面积推广。肉牛采食量是决定营养供给量的重要因素，虽然对采食量的预测及控制难度较大，但季节的变化及饲料中能量水平、粗纤维含量、饲料适口性等是影响采食量的主要因素，供给量的确定一般不能忽略这些方面的影响。

（2）获取生态资源信息　根据当地生态资源，选择饲料原料。选择可利用的原料并确定其养分含量和对动物的利用率。原料的选择应是适合动物的习性并考虑其生物学效价（或有效率）。

（3）设计饲料配方　将所获取的肉牛信息和饲料资源综合处理，形成配方配制饲粮，可以用手工计算，也可以采用专门的计算机优化配方软件。肉牛日粮配方计算的特点是：①配方计算过程不是以百分含量为依据，而是以动物对各种养分每天需要量（绝对量）为基础；②配方计算项目和顺序是：采食干物质量（千克/日）—能量（千焦/日）—粗蛋白（克/日）—总磷（克/日）—钙（克/日）—食盐（克/日）—胡萝卜素（克/日）—矿物质（前五项不可颠倒）。由此可见，反刍动物首先考虑的是干物质进食量，而对氨基酸、大部分维生素不用考虑。

（4）配方质量评定　饲料配制出来以后，想弄清配制的饲粮质量情况必须取样进行化学分析，并将分析结果和预期值进行对比。如果所得结果在允许误差的范围内，说明达到了饲料配制的目的。反之，如果结果在这个范围以外，说明存在问题，问题可能是出在加工过程、取样混合或配方，也可能是出在实验室。为此，送往实验室的样品应保存好，供以后参考用。

配方产品的实际饲养效果是评价配制质量的最好标准，条件较好的企业均以实际饲养效果和生产的畜产品品质作为配方质量的最终评价手段。随着社会的进步，配方产品安全性、最终的环境和生态效应也将作为衡量配方质量的尺度之一。

四、饲料配方设计实例

1. 对角线法

在饲料种类不多及营养指标少的情况下，采用此法，较为简便。在采用多种类饲料及复合营养指标的情况下，亦可采用本法。但由于计算要反复进行两两组合，比较麻烦，而且不能使配合饲粮同时满足多项营养指标，故一般用试差法或联立方程法。

例1：为体重 300 千克的生长肥育牛配制日粮，饲粮含精料70%、粗料30%，要求每头牛日增重 1.2 千克，饲料原料选玉米、棉籽饼和小麦秸粉。步骤如下：

第一步，从营养标准的生长育肥牛的营养需要（表 8-2）中查出300 千克体重肉牛日增重 1.2 千克所需的各种养分：干物质 7.64 千克/天；肉牛能量单位（RND）5.69/天；粗蛋白850 克/天。

第二步，分别从肉牛常用饲料营养价值表中查出玉米（表8-6）、棉籽饼（表8-7）、小麦秸粉（表8-14）的营养成分含量并换算为干物质中营养物质含量，见表8-16。

表 8-16　饲料原料营养价值表

饲料原料	干物质 /%	肉牛能量 单位(RND)	粗蛋白质 /%	换算为干物质中营养物质含量	
				肉牛能量单 位(RND)	粗蛋白质 /%
玉米	88.4	1	8.6	1.13	9.73
小麦秸	89.6	0.24	5.6	0.27	6.25
棉籽饼	89.1	0.75	31.2	0.84	35.02

第三步，计算出小麦秸提供的蛋白含量。按精、粗比 7：3 计，则小麦秸提供的蛋白含量为：30%×6.25%＝1.88%

第四步，计算日粮中玉米和棉籽饼的比例。

日粮需要的蛋白质为：0.85÷7.64＝11.13%。

粗饲料（小麦秸）提供的蛋白质为 1.88%。

玉米和棉籽饼应提供的蛋白质为：11.13% − 1.88% = 9.25%。

精料部分应含有的蛋白质为：9.25 ÷ 70% = 13.21%。

用对角线法计算玉米和棉籽饼的比例。

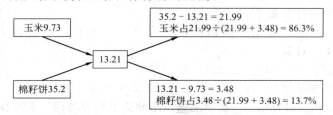

由于日粮中精料只占 70%，所以玉米在日粮中的比例应为：70% × 86.3% = 60.41%，棉籽饼的比例为：70% × 13.7% = 9.59%。

第五步，把配成的日粮营养成分与营养需要比较，检查是否符合要求（表 8-17）。

表 8-17 日粮营养成分与营养需要比较表

饲料名称	干物质/千克	粗蛋白/克	肉牛能量单位（RND）
玉米	7.64×60.41% =4.62	4.62×9.73%×1000 =449.5	4.62×1.13 =5.22
棉籽饼	7.64×9.59% =0.73	0.73×35.02%×1000 =256.5	0.73×0.84 =0.61
小麦秸	7.64×30% =2.29	2.29×6.25%×1000 =143.13	2.29×0.27 =0.62
合计	7.64	849	6.45
营养需要	7.64	850	5.69
差额	0	−1	0.76

此配方为：小麦秸 2.29 千克（占 30%），玉米 4.97 千克（占 65.08%），棉籽饼 0.38 千克（占 4.92%）。

通过上面的计算，该配方粗蛋白质基本满足需要，而能量偏高 0.76RND，基本上符合要求。如果需要降低能量含量，可以增加低能饲料小麦秸的含量重新计算。

通过此计算可知，用对角线法只能计算用两种饲料（精料）配制某一养分符合要求的混合料，但通过连续多次运算也可由多种原料（精料）配制两种以上养分符合要求的混合料。

例2：如上例中精料再增加一种小麦麸，查表8-6小麦麸的各养分，并换算为干物质100%的含量时，粗蛋白质16.3%和RND 0.82。配方计算如下。

第一步，计算出小麦秸提供的蛋白含量和RND。此配方按精、粗比6：4计算。

粗蛋白为：40%×6.25%＝2.5%。

肉牛能量单位为：7.64×40%×0.27＝0.83（RND）。

第二步，计算精料应提供的蛋白质和肉牛能量单位（表8-18）及混合物1（玉米与麸皮）的比例，混合物2（玉米与棉籽饼）的比例。

表8-18　精料应提供的蛋白质和肉牛能量单位

项　目	粗蛋白/%	肉牛能量单位（RND）
营养需要量	0.85÷7.64×100＝11.13	5.69
小麦秸提供的	2.5	0.83
精料应提供的	8.63÷0.6＝14.38	4.86

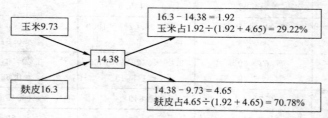

混合物1的比例为玉米占29.22%、麸皮占70.78%。其中1千克混合物1提供的能量为：1.13×29.22%＋0.82×70.78%＝0.91（RND）

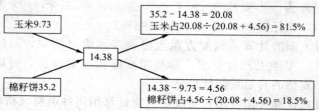

混合物 2 的比例为玉米占 81.5%、棉籽饼占 18.5%。其中 1 千克混合物 1 提供的能量为：$1.13 \times 81.5\% + 0.84 \times 18.5\% = 1.07$（RND）

1 千克精料应提供的能量为：$4.68 \div (7.64 \times 60\%) = 1.06$

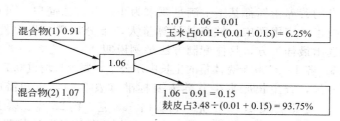

混合物 1 占 6.25%，混合物 2 占 93.75%。可计算出玉米所占比例为：$(29.22\% \times 6.25\% + 81.5\% \times 93.75\%) \times 60\% = 46.94\%$

小麦麸所占比例为：$70.78\% \times 6.25\% \times 60\% = 2.65\%$

棉籽饼占比例为：$18.5\% \times 93.75\% \times 60\% = 10.41\%$

第三步，把配成的日粮营养成分与营养需要比较，检查是否符合要求（表 8-19）。

表 8-19　日粮营养成分与营养需要比较

饲料名称	干物质/千克	粗蛋白/克	肉牛能量单位（RND）
玉米	$7.64 \times 46.94\%$ $= 3.59$	$3.93 \times 9.73\% \times 1000$ $= 348.9$	3.93×1.13 $= 4.05$
小麦麸	$7.64 \times 2.65\%$ $= 0.20$	$0.2 \times 16.3\% \times 1000$ $= 330$	0.2×0.82 $= 0.17$
棉籽饼	$7.64 \times 10.41\%$ $= 0.80$	$0.8 \times 35.02\% \times 1000$ $= 278.5$	0.8×0.84 $= 0.67$
小麦秸	$7.64 \times 40\%$ $= 3.06$	$3.06 \times 6.25\% \times 1000$ $= 191$	3.06×0.27 $= 0.83$
合计	7.64	850	5.69
营养需要	7.64	850	5.69
差额	0	0	0

2. 试差法

试差法又称为凑数法。试差法是根据肉牛饲养标准有关营养指标，根据经验初步拟出各种饲料原料的大致比例，首先粗略地配制一个日粮，然后按照饲料成分表计算每种饲料中各种养分的含量。最后把各种养分的总量与饲养标准相比较，看是否符合或接近饲养标准要求。若每种养分比饲养标准的要求过高或过低，则对日粮进行调整，直至所有的营养指标都基本上满足要求为止。此方法简单，可用于各种配料技术，应用面广。缺点是计算量大，十分烦琐，盲目性较大，不易筛选出最佳配方，具体配制方法举例说明。

例3：养1头150千克体重的生长肉用公牛，要求日增重0.7千克。

第一步，查生长肥育牛营养需要标准（表8-2），得知需肉牛能量单位2.3、干物质4.12千克、粗蛋白548克、钙25克、磷12克。

第二步，根据当地草料资源，当地有大量青贮玉米和羊草，配合日粮时首先选用这些青粗饲料。查饲料营养价值表（表8-12和表8-13），明确其养分含量见表8-20。

表8-20 青贮玉米及羊草营养成分

名称	干物质/%	肉牛能量单位（RND）	粗蛋白/%	钙/%	磷/%
青贮玉米	22.7	0.12	1.6	0.1	0.06
羊草	91.6	0.46	7.4	0.37	0.18

第三步，初步计划喂给青贮玉米秸8千克、羊草1.6千克。计算初配日粮养分，并与营养需要相比较，如表8-21。

表8-21 初配日粮养分表

饲料	给量（原样）/千克	干物质/千克	肉牛能量单位（RND）	粗蛋白/克	钙/克	磷/克
青贮玉米	8.0	1.82	0.96	128	8	4.8
羊草	1.6	1.47	0.74	118.4	5.92	2.88
合计	9.6	3.29	1.70	246.4	13.92	7.68
需要量		4.12	2.3	584	25	12
差额		−0.83	−0.6	−337.6	−11.08	−4.32

第四步，各营养物质均不足，应搭配富含能量、蛋白质的精料，

并补充钙磷和食盐。选择玉米、向日葵饼、尿素、磷酸氢钙组成混合精料并查表 8-6、表 8-7 和矿物质饲料得其营养价值，见表 8-22。

表 8-22　精料营养成分

名称	干物质/%	肉牛能量单位（RND）	粗蛋白/%	钙/%	磷/%
玉米	88.4	1.00	8.4	0.08	0.06
向日葵饼	93.6	0.61	46.1	0.53	0.35
尿素	100.0	0	280	0	0
磷酸氢钙	100.0	0	0	21	18
食盐	100	0	0	0	0

第五步，计算混合精料的营养，并与青粗料共同组成日粮，再与营养需要量差额 1 比较，列于表 8-23。

表 8-23　精料混合料

饲料	给量/千克	干物质/千克	肉牛能量单位（RND）	粗蛋白/克	钙/克	磷/克
玉米	0.57	0.50	0.57	47.88	0.46	0.34
向日葵饼	0.42	0.39	0.26	193.62	2.23	1.47
尿素	0.04	0.04	0.00	112.00	0.00	0.00
磷酸氢钙	0.04	0.04	0.00	0.00	8.40	7.20
食盐	0.02	0.02	0.00	0.00	0.00	0.00
合计	0.98	1.00	0.83	353.50	11.08	9.01
差额 1		−0.84	−0.60	−337.60	−11.08	−4.32
与差额 1 差额		0.16	0.23	15.90	0.00	4.69

汇总结果，已达到营养要求，所求确定日粮组成为：玉米青贮 8 千克、羊草 1.6 千克、玉米 0.57 千克、向日葵饼 0.42 千克、尿素 40 克、磷酸氢钙 40 克、食盐 20 克。

3. 电脑法

目前国外较大型肉牛场或饲料加工厂都广泛采用计算机进行饲粮

配合的计算，有方便、快速、准确的特点，能充分利用各种饲料资源，降低配方成本。在此我们介绍一种利用 excel 表格进行试差法设计饲料配方的方法，只要会使用 excel 表格的都会用。下面以养 1 头 350 千克体重的生长肥育牛，要求日增重 0.9 千克为例进行介绍。

第一步，查阅肉牛营养需要表 8-2 和饲料营养价值，建立 excel 运算表数据库（图 8-1）。

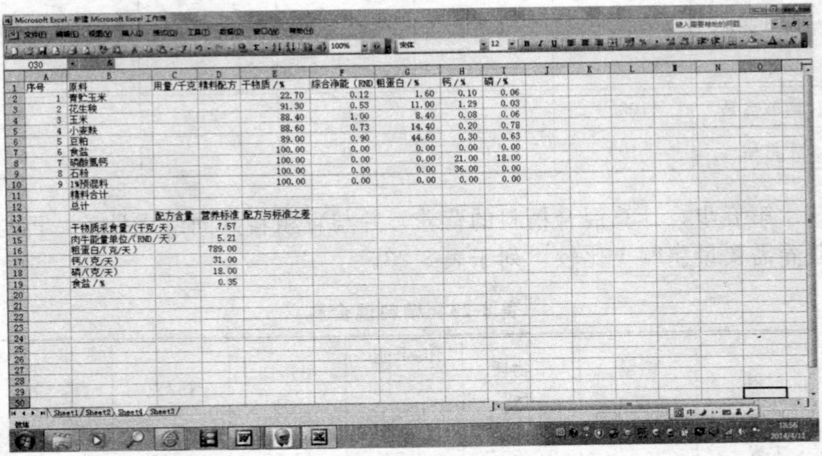

序号	原料	用量/千克	精料配方	干物质/%	综合净能（RND	粗蛋白/%	钙/%	磷/%
1	青贮玉米			22.70	0.12	1.60	0.10	0.06
2	花生秧			91.30	0.53	11.00	1.29	0.03
3	玉米			88.40	1.00	8.40	0.08	0.06
4	小麦麸			88.60	0.73	14.40	0.20	0.78
5	豆粕			89.00	0.90	44.60	0.30	0.63
6	食盐			100.00	0.00	0.00	0.00	0.00
7	磷酸氢钙			100.00	0.00	0.00	21.00	18.00
8	石粉			100.00	0.00	0.00	36.00	0.00
9	1%预混料			100.00	0.00	0.00	0.00	0.00
	精料合计							
	总计							
		配方含量	营养标准	配方与标准之差				
	干物质采食量/(千克/天)		7.57					
	肉牛能量单位/(RND/天)		5.21					
	粗蛋白/(克/天)		789.00					
	钙/(克/天)		31.00					
	磷/(克/天)		18.00					
	食盐/%		0.35					

图 8-1　营养需要与饲料营养价值 excel 表

第二步，设置运算公式，令单元格精料用量：C11＝SUM（C4：C10）；

总计：C12＝SUM（C2：C10）；

配方含量的干物质（千克）：C14＝SUMPRODUCT（C2：C10，E2：E10）/100；

配方含量的综合净能（RND）：C15＝SUMPRODUCT（C2：C10，F2：F10）；

配方含量的粗蛋白（克/天）：C16＝SUMPRODUCT（C2：C10，G2：G10）＊10；

配方含量的钙（克/天）：C17＝SUMPRODUCT（C2：C10，H2：H10）＊10；

配方含量的磷（克/天）：C18＝SUMPRODUCT（C2：C10，I2：I10）＊10；

配方含量的食盐（%）：C19＝C7/C14 * 100；

精料配方的玉米：D4＝C4/$C$11；

精料配方的小麦麸：D5＝C5/$C$11；

精料配方的豆粕：D6＝C6/$C$11；

精料配方的食盐：D7＝C7/$C$11；

精料配方的磷酸氢钙：D8＝C8/$C$11；

精料配方的石粉：D9＝C9/$C$11；

精料配方的预混料：D10＝C10/$C$11；

精料配方合计：D11＝SUM（D4：D10）；

配方与标准之差干物质采食量：E14＝C14－D14；

配方与标准之差肉牛能量单位：E15＝C15－D15；

配方与标准之差粗蛋白：E16＝C16－D16；

配方与标准之差钙：E17＝C17－D17；

配方与标准之差磷：E18＝C18－D18；

配方与标准之差食盐：E19＝C19－D19；

设置完成以后，excel 表格如图 8-2 所示。

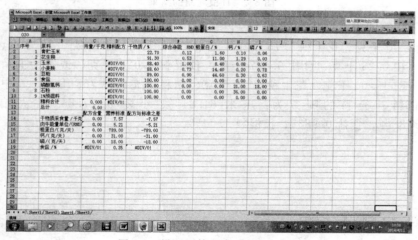

图 8-2　设置运算程序后的 excel 表

第三步，在用量一栏里面输入经验配方的组成，则配方含量就会自动显示干物质（千克）、综合净能（RND）、粗蛋白质（克）、钙（克）、磷（克）、食盐（%）的含量，精料配方就会自动显示精料配方的百分含量组成。调整原料用量直至配方含量显示的干物质（千克）、综合净能（RND）、粗蛋白质（克）、钙（克）、磷（克）、食盐（%）与对应营养标准接近即可（图 8-3）。

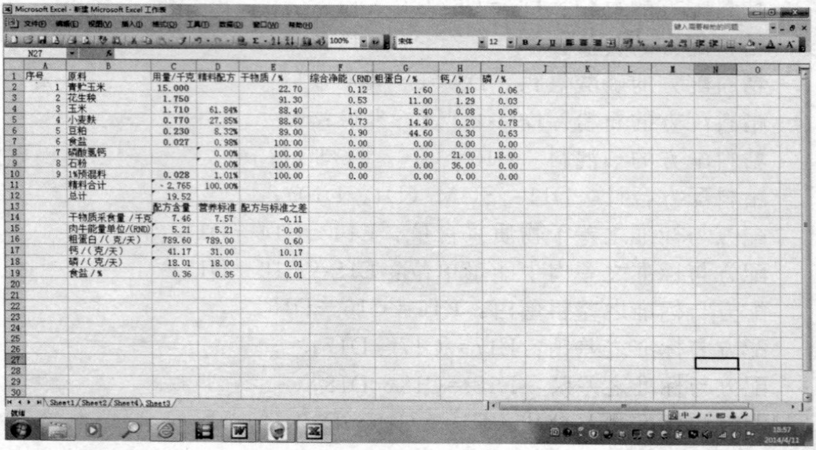

	A	B	C	D	E	F	G	H	I
1	序号	原料	用量/千克	精料配方	干物质/%	综合净能（RND	粗蛋白/%	钙/%	磷/%
2	1	青贮玉米	15.000		22.70	0.12	1.60	0.10	0.06
3	2	花生秧	1.750		91.30	0.53	11.00	1.29	0.03
4	3	玉米	1.710	61.84%	88.40	1.00	8.40	0.08	0.06
5	4	小麦麸	0.770	27.85%	88.60	0.73	14.40	0.20	0.78
6	5	豆粕	0.230	8.32%	89.00	0.90	44.60	0.30	0.63
7	6	食盐	0.027	0.98%	100.00	0.00	0.00	0.00	0.00
8	7	磷酸氢钙		0.00%	100.00	0.00	0.00	21.00	18.00
9	8	石粉		0.00%	100.00	0.00	0.00	36.00	0.00
10	9	1%预混料	0.028	1.01%	100.00	0.00	0.00	0.00	0.00
11		精料合计	2.765	100.00%					
12		总计	19.52						
13			配方含量	营养标准	配方与标准之差				
14		干物质采食量/千克	7.46	7.57	-0.11				
15		肉牛能量单位/(RND)	5.21	5.21	-0.00				
16		粗蛋白/(克/天)	789.60	789.00	0.60				
17		钙/(克/天)	41.17	31.00	10.17				
18		磷/(克/天)	18.01	18.00	0.01				
19		食盐/%	0.36	0.35	0.01				

图 8-3　日粮配制的结果

第四步，打出配方设计结果。设计的日粮配方为：玉米青贮 15.00 千克、花生秧 1.75 千克、玉米 1.71 千克、小麦麸 0.77 千克、豆粕 0.23 千克、食盐 0.027 千克、预混料 0.028 千克。或者为玉米青贮 15.00 千克、花生秧 1.75 千克、精料补充料 2.765 千克。其中精料补充料的配方为：玉米 61.84%、小麦麸 27.85%、豆粕 8.32%、食盐 0.98%、预混料 1.00%。

第九章 生态肉牛规模化养殖的饲养管理与育肥技术

第一节 规模化繁育牛群的饲养管理技术

一、犊牛的饲养管理

1. 初生犊牛的护理

犊牛生后7～8天称为新生期，也称为初生期。在新生期，犊牛生理上发生了很大变化，而此时犊牛的体质差、抵抗力弱，因此，做好出生犊牛护理工作是提高犊牛成活率的关键。一般做好出生犊牛的护理工作，应注意下列几个方面的工作。

（1）清除黏液　当犊牛出生以后，犊牛就开始用肺进行呼吸。此时，由于顺利生产的需要，犊牛身上有很多黏液，特别是犊牛的口鼻附近有很多黏液。当犊牛呼吸时，容易把黏液吸入呼吸道，轻者引起呼吸道疾病，重者造成犊牛窒息死亡，所以必须清除这些黏液。清除的方法是用手从犊牛口鼻中抠出黏液，并用干净的布擦干净。如果，犊牛已经吸入黏液而造成呼吸困难时，可以用手拍打犊牛的胸部，使犊牛吐出黏液；或者用一只手握住犊牛的后肢，将犊牛倒挂，用另一只手拍打犊牛的胸部使犊牛吐出黏液。

及时清除初生犊牛口鼻的黏液后，还要清除犊牛体躯上的黏液。在新生期，犊牛神经机能不健全，对冷热调节机能较差。如果不及时清除犊牛身上的黏液，容易使犊牛受凉生病。在母牛正常产犊时，母牛会立即将犊牛身上的黏液舔舐干净，不需要进行擦拭，而且母牛舔舐时，有助于刺激犊牛的呼吸和促进血液循环。同时，由于母牛唾液酶的作用，也容易将黏液清除干净。为了使母牛更好地舔舐犊牛，可以在犊牛身上擦一些麸皮。对于产后采用人工哺乳方式饲养的犊牛，母牛舔舐犊牛会增加母牛恋仔现象，增加挤乳的困难。如果采用保姆牛的方式饲养犊牛，让母牛舔舐犊牛是较好地清除犊牛黏液的方法。

（2）断脐带　在犊牛出生时，由于胎衣和犊牛不同时出来，所以脐带往往被自然扯断。但是无论脐带是否被自然扯断，都应给犊牛断脐，这有利于防止脐炎的发生。

断脐时，在距离犊牛脐部 10～12 厘米处，用消毒剪剪断脐带，挤出脐带内的黏液，用碘酊充分消毒，以免犊牛发生脐炎，脐炎的发生除与断脐的消毒不彻底有关外，还与犊牛的卧处不清洁以及管理措施的不良有关。

断脐后，脐带一般在犊牛生后一周左右逐渐干燥自然脱落。当脐带长时间不干燥，并伴有炎症发生时，则可断定为脐炎。如果没有炎症发生不能断定为脐炎。脐带不能自然脱落还有另外一种情况，就是由于胎儿时期的尿细管，在脐带断裂时，没有能够与脐带动脉一起退缩至腹腔中，尿细管仍附着在脐部，这样经常有尿液漏出，从而使脐带呈湿润状态。在这种情况下，一般经过几周之后，可自然痊愈。只有个别长时间不干燥的，才需要外科手术处理。

脐炎预防主要是在母牛产前，注意做好产房清洁卫生工作，分娩后对犊牛要及时消毒脐带。当发生脐炎时，首先要对脐部剪毛消毒，在脐孔周围皮下注射青霉素、卡那霉素等抗生素。如有脓肿和坏死组织，应排出脓肿处脓汁和清除坏死组织，然后消毒清洗，撒上磺胺粉或其他抗菌消炎药物，并用绷带将患处包扎好。

在不安静产犊牛时，或人工助产时过早、过分用力拉出胎儿，容易造成脐带机械性断裂，影响脐动脉或脐静脉自行封闭，发生脐出血。脐出血可发生于脐静脉，也可发生于脐动脉，若血液呈点滴流出，表明发生在脐静脉，若血液从脐带或脐部涌出，表明脐动脉出血，有时则为脐动脉和脐静脉同时出血。不论是动脉出血还是静脉出血都要及时采取措施。

脐出血的一般处理措施是，用消毒过的细绳结扎脐带断端。如果脐带断裂端过短甚至缩回到脐孔内，可用消毒过的纱布或脱脂棉撒上消炎止血粉等药物填塞脐孔，外用纱布绷带包扎脐孔进行压迫止血。如果出血不止，可用止血钳将脐孔暂时闭合，再将脐孔缝合以止血。对于出血过多或有贫血症状的犊牛，可以补充生理盐水或输入母体血。

(3) 饲喂初乳　初乳是母牛产犊后 5～7 天以内所产的乳，初乳呈深黄色或粉红色，因此也称为血乳。初乳比较黏稠，干物质含量中除乳糖外，其他营养含量均较常乳高。初乳具有特殊的化学和生物学特性，对犊牛具有重要作用，是新生犊牛唯一的、几乎不可代替的营养来源。研究初乳的作用，一方面有利于对吃不到初乳犊牛采取措施，另一方面有利于初乳的开发和利用。目前，研究认为，初乳对犊牛的作用主要是以下几个方面：①初乳可以代替胃肠壁上的黏膜的作用；②初乳中含有能够杀死或抑制病菌活动的物质；③初乳能促进胎粪的排出；④初乳酸度为 45～50°T，比常乳高，具有抑菌的作用；⑤初乳营养全面容易吸收；⑥初乳能促进胃肠早期活动；⑦初乳可将母体免疫体传递给犊牛。因此，准确饲喂初乳对犊牛的健康和生长都有重要意义，一般认为初乳的喂量大，生后饲喂得及时，犊牛抗病力就强，生长速度就快。初乳的饲喂时间及喂量与犊牛体内的抗体如图9-1 所示。

初乳的哺喂方法可按下面的原则合理掌握。

第一次哺喂时间：初乳对犊牛具有重要作用，第一次哺喂初乳的时间应该越早越好，一般在犊牛生后 30～50 分钟第一次哺喂初乳为宜。

第一次初乳的喂量：初乳第一次的喂量可根据犊牛体型的大小、健康状况进行合理掌握。一般在不影响犊牛消化的情况下，第一次应该让犊牛尽量饮足初乳。饮足初乳的量在 1.5～2.0 千克，但是不论什么用途的牛，第一次喂初乳的量都不应该低于 1 千克，只有体重大而且健壮的犊牛才可吃到 2 千克以上。

初乳的日喂量：初乳的日喂量应高于常乳，有些牧场规定第一天初乳的喂量应为犊牛初生重的 1/6，以后每天可增加 0.5～1 千克，产后第五天可让犊牛吃到 5～8 千克的初乳。初乳喂得过多影响犊牛消化，过少影响生长，因此在喂初乳时，饲养员应该注重观察犊牛哺

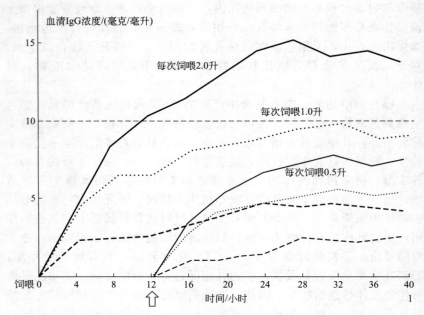

图 9-1 初乳的饲喂时间及喂量与犊牛体内的免疫球蛋白 IgG 水平

乳时的特征、食饮和精神状况，对贪食的犊牛，每次喂量要少，每天哺喂次数要多。对于精神不振、举止迟呆的犊牛，不要强迫其采食，并可以酌情减少初乳的喂量。

初乳的哺喂次数：每天应哺喂 4～6 次，每次间隔的时间应为 4～6 小时，最少每天不应低于 3 次。实验证明，同样数量的初乳，每天多喂几次比少喂几次消化得更好。

哺喂初乳的乳温：初乳挤出以后应及时哺喂犊牛，不宜搁置时间太长，用初乳哺喂犊牛以前，应该测试初乳温度，如果温度不低于35℃，可直接哺喂。如果温度低于 35℃，应用水浴加热至 35～38℃再哺喂犊牛。加热时温度不可过高，如果温度过高，初乳则发生凝固。但切忌初乳温度过低，如果初乳温度过低常常引起犊牛下痢。

2. 犊牛的哺乳方法

（1）人工哺乳方法　人工哺育法是在母牛产犊后初生期某一阶段把犊牛移入犊牛舍，与母牛分开，人工挤奶，定时定量地哺喂犊牛。

其优点是人工哺乳可正确了解母牛的产奶量，使饲养管理更科学合理，有利于根据产奶量确定饲养，能提高牛奶的商品率，对经营有利；也能按犊牛的生长需要合理哺喂，有利于减少疾病，保证犊牛健康。缺点是劳动量大。

采用人工哺乳时，母子分离的时间一般分为三种：一是产后立即分离，这种方法可以避免母恋子，子恋母，便于管理；二是产后一天分离，这种方法是母牛产后开始挤奶不能完全挤出来，可让犊牛先吃一天，便于挤奶；三是产后一周分离，这种方法是产后犊牛体质过弱，让犊牛跟随母牛，便于母牛看护犊牛，但这种方法缺点多，常因过食造成犊牛拉稀，且因母子相处时间长，分离困难。

人工哺乳的工具有哺乳桶和哺乳壶两种，哺乳桶和哺乳壶哪个更好呢？目前一般认为，前两个月，二者差别不大，两个月后，哺乳壶效果较好。

（2）保姆牛哺育方法　保姆牛哺育是自然哺育犊牛的一种方法，是让犊牛跟随保姆牛，直接吸吮保姆牛乳头进行哺育。每头保姆牛哺育犊牛的头数，可以根据保姆牛的产奶量来决定，一般情况下每头保姆牛可以哺育2～4头犊牛，或者更多。采用保姆牛哺育法，饲养员应根据犊牛哺乳时的行为来判断奶量的多少。

采用保姆牛哺育时，犊牛跟随母牛，停一段时间吃奶一次，如果奶量正常，犊牛边吸吮边吞咽。如果发现犊牛频频顶撞母牛乳房，而吞咽的次数少或者不吞咽，表明乳量少不够犊牛吃，或者挤奶挤得多，留给犊牛的奶太少。发现这种情况应及时调整，减少挤奶量或者减少哺育头数。如果发现犊牛哺乳过程中，经过一段吸吮时间之后，犊牛吞咽次数减少，犊牛嘴角出奶或者出现白沫时，证明犊牛已经饮足，应该及时将犊牛拉开，以防犊牛采食过量而引起消化不良。

（3）哺乳量的确定　犊牛哺乳期的长短和哺乳量因其所处的环境条件、饲养条件有所不同，哺乳期长短一般不作硬性规定。在精饲料条件较好的情况下可提前断乳，哺乳期2个月，其各龄犊牛哺乳量可控制为7～30日龄5千克、31～40日龄4千克、41～50日龄3千克、51～60日龄2千克。如果精饲料条件较差，可适当增加哺乳量并延长哺乳期。在精饲料条件不好的情况下，其哺乳量可增加到300～500千克，哺乳期延缓到3～4个月。在有些地方，喜欢让母牛哺乳半年以上，这样由于哺乳时间过长影响母牛发情配种。

在精饲料条件较好的地区，哺乳期犊牛可改喂代乳品，以取代部分牛乳，从而降低犊牛培育成本，促进犊牛早期断奶，有利于提高母牛繁殖率。代乳品必须含有丰富的营养，一般蛋白质含量不低于22%，脂肪为15%～20%，但粗纤维含量最多不超过1%，代乳品还应含有丰富的矿物质和维生素等。此外，母牛乳代用品在饲喂前，应用30～40℃的温开水冲开，代乳品与温开水的比例为13：87（即干物质含量为13%，与牛乳相当）。混合后的代乳品应保持均匀的悬浮状态，不应发生沉淀现象。

（4）犊牛的断奶方法　犊牛的断奶时间应该根据犊牛的精神、食欲、健康状况和采食量等具体情况而定，不能千篇一律。一般情况下，犊牛精神、食欲、健康状况良好，能够恒定吃到500～1000克精料时，可进行断奶。犊牛的断奶年龄一般应在4周龄以上，如果犊牛断奶时间过早，影响犊牛的生长发育和健康。

3. 犊牛的饲喂

（1）精料　在犊牛生后10～15天，就要开始训练犊牛采食精料。精料应该根据犊牛的营养需要合理配制。

精料的喂量原则是从少到多、随日龄的增加而增加、每天喂给的精料犊牛能吃净、当精料每天喂量增加至1～1.5千克时不再增加为原则。开始时，每天可给犊牛10～20克，让犊牛舔食，数日后，可根据犊牛的食欲，增加到30～100克。1月龄时每天可喂到250～300克，2月龄时，可喂到500克以上。一般情况犊牛增重正常，每日喂量达1～1.5千克时，即不再增加，营养不良的部分可由粗饲料补充。

饲喂精料，开始时由于犊牛不习惯，可将干粉料涂擦在犊牛口鼻周围，教其舔食。待其适应一段时间后，即可训练采食混合湿料。精料亦可用水拌湿经糖化后喂给犊牛，以提高适口性，促进采食，亦可煮成粥，让犊牛自由采食，也可与牛奶同喂。

（2）干草　干草是犊牛良好的粗饲料，让犊牛尽早采食干草有四个好处：一是可以防止犊牛舔食异物和垫草；二是促进犊牛提早反刍；三是促进唾液的分泌，促进唾液腺和咀嚼肌的发育；四是犊牛亦可以从干草中得到部分营养。犊牛一般在其生后5～7天，就可以让其自由采食干草。饲喂的方法是在食槽内添加干草让犊牛自由采食，也可吊挂草把让犊牛探究。

（3）多汁饲料　多汁饲料一般可在犊牛生后 20 天切碎喂给。在进行早期断奶时，利用多汁饲料效果较好。

（4）青贮饲料　青贮饲料是冬季很好的饲料。从犊牛生后 2～2.5 月龄就开始让犊牛习惯采食，最初每天可喂给 100～150 克，3 月龄时每天可喂给 1.5～2 千克，4～6 月龄增至 4～5 千克。

（5）供给犊牛充足的饮水　有人认为只要喂给犊牛足够的奶，就不用给犊牛喂水，这种观点是错误的。犊牛仅靠全乳和饲料，不能满足犊牛正常代谢水的需要量。必须让其饮水，犊牛开始饮水的时间是在其生后一周开始训练的。开始时，可在水中加入少量的牛奶，诱其饮水。水温最初应在 36～37℃。10～15 天改为常水，1 月龄后可让其在水池中自由饮水。但水温不宜低于 15℃，饮水的量可根据犊牛摄取干物质的量及气温而定。

（6）补喂抗生素饮料　为了预防犊牛拉稀可以补抗生素饮料。坚持对犊牛初乳期后每天补饲抗生素，30 天后停用，能够促进犊牛增重，特别是在饲养管理条件差的情况下效果更为显著。

4. 犊牛的管理

（1）个体卫生　哺乳用具的卫生：哺乳用具每次用后，都要及时洗刷干净，每周要用热碱水消毒一次，其方法是先用冷水将用具冲洗一遍，再用热碱水仔细地将用具刷洗干净，最后再用清水冲洗一次。洗干净后将用具放到太阳地里晒 1～2 小时，对于久置不用的乳具，使用时要用蒸汽消毒。

防止犊牛相互舔食：犊牛在新生期，出于本能的需要，寻找其母亲的乳头，当把犊牛同母牛分开时，犊牛常舔舐其他犊牛的头、嘴、脐带、耳朵、尾、睾丸、乳头等部位，特别是当一头犊牛嘴部留有乳汁时，其他犊牛常去吸吮。一方面造成舔舐犊牛本身食道阻塞，另一方面造成被舔舐犊牛发生脐炎等细菌感染。为了防止犊牛相互舔舐，在每次给犊牛喂奶时，可将其固定在一定的位置上，哺乳后经 10～15 分钟再放开。当犊牛哺乳后，用毛巾擦净犊牛口鼻周围的余乳，并喂给清洁的饮水，亦可采用戴上笼头或单栏饲养的方式。

饲料的卫生：犊牛生后头几周发病率最高，常发的疾病是营养性下痢。营养性下痢是由于饲料不卫生所引起的，在犊牛饲料中，可加入抗生素和多维素，以减少犊牛发病，对于霉败变质的饲料不能喂给犊牛。

犊牛栏的卫生：小规模饲养式母牛舍一般不单独设产房和犊牛舍，大规模或散养的牛舍需另行设置产房和犊牛舍，并在犊牛舍内设有犊牛栏。犊牛栏可分为单栏和群栏两种。犊牛出生后在靠近产房的单栏中饲养，以后逐渐过渡到群栏中饲养，对犊牛栏要经常清扫，勤换垫草，每周消毒一次，每月彻底消毒一次。

（2）运动　运动可以锻炼犊牛的体质，除了在冬季大风大雪气候特别恶劣的情况下，生后 10 天就要到运动场上进行驱赶运动，每天0.5～1 小时。一个月后可增加至 2～3 小时，分上午、下午两次进行。在气候温和的季节，生后 3～5 天即可到运动场自由运动，年龄较大的犊牛可进行放牧。

（3）刷拭　刷拭可促进犊牛体表血液循环，建立人、畜亲和关系，利于管理，使牛体清洁，减少寄生虫的滋生。刷拭的方法是从前到后、从上到下、从左到右，按着被毛生长的方向进行刷拭。刷拭时应特别注意犊牛的头、颈上部、喉部、背线、尾根、两面侧等处，不能遗漏。如果皮肤上有粪便结块，要先用水浸湿，经软化后再进行刮除，刮除时注意不能刮伤皮肤，每天刷拭 1～2 次，以软毛刷为宜。

（4）称重和编号　称重是育种和饲养的依据，犊牛要经常进行称重，初生重的称重时间在犊牛生后第一次哺乳前进行。称重的同时，还要对犊牛进行编号，以便记载，国外还习惯对犊牛命名。

编号的原则为：第一，同一农场不能有两头牛有相同的号码；第二，不能因牛的死亡、淘汰、出售、调出而以其他牛递补其号；第三，从外地购入或调入的牛，原则上可沿用其原来的号码，以便以后查考。若与本牛场牛重号，从新编号时，也应保留原来的号码；第四，在一个场内，若有几个分场，为了避免重号，每一分场应有一定数量顺序的号码，如第一分场 1000～1999、第二分场 2000～2999、第三分场 3000～3999，以此类推。

给犊牛编号后要戴上标记，称之标号。常用的标号方法有耳标法、截耳法、角部烙号法、刺墨法。其中耳标法是目前使用最多的一种方法，是在耳标上写上所编牛的号码，用耳标钳将耳标夹在耳壳上缘适当位置。

（5）去角 给犊牛去角的方法有化学去角法和热处理去角法。化学去角法一般是在犊牛生后 7～10 天（也有晚到半年的），用化学药物碱破坏角胚的生长。操作方法是，在去角部位剪去被毛，在剪毛的周围涂上凡士林，以防药物流出，伤及头部及眼，然后用棒状苛性钾（钠），稍湿水涂擦角基部，到表皮有微量渗血时即可。或者用解剖刀刮去角胚的软角层，涂上碱性制剂，腐蚀 30～40 秒钟。如果去角部位有液体流出，立即用药棉吸干。去角后的犊牛要单独管理，防止相互舔舐。夏季蚊蝇较多，易发炎化脓，应特别注意。

热处理去角法是在犊牛生后 2～4 周龄，一般不超过 3 个月的时间内进行，用专门的电热除角器接上有降压变压器电路的电源或者 12～14 伏电压的小型电池。用前 5～10 分钟接上电源，并使其达到所需要的温度，然后将除角器的工作端放在预先剪去毛的角胚上，20～30 秒即可。

二、育成牛和青年牛的饲养管理

育成牛是指 6 个月龄之后到 14～16 月龄进行初次配种阶段的牛。青年牛是指从初次配种至初次产犊阶段的牛。育成牛和青年牛生长发育迅速，抵抗力和生命力较强，较容易饲养，但是饲养管理不当，也会影响终生生产潜力的发挥。

1. 育成牛与青年牛营养需要特点

这一阶段是牛绝对生长速度最快的阶段，伴随着机体快速生长，热能的需要量与蛋白质相比，相对地逐渐增多。育成牛和青年牛骨骼的发育也非常迅速，在骨质中含有 65%～80% 的干物质，其中钙的含量占 8% 以上、磷占 4%，其他还有镁、钠、钾、氯、氟、硫等元素，因此在饲喂的精料中需要添加 1%～3% 的碳酸钙与骨粉的等量混合物，同时添加 1% 的食盐。在育成牛和青年牛的成长过程中，维生素中只有维生素 A 或胡萝卜素需要从饲料中提供，因此在粗料品质良好的情况下，不会因维生素的缺乏而影响育成牛和青年牛的成长，但当粗料品质过于低劣时，亦需另外补充各种维生素。

2. 育成牛与青年牛的饲养

（1）由断奶至 12 月龄的饲养 此时期育成牛的特点之一就是已经达到生理上最高生长速度的时期，在良好的条件下，日增重可达

1000 克，尤其是 6～9 月龄的时间，生长速度最快，同时瘤胃也在快速发育之中。在饲养上，必须尽量多用优质粗饲料保证犊牛生长，促进瘤胃发育。此期育成牛在舍饲期的基础饲料是干草、青草等青粗料，饲喂量可控制在体重的 1.2％～2.5％，喂量视其质量及牛体大小而定，以优质干草最好。

育成牛初期瘤胃容量有限，未能保证采食足够的青粗料来满足育成牛生长发育的需要。因此，在 1 岁以内的育成牛仍需喂给适量的精料，特别是要求一定的日增重时更是如此。不同种类的青粗料需要不同的精料补充料，即使是同种类的粗料也还有质量好坏的问题，所以要求精料补充料应根据粗料的品质配合，此阶段的精料补充料用量控制在每天每头 1.5～3 千克。日粮蛋白水平可控制在 13％～14％。选用中等质量的干草，培养耐粗饲性能，增进瘤胃机能。干物质采食量应逐步达到 8 千克。

此时期，可以适量的青贮及多汁饲料替换干草。替换比例应视青贮饲料的水分含量而定。水分在 80％以上，青贮饲料替换干草的比例应为（4～5）：1。青贮饲料的水分为 70％，替换干草的比例可为3：1。在早期若过多使用青贮饲料，则此期育成牛胃容量不足，有可能影响其生长，特别是低质青贮饲料不宜多用。

（2）由 12 月龄至初次配种的饲养　12 月龄以后，育成母牛消化器官的发育已接近成熟，同时又无妊娠或产乳的负担，因此，如能吃到足够优质粗饲料就基本上能满足营养的需要，如果粗饲料质量差时要适当补喂精料，以满足营养的需要。一般根据青粗料质量补 1～4 千克精料，并注意补充钙、磷、食盐和必要的微量元素。

关于混合精料的组成，可参照标准的能量、蛋白质和矿物质等的建议量，用当地的饲料，考虑其营养成分和饲料价值合理配合即可。只要搭配合理，适口性好，任何当地饲料都可达到要求。

（3）由受胎至第一次产犊牛时的饲养　当育成母牛受胎后，一般情况下，仍按受胎前的方法饲养。但在分娩前 2～3 个月需要加强营养，这是由于此时胎儿迅速增大，需要营养，同时准备泌乳，也需要增加营养，尤其是对维生素 A 和钙、磷的贮备。为此，在此时期应给予品质优良的粗饲料，精料的饲喂量应根据育成母牛的膘情逐渐增加至 4～7 千克。一般日粮干物质进食量控制在每头每日 11～12

千克。

（4）放牧饲养　若犊牛已经过放牧的训练，此期仅将公母分开重新组群继续放牧即可。否则开始放牧应采取逐渐延长放牧时间的办法，使之适应。采取放牧饲养的方式不仅可以少喂精料，而且可以锻炼肢蹄，增进消化力，从而可培育出适应性强的成年母牛。放牧牛群以40～50头为宜。

如果在优质草地上放牧，6月龄以上的育成牛和青年牛，大约可进食体重7%～9%的青草，这样的青草食入量，对于迅速发育所需要的营养来说则稍显不足，因此，仍需另补谷实类与麸皮类的等量混合料。同时在牛舍的草架上仍需备有干草，以便使育成牛和青年牛自己调节食量。

周岁以上时，瘤胃发育基本完善，粗料采食量更大，可进食的青草为体重的10%左右。如青草的品质好，可不补饲精料。只需补充骨粉及食盐等矿物质饲料，一般可在放牧场设矿物质补饲槽，任其自由舔食。

在放牧期间应根据牧草质量和数量，随时注意调整精料喂量，以保证得到应有的营养。实行轮牧时，当牧草长到15～20厘米高时，即可将母牛群驱赶至该轮牧区。当采食草地草高6厘米时就需转到另一个轮牧区，以利牧草再生。

3. 育成牛和青年牛的管理

（1）应做好发情鉴定、配种、妊娠检查等工作并做好记录。

（2）应注意观察乳腺发育，保持圈舍干燥、清洁，严格执行消毒和卫生防疫程序。

（3）育成母牛的初次配种应根据母牛的年龄和发育情况而定。一般育成牛体重达成年牛体重的60%时方可进行配种。

（4）初次受胎的母牛，不像经产母牛那样温顺，因此，在管理上必须非常耐心。并经常通过刷拭、按摩等与之接触，使其养成温顺的习性。要防止其做激烈的运动或跑跳，以免滑倒而引起流产。如果蹄部不经常需要进行修蹄的，修蹄需在妊娠5～6个月前进行。

（5）牛舍一般采用单列式，向阳面敞开，只在饲喂、刷拭以及严冬的夜间，才将牛群驱赶至牛舍，其他时间均在运动场散放饲养，以培育育成牛和青年牛对气温变化的适应性。

（6）散放式牛舍每头占有的面积可为 4～5 米²。牛舍向阳面立柱之间的距离，最好不少于 3.6 米，以便于清除粪便时拖拉机的出入。

三、种牛的饲养管理

1. 种母牛的饲养管理

肉用繁殖母牛饲养管理好环，不仅影响繁殖率，而且直接影响犊牛的质量，所以母牛的饲养管理应该引起足够的重视。

（1）妊娠母牛的饲养管理　孕期母牛的营养需要和胎儿生长有直接关系。胎儿增重主要在妊娠的最后 3 个月，此期的增重占犊牛初生重的 70%～80%，需要从母体吸收大量营养。若胚胎期胎儿生长发育不良，出生后就难以补偿，增重速度减慢，饲养成本增加。同时，母牛体内需蓄积一定养分，以保证产后泌乳量。妊娠前 6 个月胚胎生长发育较慢，不必为母牛增加营养。对妊娠母牛保持中上等膘情即可。一般在母牛分娩前，至少要增重 45～70 千克，才足以保证产犊后的正常泌乳与发情。

以放牧为主的肉牛业，青草季节应尽量延长放牧时间，一般可不补饲。枯草季节，根据牧草质量和牛的营养需要确定补饲草料的种类和数量，特别是在妊娠期最后的 2～3 个月，这时正值枯草期，应进行重点补饲。需要重点指出的是，牛由于长期吃不到青草，维生素 A 缺乏，可用胡萝卜或维生素 A 添加剂来补充，冬天每头每天喂 0.5～1 千克胡萝卜，另外应补足蛋白质、能量饲料及矿物质。精料补充量每头每天 0.8～1.1 千克。精料配方可按照粗料的种类和品质进行配制，可按照玉米 60%、麸皮 20%、棉粕 15%、预混料 5% 配制，也可按照玉米 60%、麸皮 20%、饼粕 17%、石灰石粉 2%、食盐 1%，另每 100 千克添加维生素 A100 万单位进行配制。

舍饲情况下，按以青粗饲料为主适当搭配精饲料的原则，参照饲养标准配合日粮。粗料如以玉米秸为主，由于蛋白质含量低，要搭配优质豆科牧草，再补饲饼粕类，也可以用尿素代替部分饲料蛋白。粗料若以麦秸为主，肉牛很难维持其最低需要，必须搭配豆科牧草，另外补加混合精料 1 千克左右，如棉籽饼、菜籽饼、酒糟等饲料。母牛不能饲喂冰冻、发霉饲料。饮水温度要求不低于 10℃，饲喂顺序是在精料和多汁饲料较少（占日粮干物质 10% 以下）的情况下，可采用先粗后精的顺序饲喂。即先喂粗料，待牛吃半饱后，在粗料中拌入部分精料或多汁料碎块，引诱牛多采食，最后把余下的精料全部投饲，吃净后下槽。若精料量较多，可按先精后粗的顺序饲喂。

母牛妊娠后期应做好保胎工作，无论放牧或舍饲，都要防止肉牛挤撞、猛跑。临产前注意观察，保证安全分娩。在饲料条件较好时，应避免过肥和运动不足。充足的运动可增强母牛体质，促进胎儿生长发育，并可防止难产。纯种肉用牛难产率较高，尤其是初产母牛，需做好助产工作。

（2）围产期母牛的饲养管理　围产期是母牛分娩前 15 天到分娩后 15 天，这一段时间对母牛和犊牛健康极为重要，饲养的好坏直接影响到生产的稳定性和持续性。在母牛临产前 15 天左右，将产房用 2％火碱水喷洒消毒，然后铺上清洁的垫草，将临产母牛后躯和外阴部用 2％～3％来苏儿溶液抹洗干净，用毛巾擦干，将母牛转入产房，使母牛及早适应产房的环境。如果是专业户饲养或饲养母牛头数少，没有设计产房，也要按照上述方法为母牛准备生产的床位，让母牛提早适应。产房内要每天打扫两次，及时更换污浊垫草，经常保持牛床牛舍清洁干燥。产房门口设消毒池，池内放入消毒药物（如生石灰、来苏儿等）。进出产房的工作人员要穿上清洁的外衣或工作服。用消毒液洗手，方可出入。谢绝外来人员参观。

母牛进入产房后就要及时准备好常用的接产助产药械。常用的器械有剪刀、结扎线、止血钳、产科绳、注射器、针头、体温表、听诊器、照明灯、乳房送风器、工作服、胶围裙、水盆、肥皂、毛巾、纱布、脱脂棉等。常用的药物有止血用药（如维生素 K）、子宫收缩和催产用药（如催产素）、消毒用药（如 70％酒精、2％～5％碘酒、来苏儿、高锰酸钾等）、钙剂（如氯化钙、葡萄糖酸钙等）、抗菌药物（如青霉素、链霉素、庆大霉素等）、润滑药物（如石蜡油、食用油或肥皂）、补液用药（如糖盐水、生理盐水）。

母牛转入产房以后要注意安排责任心强、工作细致、经验丰富的饲养人员和技术人员进行饲养管理和昼夜值班。值班人员要注意经常观察母牛的表现，如果发现母牛有腹痛、不安、频频起卧，说明母牛即将生产，可用 0.1％的高锰酸钾溶液擦洗生殖道外部，等待母牛生产。在护理分娩母牛时，最好的方法是为其提供一个清洁卫生、安静温暖舒适的分娩环境，等待母牛自然生产，这样可以减少母牛应激，有利于母牛顺利生产。在母牛分娩时应注意使其呈左侧躺卧，这样可以避免胎儿受瘤胃压迫，引起产出困难，当母牛产出胎儿后应尽快让母牛站立起来，这样可以防止母牛产后瘫痪，有利于产道复原。母牛的生产过程，从阵痛开始到顺利产出犊牛约需 1～4 小时。当母牛阵痛 4 小时以上还没有产出犊牛时，且母牛表现努责无力，要及时请兽医人员给予助产。

母牛分娩过程中，卫生状况与产后生殖道感染疾病的机会关系极大。母牛分娩后，必须把它的两肋、乳房、腹部、后躯和尾部等污脏部位，用温水洗净，用净布或干草擦干，并把污浊垫草和粪便清除出去堆埋或焚烧。母牛床经消毒后铺以厚软新鲜的干净垫草。

母牛产后，一般 24 小时内胎衣可自行排出，胎衣排出后，要及时清除并用来苏儿清洗外阴部以防感染。为了使母牛恶露排净和利于产后子宫早日复原，应给母牛饮喂热益母草红糖水。其制作方法是：益母草 250 克，加水 1500 克煎成水剂后加红糖 1 千克、水 3 千克，40℃左右饮喂母牛，每天一次，连饮 2～3 天。

母牛产后体质虚弱，要加强护理。其方法主要是在母牛产后为母牛提供一个温暖的环境让母牛多休息。风和日丽、天气暖和时，可让母牛到运动场晒太阳。产后母牛切忌受贼风冷风吹袭而受凉。

母牛生殖系统发病率高，产后极易感染生殖道疾病和发生卵巢囊肿，要特别注意预防。其方法是做好母牛生产过程的各项消毒和产房清洁卫生工作，在母牛产后 12～14 天肌注一次 GnRH。

母牛转入产房，饲养方法为以优质干草适当搭配精料进行饲养。精料的喂量，一般每天供给 1 千克左右。具体喂量可因母牛而定，对于乳房水肿，充胀明显的母牛要少加一些精料，对于乳房变化不大、食欲较好、体型偏瘦的母牛可多喂一些精料，其原则是不能造成催奶过急，产前产奶的情况发生。母牛临产前 2～3 天内，还要注意增加一些易消化、具有轻泻作用的饲料，以防母牛发生便秘。一般可以通过在精料中加入麸皮的方法来实现。

母牛分娩过程体力消耗很大，产后体质虚弱，饲养原则是促进体质恢复。初分娩后应给母牛喂饮温热麸皮盐钙汤或小米粥。麸皮盐钙汤的做法是：麸皮 500 克、食盐 50 克、碳酸钙 50 克置于 10～20 千克温水中，混合均匀。小米粥的做法是：小米 500～1000 克，加水 15～20 千克煮制成粥加红糖 500 克，凉至 40℃左右饮喂母牛。

母牛产后 2～3 天内的饲喂应以优质干草为主，同时补喂一些易消化的精料，如每天饲喂 1～2 千克的麸皮和玉米。2～3 天后开始逐渐增加日粮中钙和食盐的含量。母牛分娩 7 天后如果食欲良好、粪便正常、乳房水肿消失，开始大量饲喂青贮饲料和补加精料。

母牛产后头 7 天要饮用 37℃的温水，不宜饮用冷水，以免引起胃肠炎，7 天后饮水温度可降至 10～20℃。

（3）泌乳母牛的饲养管理　泌乳母牛是指母牛生了犊牛，产奶带犊的时间。泌乳母牛饲养得好坏，对母牛的分娩、泌乳、发情、配种受胎、犊牛的断奶重、犊牛的健康和正常发育都十分重要，是母牛饲养的关键阶段。带犊泌乳母牛的采食量及营养需要，是母牛各生理阶段中最高的和最关键的。热能需要增加 50%，蛋白质需要量加倍，钙、磷需要量增加 3 倍，维生素需要量增加 50%。母牛日粮如果缺乏这些物质，可能会使其犊牛生长停滞，患下痢、肺炎和佝偻病等。严重损害母牛和犊牛的健康。为了使母牛获得充足的营养，应给以品质优良的青草和干草。豆科牧草是母牛蛋白质和钙质的良好来源。为了使母牛获得足量的维生素，可多喂青绿饲料。冬季青绿饲料缺乏可加喂青贮料、胡萝卜和大麦芽等。

（4）空怀母牛的饲养管理　空怀母牛的饲养管理主要是围绕提高受配率、受孕率、充分利用粗饲料、降低饲养成本而进行的。繁殖母牛在配种前应具有中上等膘情，过肥往往影响繁殖。在日常饲养管理工作中，倘若喂给过多的精料而又运动不足，易使母牛过肥，造成不发情。在肉用母牛的饲养管理中，这是最常出现的，必须加以注意。但在饲料缺乏、母牛瘦弱的情况下，也会造成母牛不发情而影响繁殖。这种情况在干旱歉收或草畜比例失调的地区容易出现。实践证明，如果母牛前一个泌乳期内给以足够的平衡日粮，管理周到，能提高母牛的受胎率。瘦弱母牛配种前 1～2 个月加强营养，适当补饲精料，也能提高受胎率。

母牛发情，应及时予以配种，防止漏配和失配。对初配母牛，应加强管理，防止早配。经产母牛产犊后 3 周要注意其发情情况，对发情不正常或不发情者，要及时采取措施。一般母牛产后 1～3 个情期，发情排卵比较正常，随着时间的推移，犊牛体重增大、消耗增多，如果不能及时补饲，往往母牛膘情下降，发情排卵受到影响，因此，产后多次错过发情期，则情期受胎率会越来越低。如果出现此种情况，应及时进行直肠检查，摸清情况，进行处理。

母牛出现空怀，应根据不同情况加以处理。造成母牛空怀的原因，有先天和后天两个因素。先天不孕一般是由于母牛生殖器官发育异常，如子宫颈位置不正、阴道狭窄、异性孪生的母犊和两性畸形等，先天性不孕的情况较少，在育种工作中淘汰那些隐性基因的携带者，就能加以解决。后天性不孕主要是由于营养缺乏、饲养管理不当及生殖器官的疾病所致。

成年母牛因饲养管理不当造成不孕，在恢复正常营养水平后，大多能够自愈。在犊牛时期由于营养不良致生长发育受阻，影响生殖器官正常发育而造成的不孕，则很难用饲养方法补救。若育成母牛长期营养不足，则往往导致初情期推迟，初产时出现难产或死胎，而且影响以后的繁殖力。

运动和日光浴对增强牛群体质、提高牛的生殖机能有密切关系，牛舍内通风不良、空气污浊、含氨量超过 0.02 毫克/升、夏季闷热、冬季寒冷、过度潮湿等恶劣环境极易危害牛体健康，敏感的个体很快停止发情，因此，改善饲养管理条件也十分重要，特别是能给母牛以充分光照，对促进母牛发情十分有利。

2. 成年公牛的饲养管理

成年公牛精、粗饲料的给量标准，可按每 100 千克体重每天约 1 千克干草和 0.5 千克精料喂给。即一头体重 1000 千克的公牛，每天应喂给 10 千克干草和 5 千克混合精料。这些饲料量应根据不同公牛的体况和营养标准进行适当调整。日粮应是全价营养，多样配合，适口性好，容易消化，精、粗、青料搭配适当，蛋白质的生物学价值高。对种公牛来说，应注意多汁饲料和粗饲料不可过量，以免形成"草腹"。也不宜喂过量的能量，以免公牛过肥。公牛日粮中钙的含量不宜过多，特别是对老年公牛。当饲喂豆科粗料时，精料中不应再补充钙质。

成年公牛的管理与育成公牛管理基本相同。所不同的是，成年种公牛承担了配种任务，除在育成公牛管理中所述外，还应结合刷拭按摩睾丸，一般每次按摩 5～10 分钟。同时还要及时检查蹄趾有无异常，要求保持蹄壁和蹄叉洁净；经常涂抹凡士林或无刺激性的油脂，以防蹄裂；发现蹄病及时治疗，定期修蹄，蹄形不正则需矫正。另外，应保证种公牛充足而清洁的饮水，配种或采精前后或运动前后半小时不宜饮水，以免影响公牛的健康。在配种或采精高峰季节，每周要让公牛休息 1 天，只有正确使用公牛，才能延长其利用年限。

四、牛群的安全度夏和越冬

1. 夏季防暑降温

炎热天气影响牛的采食量，使牛应激增加，感染疾病机会上升。因此，肉牛生产要做好防暑降温工作。

夏季高温时，如果肉牛育肥场采用拴系饲养方式，限制牛的活动，应将牛拴系在树阴下或四面通风的棚子下，以防阳光的直接照射。拴系饲养还要注意随着阳光角度的改变而改变拴系的地点，以防止阳光对牛的直接照射。最好让牛在运动场中自由运动。除非严寒季节，运动场四周不应有墙，否则不利于通风降温。

炎热夏季应及时供给牛清凉的饮水，并增加饮水的次数，最好能让牛自由饮用。当气温为 25～35℃时，每采食 1 千克饲料需水 4～10 升。气温高于 35℃时，采食 1 千克饲料需水 8～15 升。饮水一方面可以补充水分的排泄，另一方面可以防暑降温。牛一次饮用 20 升 15℃左右的水，可使瘤胃温度从 39℃下降到 20℃左右，并保持 1～2 小时。因此，在夏季供给充足、凉爽、洁净的饮水，对肉牛的防暑降温及生长有非常重要的意义。

一般情况下，肉牛分上午和下午两次饲喂。夏季气温高，牛的采食量下降 10% 左右，导致进食不足。所以，有必要在晚上较凉爽时再饲喂一次，以保证牛的采食量不受影响。增加饲喂次数或连续饲喂，可减少牛的产热。另外，日粮要选择优质粗料如青绿饲料、青干草或青贮玉米等。麦秸、稻草质量较差，不易消化，不经加工处理直接饲喂，可使牛产热增多，增加热负荷，所以应减少日粮中低质粗料的比例，增加易消化料的比例。部分粗料可在凉爽的晚上饲喂。

天气炎热，要及时清理牛舍地面上的粪尿，对于水泥地面，可以用自来水冲洗，这样既可以保持卫生，亦可降低牛舍内的温度。

2. 冬季防寒保暖

牛的正常体温为 38.5℃。在北方一些地区，冬季外界环境温度很低，如果牛舍保温效果不好，肉牛就要用很多营养物质产热，造成饲料利用率下降，日增重减少。从饲养管理的角度，要尽量减少风、雪对肉牛的影响，注意改善牛舍的保温效果。尽管有些品种的肉牛耐寒能力较强，但用于产热维持体温的营养物质消耗并不减少。除了外界环境温度对肉牛的饲料利用率及增重有较大影响外，冬季饮水和饲料的温度对于肉牛也有影响。肉牛瘤胃内容物的温度与体温相近，一般为 38～41℃，但受饮水和饲料的温度影响较大。若饮水温度为 25℃，可导致肉牛瘤胃内容物温度下降 5～10℃，此后需要两个多小时才能使瘤胃温度恢复正常。在这段时间内，饲料的消化速度将明显下降。同时饮水从 25℃升高至 38～41℃需要大量热量，这些热量最终亦来源于肉牛消化吸收的营养物质，结果导致动物维持体温的营养物质需要增加，饲料的利用率下降。冬季自来水温度只有 10℃左右，肉牛若饮自来水，可使饲料利用率受到很大影响。假设一头肉牛饮水 20 升，水温 10℃，则这些水升温至 39℃需要的热量相当于 1.6 千克玉米。也就是说，这些玉米起不到增重的作用，被用作升温饮水。因此，有条件的地方，冬季最好喂肉牛温水。饮水温度在 20℃左右比较合适。将饮水加热虽然消耗一定的燃料，但从提高饲料利用率和日增重、保持肉牛的健康来说仍是有利的。

第二节　生态肉牛规模化养殖的育肥技术

不同年龄的牛，体组织的生长顺序和强度不同，如青年牛是骨肉一起长，架子牛主要是长肉和长膘，而老残牛则是以增膘为主，而且牛的年龄不同，消化系统的功能也有差别。因此，在育肥过程中，牛的年龄不同，其所用育肥饲料及育肥期长短、育肥具体措施都有很大差异。一些养殖户不了解这个情况，在实际生产中不分牛的年龄和特点，一味求购体重大的个体牛，育肥方法千篇一律，造成牛出栏时膘情不一致，严重影响育肥效果和生产效益。

一、小白牛肉生产技术

1. 小白牛肉

小白牛肉也叫白牛肉，是指犊牛在生后只喂全乳、脱脂乳或代用乳、不喂植物性饲料进行牛肉生产的一种方法。由于生产白牛肉时，犊牛不饲喂其他任何植物性饲料，甚至连垫草也不能让其采食，因此白牛肉不仅饲喂成本高，牛肉售价也高，其价格是一般牛肉价的 8～10 倍。小白牛肉，肉质细嫩、味道鲜美，风味独特，肉色白或稍带浅粉色，营养价值高，蛋白质含量比一般牛肉高 63%、脂肪却低 95%，人体所需的氨基酸和维生素含量丰富，是一种理想的高档牛肉。

2. 适宜小白牛肉生产的品种

生产小白牛肉应尽量选择早期生长发育速度快的肉牛品种，要求初生重在 38～45 千克、健康无病、无缺损、生长发育快、消化吸收机能强、3 月龄前的平均日增重必须达到 0.7 千克以上。因为公犊牛生长快，可以提高牛肉生产率和经济效益，生产小白牛肉，目前多选择公犊牛。

3. 饲养管理

犊牛生后 1 周内，必须要吃足初乳；至少在出生 3 天后应与其母牛分开，实行人工哺乳，每日哺喂 3 次。生产小白牛肉每增重 1 千克牛肉约需消耗 10 千克奶，用代乳料或人工乳平均每产 1 千克小白牛肉约消耗是 1.3 千克。小白牛肉最大的特点是肉质颜色发白、具有奶香口味。为了达到这样的结果，生产上主要是通过饲料营养和饲喂方法控制。营养上的措施目前主要是饲喂低铁低铜日粮，甚至造成犊牛在一个贫血状态下生产，实现肉质发白，饲料组成中只饲喂全乳或代乳品来供给其营养，不饲喂精饲料和粗饲料，通过全奶或者奶制品实现小白牛肉的奶香味。饲喂方法上，控制犊牛不接触泥土，所以育肥牛栏多采用漏粪地板。

近年来采用代乳料加入人工乳喂养越来越普遍，但要求尽量模拟全牛乳的营养成分，特别是氨基酸的组成、热量的供给等都要求适应犊牛的消化生理特点。生产小白牛肉应以全乳或代乳品来供给其营养，代乳品必须以乳制品副产品作为原料进行生产。

小白牛肉生产过程中，每日喂料 2～3 次，自由饮水。冬季应饮

20℃左右的温水,夏季可饮凉水。犊牛发生软便时,不必减食,可以给予温开水,但给水量不能太多,以免造成"水腹"。若出现消化不良,可酌情减少喂奶量,并用药物治疗。如下痢不止、有顽固性症状时,则应进行绝食,并注射抗生素类药物和补液。小白牛肉生产过程中的液体饲料喂量应根据犊牛的食欲和健康而定,一般第一个月每天可饲喂6~7千克,第二个月每天可饲喂7~9千克,第三个月每天可饲喂9~10千克。

4. 小白牛肉的出栏时间

小白牛肉的出栏时间,可根据市场行情而定,一般在15~20周,体重在90~130千克。体重过小,生产成本升高;体重过大,容易失去小白牛肉的特点。

二、小(红)牛肉生产技术

所谓小牛(犊牛)肉是指犊牛出生后一周岁之内,在特殊饲养条件下育肥后生产的牛肉。小牛肉富含水分,鲜嫩多汁,蛋白质含量高而脂肪含量低,风味独特,营养丰富,胴体表面均匀覆盖一层白色脂肪,是一种理想的高档牛肉。育肥出栏后的犊牛屠宰率可达到58%~62%,肉质呈淡粉红色,所以也称为小红牛肉。在养牛业发达的国家,大部分奶公犊和淘汰母犊均作小牛肉去生产。

1. 犊牛的要求

生产小牛(犊牛)肉应尽量选择早期生长发育速度快的牛品种,因此,肉用牛的公犊和淘汰母犊是生产小牛肉的最适宜的犊牛。在国外,乳用牛公犊也被广泛用于小牛肉生产。在我国目前的条件下,还没有专门化肉牛品种,应以选择荷斯坦公犊为主,利用奶公犊前期生长速度快、育肥成本低的优势,以利于组织生产。生产小牛肉,因公犊生长快,可以提高牛肉生产效率和经济效益,犊牛以选择公犊为佳,但亦可利用淘汰的母犊生产小牛肉。但是一般用于小牛肉生产的犊牛初生重不低于35千克,一般为40~42千克。要求提供犊牛的牛场无传染病,犊牛亦健康无病,且无任何遗传病与生理缺陷。体形外貌要求头方大,前管围粗壮,蹄大,宽嘴宽腰。

2. 饲养管理

为了保证犊牛的生长发育潜力充分发挥,代乳品和育肥精料的饲喂一定要数量充足、质量可靠。可采用代乳品喂养以节省用奶量。实践证明，采用全乳的犊牛比用代乳品的犊牛日增重高。因此，在采用全乳还是代用乳饲喂时，国内可根据综合的经济效益确定。小规模生产中，使用全乳喂养可能效益更好。

犊牛出生后3天内可以采用随母哺乳，也可采用人工哺乳，一般出生3天后必须改由人工哺乳，1月龄内按体重的8%～9%喂给牛奶或相当量的代乳料，精料从7～10日龄开始训练犊牛学习采食，以后逐渐增加，20～30天时采食到0.5～0.6千克，青干草或青草任其自由采食。1月龄后，犊牛日增重逐渐提高，营养的需求也逐渐由以奶为主向以草料为主过渡，为了提高增重效果并减少疾病发生，精料要高热能、易消化，并加入少量抑菌药物。为了使小牛肉肉色发红，可在全乳或代用乳中补加铁和铜，这样可以提高肉质和减少犊牛疾病的发生，如同时再添加些鱼粉或豆饼，则肉色更加发红。

饲喂代乳粉前，应先将代乳粉加少量凉开水，充分搅拌直至无团块时为止，然后加热开水调到60℃使其充分溶解，喂前用凉开水调整温度到38～39℃后饲喂犊牛，浓度以1份代乳粉加6份水的比例为宜。代乳品可以从市场购买也可以自己配制，配制代乳品时原料中乳制品应占70%以上。一般推荐原料用量为脱脂奶粉60%～70%、动物油脂15%～20%、乳清15%～20%、植物原料1%～10%、维生素矿物质1%～2%。为了提高生长速度和减少腹泻，目前生产中饲喂全乳时也加入5%～10%的猪油。

饲喂代乳品时要特别注意乳温，否则易产生各种疾病，特别是腹泻问题。一般1～2周饲喂代乳品控制乳温38℃左右，以后每周降低1～2℃，维持到30～35℃不再降低。代乳品以每天2～3次为宜，饲喂量为开始每天0.5千克，以后逐渐增加，到4周时每天饲喂1.5千克左右。4周以后代乳品逐渐减少，增加精料喂量（表9-1）。

表9-1　小牛肉生产过程中生长速度及饲料喂量

周龄	体重 /千克	增重 /（千克/天）	喂乳量 /（千克/天）	精料喂量 /（千克/天）	干草喂量 /（千克/天）
0～3	40～59	0.6～0.8	5～7	自由采食	自由采食
4～7	60～79	0.9～1.0	7～8	0.1	自由采食
8～16	80～99	0.9～1.1	8	0.4	自由采食

周龄	体重 /千克	增重 /(千克/天)	喂乳量 /(千克/天)	精料喂量 /(千克/天)	干草喂量 /(千克/天)
11～13	100～124	1.0～1.2	9	0.6	自由采食
14～16	125～149	1.1～1.3	9	0.9	自由采食
17～21	150～199	1.2～1.4	9	1.3	自由采食
22～27	200～250	1.1～1.3	8	2.0	自由采食
28～35	251～300	1.1～1.3		3.0	自由采食
合计			1500	350	

初生犊牛要及时哺喂初乳，提高机体免疫力，减少疾病的发生，最初几天要在每千克代乳品中添加抗生素。保证犊牛的充足饮水，饲喂要做到定时定量，注意卫生，预防消化不良和下痢的发生。犊牛舍温度应保持在15℃左右，每日清扫粪尿1次，并用清水冲洗地面，每周室内消毒1次，并保证牛舍通风良好。

3. 出栏时期的选择

出栏时期的选择应根据消费者对小牛肉口味喜好和市场而定，不同国家之间并不相同。小牛肉生产一般分为大胴体和小胴体两种。犊牛育肥至6～8月龄，体重达到250～300千克，屠宰率58%～62%，胴体重130～150千克称为小胴体。如果育肥至8～12月龄屠宰活重达到350千克以上，胴体重200千克以上，则称为大胴体。要生产小胴体，育肥至6月龄可以出栏，要生产大胴体，可继续育肥至7～8月龄或1周岁出栏。

三、青年牛持续育肥技术

青年牛的持续育肥是将6月龄断奶的健康犊牛饲养到1.5岁，使其体重达到400～500千克出售。青年牛持续育肥广泛用于美国、加拿大和英国等地。持续育肥由于在饲料利用率较高的生长阶段保持较高的增重，加上饲养期短，故总效率高。生产的牛肉鲜嫩，仅次于小牛肉，而成本较犊牛低，是一种很有推广价值的育肥方法。青年牛持续育肥饲养期一般分为适应期、增肉期和催肥期三个阶段。青年牛持续育肥方式有舍饲育肥、放牧加舍饲育肥和放牧育肥法。

1. 青年牛持续育肥阶段的划分

青年牛持续育肥饲养期一般分为适应期、增肉期和催肥期三个阶段。适应期一般为 1 个月，主要目的是让牛适应育肥的环境和饲料，起过渡作用。增肉期一般为 8～9 个月，时间较长，又可分为增肉前期和增肉后期。增肉前期牛的体重较小，饲料喂量少；增肉后期体重增加，饲料喂量增多。催肥期为 2～3 个月，目的是让牛尽快增膘。

2. 舍饲育肥技术

舍饲育肥的适应期，每天饲粮的组成以优质青草、氨化秸秆及少量麸皮为佳。麸皮喂量由少到多，不断增加，一般开始时 1 千克左右，当犊牛每天能稳定吃到 1.5～2.0 千克麸皮时，可逐渐将麸皮过渡为育肥饲料，适应期即告结束。在适应期，每头牛的饲料平均日喂量应达到青草 3～5 千克（或酒糟 3～5 千克）、氨化秸秆 5～8 千克、麸皮 1～1.5 千克、食盐 30～50 克。如果喂不到这么多就会影响牛的增重。在适应期，若发现牛消化不良，可喂给干酵母，每头每天20～30 片。若粪便干燥，可喂给多维素 2～2.5 克或植物油 250 毫升，并适当增加青饲料的喂量。

增肉期的饲养，一般增肉前期饲料的日喂量可控制为青草 8～10 千克、氨化秸秆 5～10 千克、麸皮、玉米粗粉、饼类各 0.5～1 千克、尿素50～70 克、食盐 40～50 克；后期各类饲料日喂量为青草（或酒糟）10～15 千克、氨化秸秆 10～15 千克、麸皮 0.75～1 千克、玉米粗粉 2～3 千克、饼粉 1～1.25 千克、尿素 80～100 克、食盐 50～60 克。

催肥期的饲养，日粮中能量饲料要适当增加。日粮可为青草（或酒糟）15～20 千克、氨化秸秆 10～15 千克、麸皮 1～1.5 千克、玉米粗粉 3～3.5 千克、饼粉 1.3～1.5 千克、尿素 80～100 克、食盐70～80 克。如发现牛食欲不好可添加瘤胃素 200 毫克/日·头。

3. 放牧加补饲持续育肥法

在牧草条件较好的牧区，犊牛断奶后，以放牧为主，根据草场情况，适当补充精料或干草，使其在 18 月龄体重达 400～500 千克。要实现这一目标：母牛哺乳阶段，犊牛平均日增重要达到 0.9～1 千克，冬季日增重保持 0.4～0.6 千克，第二季日增重在 0.9 千克；在枯草季节，对杂交牛每天每头补喂精料 1～2 千克。放牧时应做到分群，每群 50 头左右，分群轮牧。在我国，1 头体重 120～150 千克牛需

1.5～2 公顷的牧场，放牧育肥时间从出生当年 5～11 月，放牧时要注意牛的休息和补盐。夏季防暑，狠抓秋膘。

4. 放牧—舍饲—放牧持续育肥法

此种育肥方法适应于 9～11 月出生的犊牛。犊牛出生后随母牛哺乳或人工哺乳，哺乳期日增重 0.6 千克，断奶时体重达到 100 千克。断奶后以粗饲料为主，进行冬季舍饲，自由采食青贮料或干草，日喂精料不超过 2 千克，平均日增重 0.9 千克。到 6 月龄体重达到 180 千克。然后在优良牧草地放牧（此时正值 4～10 月份），要求平均日增重保持 0.8 千克。到 12 月龄可达到 300～350 千克。转入舍饲，自由采食青贮料或青干草，日喂精料 2～5 千克，平均日增重 0.9 千克，到 18 月龄，体重达 450 千克左右。

四、架子牛快速育肥技术

架子牛是指体格发育基本成熟，肌肉脂肪组织尚未充分发育的青年牛。其特点是骨骼和内脏基本发育成熟，肌肉组织和脂肪组织还有较大发展潜力。随着我国畜牧产业结构的调整及国内外肉类市场需求的变化，肉牛生产将出现蓬勃发展的趋势。架子牛快速育肥是我国肉牛生产的重要方式。

1. 架子牛快速育肥的条件

快速育肥的架子牛应选择优良的肉牛品种及其与本地黄牛的杂交后代。目前，我国饲养的肉牛品种主要有夏洛来、西门塔尔、安格斯、海福特、利木赞、皮尔蒙特、草原红牛等。

架子牛应选择 15～18 月龄的架子牛。其年龄可根据出生记录进行确定，也可根据牙齿的脱换情况进行判断，可选择尚未脱换或第一对门齿正在更换的牛，其年龄一般在 1.5 岁左右。架子牛育肥选择没有去势的公牛最好，其次为去势的公牛，不宜选择母牛。

体重越大年龄越小说明牛早期的生长速度快，育肥潜力大。育肥结束要达到出栏时的体重要求，一般要选择 1.5 岁时体重达到 350 千克以上的架子牛。体重的测量方法可用地磅实测，也可用体尺估测。体尺估测的公式为：未经育肥的纯种肉牛和三代以上改良种肉牛体重（千克）＝胸围²（厘米）×体斜长（厘米）÷10800；三代以下的杂交改良肉牛体重（千克）＝胸围²（厘米）×体斜长（厘米）÷

11420；经育肥后的肉牛体重（千克）＝胸围^2（米）×体斜长（米）×87.5。胸围是指肩胛后缘垂直地面胸部的围径，体斜长是指肩端到臀端的长度。二者均为使用皮尺测量的结果。

架子牛应选择精神饱满、体质健壮、鼻镜湿润、反刍正常、双目圆大且明亮有神、双耳竖立且活动灵敏、被毛光亮、皮肤弹性好、行动自如的青年牛。在外貌方面，应选择体格高大、前躯宽深、后躯宽长、嘴大口裂深、四肢粗壮、间距宽的牛；切忌选择头大、肚大、颈部细、体短、肢长、腹部小、身窄、体浅、屁股尖的架子牛。

2. 育肥前的预处理措施

育肥前根据架子牛的体重、年龄、性别将其相近的牛进行分群重组。分群后立即进行驱虫。根据牛的体重，计算出用药量，逐头进行驱虫。驱虫方法有拌料、灌服、皮下注射等。驱虫药物可选用虫克星、左旋咪唑、抗蠕敏等。一周后再进行第二次驱虫。

育肥牛的圈舍在进牛前用 20％生石灰或来苏儿消毒，门口设消毒池，以防病菌带入。牛体消毒用 0.3％的过氧乙酸消毒液逐头进行一次喷体，3 天以内用 0.25％的螨净乳化剂对牛进行一次普擦。

由于牛对饲料中的硬物缺乏识别能力，且采食咀嚼不全，故常会食入铁丝铁钉等异物，胃肠蠕动时会损伤胃内壁，引起感染。架子牛育肥前必须取铁消炎。其方法是用牛胃异物探测仪检测牛胃内异物，有金属异物的用铁质异物吸取器吸取，再用广谱抗生素（如土霉素、氯霉素、庆大霉素）进行消炎。

在育肥前，要进行饲料的过渡饲养，以建立适应育肥饲料的肠道微生物区系，减少消化道疾病，保证育肥顺利进行，生产中称这个过程为换肚或换胃。其方法是牛入舍前两天只喂一些干草之类的粗料。入舍后前一周以干草为主，逐日加入一些麸皮，一周后开始加喂精料，10 天左右过渡为配合精料。

3. 架子牛快速育肥的饲养

配合日粮时，首先要满足架子牛的营养需要，按饲养标准供给营养。在具体生产中，根据牛的个体情况、环境条件和具体运用效果适当调整。第二，要保证饲料的品质和适口性，使架子牛既能尽量多采食饲料，又能保证良好的消化。第三，要保证饲料组成多样化。在配合饲料时尽量选用多种原料，以达到养分互补、提高饲料利用率的效果。第四，要注意充分利用当地资源丰富的饲料，以保证日粮供给长期稳定和成本价格低廉。第五，为了满足架子牛的补偿生长需求，可适当提高营养标准。一般可提高 10%～20%。

架子牛育肥过程中，营养的供给要保证不断增长的态势，并在出栏前达到最高水平。营养供给持续增长可通过不断增加精料喂量，调整精粗比例来实现。一般在预饲阶段以精料为主适当添加麸皮，育肥的第一个月精粗比例为 50%，且喂精料 3～5 千克；育肥的第二个月精粗比例为 70%，日喂精料 6 千克左右；育肥第三个月精粗比例为 80%～85%，日喂精料 7～8 千克。

架子牛育肥期间可采用每天饲喂 2～3 次的方法。每次饲喂的时间间隔要均等，以保证牛只有充分的反刍时间。

架子牛育肥期间每天应饮水三次，日喂两次时，在每次喂完后，各饮水 1 次，中午加饮 1 次。每天饲喂三次者，均在每次饲喂后让牛饮水。饮水要干净卫生，冬季以温水为好。架子牛育肥过程中，饲料饲喂顺序为先喂草、后喂料，最后饮水。饲草要铡短铡细，剔出杂物，洗净泡软或糖化后喂给，精料拌湿喂牛。

4. 架子牛快速育肥的管理

进场的架子牛要造册登记建立技术档案，对牛的进场日期、品种、年龄、体重、进价等，进行详细登记。在育肥过程要记录增重、用料、用药及各种重要技术数据。

进牛前对牛舍进行一次全面消毒，一般可用 20% 石灰乳剂或 2% 漂白粉澄清液喷洒。农村土房旧舍，可用石灰乳剂将墙、地涂抹一遍，地面垫上新土，再用石灰乳剂消毒一次。进牛后对牛舍每天打扫一次，保证槽净、舍净。同时经常观察牛的动态、精神、采食、饮水、反刍，发现问题及时处理。育肥前根据本地疫病流行情况注射一次疫苗。

架子牛的牛舍要求不严，半开放式、敞篷式均可，只要能保证冬季不低于 5℃、夏季不高于 30℃、通风良好就是适宜的牛舍。牛床一般长 160 厘米、宽 110 厘米，有条件的可用水泥抹平，坡度保持 1%～2%，以便于保持牛床清洁。

架子牛的运动场要设在背风向阳处，运动场内每头牛建造一个牛桩，育肥期间将牛头用缰绳固定于距桩约 35 厘米处，限制牛的运动。

日光照射架子牛，可以提高牛的新陈代谢水平，促进生长。每天饲喂后，天气好时要让牛沐浴阳光。一般冬季9点以后，4点以前；夏季上午11点以前，下午5点以后都要让架子牛晒太阳。

刷拭可以促进体表血液循环和保持体表清洁，有利于新陈代谢，促进增重。每天在牛晒太阳前，都要对牛从前到后，按毛丛着生方向刷拭一遍。每月月底定时称重，以便根据增重情况，采取相应饲养措施或者出栏。

5. 架子牛育肥后的适时出栏

架子牛适时出栏的标准是当其补偿生长结束后立即出栏。架子牛快速育肥是利用架子牛的补偿生长原理，即在其生长发育的某一阶段，由于饲养管理水平降低或疾病等原因引起生长速度下降，但不影响其组织正常发育，当饲养管理或牛的健康恢复正常后，其生长速度加快，体重仍能恢复到没有受影响时的标准进行肉牛生产。当牛的补偿结束以后继续饲养，其生长速度减慢，食欲降低，高精料的日粮还会造成牛消化紊乱，引起发病。因此，补偿生长结束后要立即出栏。

牛的膘情是决定出栏与否的重要因素。架子牛经育肥后体形变得宽阔饱满、膘肥肉厚，整个躯干呈圆筒状，头颈四肢厚实背腰肩宽阔丰满，尻部圆大厚实，股部肥厚（图9-2）。用手触摸牛的鬐甲、背腰、臀部、尾根、肩胛、肩端、肋部、腹部等部位感到肌肉丰厚，皮下软绵；用手触摸耳根、前后肋和阴囊周围感到有大量脂肪沉积，说明膘情良好，可以出栏。

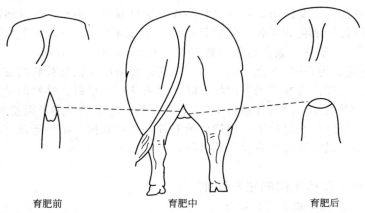

育肥前　　　　　　　育肥中　　　　　　　育肥后

图9-2　架子牛育肥前后的体形变化

食欲是反映补偿生长完成与否的主要因素。架子牛通过胃肠调理以后，食欲很好，采食量不断增加。当补偿生长结束后，牛的采食量开始下降，食欲逐渐变差，消化机能降低。在架子牛育肥后期，若出现食欲降低，采食量减少，经过一些促进食欲的措施之后，牛的食欲仍不能恢复，说明补偿生长结束，要及时出栏。

经过2～3个月育肥后，架子牛达到550千克以上，增重达150千克以上，平均日增重达1～1.5千克时，继续饲养增重速度减慢，应适时出栏。

五、老残牛短期育肥技术

老残牛也称淘汰牛，主要指淘汰的成年母牛、肉用母牛和役用牛等，育肥的目的是为了提高这些牛的肉品质、屠宰率和牛肉的产量。由于这些牛大多已过了快速生长期，过度地长时间育肥可使其体内大量沉积脂肪，所以，育肥期往往不能时间太长，一般为2～3个月。育肥的方法是舍饲并限制运动，供应优质的干草、青草、经处理的秸秆或糟渣类饲料，并喂给一定量的精料，特别注意饲喂容易消化的饲料。这样，经短期饲养，牛的增重加快，肌肉间脂肪沉积增加，使牛的屠宰率提高，牛肉的嫩度改善，品质提高。在有条件的牧场，淘汰牛的育肥也可采用放牧饲养的方法，如果牧草质量好，可不补充精料，这样可以节约牛的育肥成本。

目前的主要做法是，饲喂时将各种饲料混匀、闷软，少量多次饲喂，以促进消化和吸收。催肥日粮组成为玉米面1.5～2.5千克、豆粕0.5～1千克、氨化秸秆（或草粉）10～15千克、骨粉50克、食盐50克、促长剂50克。如果是青草期，可采用放牧加补料的方法进行催肥，即白天在草场上放牧，晚上回来补一些精料。补料的量由少到多逐渐增加，每天补精料1～2千克。精料的组成以玉米粗粉为主。在老残牛的催肥过程中应保持环境安静，加强刷拭，减少运动，增加日光浴，最好选择在春秋两季进行。

六、高档牛肉的生产技术

1. 高档牛肉和高档肉牛

高挡牛肉是指制作国际高档食品的优质牛肉，要求肌肉纤维细嫩，肌肉间含有一定量的脂肪，所做食品既不油腻也不干燥，鲜嫩可口。牛肉品质优劣的分级标准包括多项指标，每个国家对高档牛肉的概念是不同的。一般把色泽和新鲜度好、脂肪含量适宜、大理石状明显、嫩度好、食用价值高的牛肉称为"高档牛肉"。牛肉品质档次的划分主要依据牛肉本身的品质和消费者主观需求，因此国外有多种标准，如美国标准、日本标准、欧盟标准等。

高档肉牛是指用于生产高档牛肉的肉牛，是通过选择适合生产高档牛肉的品种、采用一定的饲养方法，生产出肉质色泽和新鲜度好、脂肪含量适宜、大理石状明显、嫩度好、食用价值高、可供分割生产高档牛肉的肉牛。

高档牛肉占牛胴体的比例最高可达12%，高档牛肉售价高，因此提高高档牛肉的出产率可大大提高养肉牛的生产效率。一般每头育肥牛生产的高档牛肉不到其产肉量的5%，但产值却占整个牛产值的47%；而饲养加工一头高档肉牛，则可比饲养普通肉牛增加收入2000元以上，可见饲养和生产高档优质牛，经济效益十分可观。

2. 高档肉牛生产要点

（1）适宜的品种　适宜高档肉牛生产的品种，主要为引入的国外优良肉牛品种，如安格斯牛、利木赞牛、皮埃蒙特牛、夏洛来牛、西门塔尔牛、蓝白花牛等，及其这些品种与我国的五大优良黄牛品种秦川牛、晋南牛、鲁西牛、南阳牛、延边牛等的高代杂种后代牛。这些品种或后代生产性能好、生长速度快、饲料报酬高，易于达到育肥标准。我国的五大良种黄牛及部分地方品种如复州牛、渤海黑牛、科尔沁牛也适于高档肉牛生产。

（2）性别选择　性别对于牛肉的品质影响较大，无论从风味还是从嫩度、多汁性等方面均有影响。此外，性别对于肉牛的生产性能也有较大影响，综合各方面因素，通常用于生产高档优质牛肉的牛一般要求是阉牛。因为阉牛的胴体等级高于公牛，而生长速度又比母牛快。因此，在生产高档牛肉时，应对育肥牛去势。去势时间应选择在3～4月龄以内进行较好。其优点是可以改善牛肉的品质，日本、韩国、英国等国家广泛应用去势牛进行高档肉牛生产。

（3）年龄选择　生产高档肉牛时，开始育肥年龄选择为18～24月龄为好，此时期不仅是牛的生长高峰期，而且是肉牛体内脂肪沉积的高峰期。如果育肥牛的年龄确定为 18～36 月龄，那么大于 36 月龄的牛生产高挡牛肉的比例极低。如果利用纯种牛生产高档牛肉，出栏年龄不要超过 36 月龄，利用杂种牛，最好不要超过 30 月龄。因此，对于育肥架子牛，要求育肥前 12～14 月龄体重达到 300 千克，经6～8 个月育肥期，活重能达到 500 千克以上，可用于高档肉牛生产。

（4）饲养管理技术　生产高档肉牛，要对饲料进行优化搭配，饲料应尽量多样化、全价化，按照育肥牛的营养标准配合日粮，正确使用各种饲料添加剂。育肥初期的适应期应多给饲草，日喂 2～3 次，做到定时定量。对育肥牛的管理要精心，饲料、饮水要卫生、干净，无发霉变质。冬季饮水温度应不低于 20℃。圈舍要勤换垫草，勤清粪便，每出栏一批牛，都应对厩舍进行彻底清扫和消毒。

应根据生长阶段和生理特点，在断奶至 12～13 月龄的育成期，体重由 90～110 千克到 300 千克左右。这期间特别是牛的消化器官、内脏、骨骼发育快，到 12～13 月龄时基本上结束这些器官的发育。另外，肌肉在此期还正在发育，应供给高蛋白质低能量饲料。在13～24 月龄育肥期间，主要饲喂低蛋白质、高能量饲料，增加精饲料的饲喂量，促进肌肉内的脂肪沉积。这一时期应喂给大麦等形成硬脂肪的各种饲料，增加饲料的适口性，禁止饲喂青草、青贮饲料。

（5）适时出栏　为了提高牛肉的品质（大理石花纹的形成、肌肉嫩度、多汁性、风味等），应该适当延长育肥期，增加出栏重。出栏时间不宜过早，太早影响牛肉的风味，因为肉牛在未达到体成熟以前，许多指标都未达到理想值，而且产量也上不来，影响整体经济效益；但出栏时间也不宜过晚，因为太晚肉牛身体脂肪沉积过多，不可食肉部分增多，而且饲料消耗量增大，也达不到理想的经济效益。中国黄牛体重达到 550～650 千克、25～30 月龄时出栏较好。有研究，体重在 450 千克的，屠宰率可达到 60.0%、眼肌面积达到 83.2 厘米^2、大理石花纹 1.4 级；体重在 600 千克的，屠宰率可达到 62.3%、眼肌面积达到 92.9 厘米^2、大理石花纹 2.9 级。

3. 高档肉牛和高档牛肉的质量评定

我国现行高档肉牛和高档牛肉尚无统一标准，高档肉牛可参照屠宰等级评定方法，等级较高的肉牛为高档肉牛，而高档牛肉可根据相关肉质指标进行确定。

　　待屠宰牛等级，是与一定的胴体等级相对应的。临宰前活牛等级评定的方法包括两部分：一是质量等级，二是产量等级。在评定时不计品种因素。屠宰牛一般不是犊牛，也不是老年牛，在通常情况下，为2～4岁的牛。这是屠宰厂对收购的牛只进行产量及其品质进行预估的方法。集市贸易中牛的经营者在长年累月的收购工作中积累有丰富的经验，能相当准确地估出屠宰后牛的胴体重。但要准确估计产值这依然是不够的，因为牛胴体的产值决定于屠宰率，以及背膘厚度、腔内脂肪量和眼肌面积等各项指标。待宰牛较消瘦的，屠宰率低，随着达到满膘的程度，屠宰率逐步提高，这是普遍的规律。然而，育肥到一定程度时，膘度继续增加，牛的皮下脂肪、腔内脂肪和肌肉间脂肪也继续提高。当牛过肥时，虽然屠宰率很高，但在切割成商品牛肉时要切除过厚的皮下脂肪、腔内脂肪，且过肥的肉块为中低档售价，因此，收购过肥的牛在销售中得不到回报，相反其回报率低于屠宰率较低但适度育肥的产量等级。因此，在现代肉牛业的生产中，只会从活牛估出胴体重是不够的，而必须区分质量等级和产量等级。在发达国家都有相应的评定方法，这里简要介绍美国的评定方法：屠宰牛质量等级，一般分为5级，分别为特级、精选、良好、普通和加工（图9-3）。以上评定的结果，可以与美国牛胴体等级评定相对照，对牛的屠宰和牛肉加工具有重要的参考意义。

　　在屠宰厂有自己育肥牛场的，在收购牛只做后期催肥时，对进场牛只根据不同膘度制定日粮配方具有更重要的意义。对于半手工的屠宰厂或小型屠宰厂，评出质量等级和产量等级，对核算利润也具有重要的指导意义。大型屠宰厂将此评分结果输入电脑管理系统，可用于预报供应市场的牛胴体等级与销售对象间的关系，如果育肥后期的产量等级和质量等级与屠宰后胴体上相应等级呈强相关的话，可事先得知上市牛胴体及分割肉的品位、等级、售价，以及被供应对象对不同肉品要求的相关程度等，是企业管理的重要技术指标之一。

　　我国高档牛肉的标志应包括以下几个方面：第一是大理石花纹等级，眼肌的大理石花纹应达到我国试行标准中的1级或2级；第二是牛肉嫩度，是用特制的肌肉剪切仪测定剪切值为3.62千克以下的出现次数应在65％以上，这类牛肉咀嚼容易，不留残渣、不塞牙，完全解冻的肉块用手触摸时，手指易进入肉块深部；第三是多汁性，高

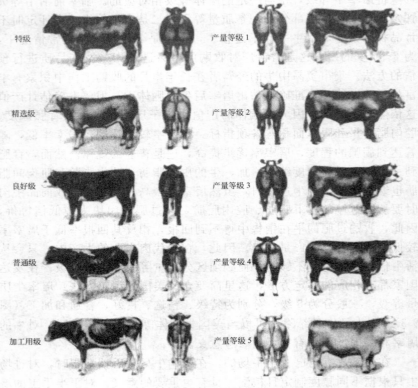

图 9-3　美国肉牛屠宰分级标准

档牛肉要求质地松软，汁多而味浓；第四是牛肉风味，要求具有我国牛肉的传统鲜美可口的风味；第五是高档牛肉块的重量，每块牛柳应在 2 千克以上，每条西冷重量应在 5.0 千克以上，每块眼肌的重量应在 6.0 千克以上；第六是胴体表面脂肪，胴体表面脂肪覆盖率 80% 以上，表面的脂肪颜色洁白；第七是适应我国消费习惯。

第三节　影响肉牛产肉性能的因素

肉牛的产肉能力和肉品质量受多种因素的影响，其主要影响因素为品种、类型、年龄、性别、饲养水平及杂交等。

一、品种和类型的影响

牛的品种和类型是决定生长速度和育肥效果的重要因素，二者对牛的产肉性能起着主要作用。从品种和生产力类型来看，肉用品种的牛与乳用牛、乳肉兼用品种和役用牛相比，其肉的生产力高。这不仅表现在它能较快地结束生长期，能进行早期育肥，提前出栏，节约饲料，能获得较高的屠宰率和胴体出肉率，而且屠体所含的不可食部分（骨和结缔组织）较少，脂肪在体内沉积均匀，大理石纹状结构明显，肉味鲜美，品质好。不同品种间比较，肉用牛的净肉率高于黄牛，黄牛则高于乳用牛。

从体型来看，牛的肉用体型愈明显，其产肉能力也愈高，并且断奶后在同样条件下，当饲养到相同的胴体等级（体组织比例相同）时，大型晚熟品种（如夏洛来）所需的饲养时间长，小型早熟品种（如安格斯）饲养时期较短、出栏早。据报道，断奶后，在充分饲喂玉米青贮和玉米精料的条件下，饲养到一定胴体等级时（体脂肪达30％），平均夏洛来牛需 200 天（体重达 522 千克）、海福特牛需 155 天（体重 470 千克）、安格斯牛需 140 天（体重 422 千克）；平均日增重分别为 1.38 千克、1.33 千克、1.28 千克；消耗饲料干物质总量，夏洛来牛为 1563 千克、海福特牛为 1258 千克、安格斯牛为 1100 千克。

二、年龄的影响

牛的年龄对牛的增长速度、肉的品质和饲料报酬有很大影响。幼龄牛的肌纤维较细嫩、水分含量高、脂肪含量少、肉色淡，经育肥可获得最佳品质的牛肉。老龄牛结缔组织增多、肌纤维变硬、脂肪沉积减少、肉质较粗且不易育肥。

从饲料报酬上看，一般是年龄越小，每千克增重消耗的饲料越少。因年龄较大的牛，增加体重主要依靠在体内贮积高热能的脂肪，而年龄较小的牛则主要依靠肌肉、骨骼和各个器官的生长增加其体重。有人研究报道，秦川牛每千克增重所消耗的营养物质，以 13 月龄牛为最少（平均 5.81 千克），其次是 18 月龄牛（平均为 9.28 千克），再次为 25 月龄牛（平均为 15.20 千克）。亦即年龄越大，增重越慢，每千克增重消耗的饲料越多。

从屠宰指标而言，也有研究报道，在相同的饲养条件下，22.5月龄牛的屠宰率、净肉率、肉骨比最高，其次是18月龄牛，再次是13月龄牛。而眼肌面积则为18月龄牛最大，22.5月龄大于13月龄。

牛的增重速度的遗传力约为0.5~0.6，出生后，在良好的饲养条件下，12月龄以前的生长速度很快，以后明显变慢，近成熟时生长速度很慢。例如，夏洛来牛的平均日增重，初生到6月龄达1.18~1.15千克，而在饲料利用率方面，增重快的牛比增重慢的牛高。据试验，用于维持需要的饲料日增重为0.8千克的犊牛为47%，而日增重1.1千克的犊牛只有38%。我国地方品种牛成熟较晚，一般1.5~2.0岁增重快。因此，在肉牛生产上应掌握肉牛的生长发育特点，在生长发育快的阶段给以充分的饲养，以发挥其增重效益。一般达到体成熟时的一半时屠宰比较经济，如牛的成年体重为1200千克，600千克左右屠宰较为合算。国外对肉牛的屠宰牛龄大多为1.5~2.0岁，国内则为1.5~2.5岁。

三、性别与去势

牛的性别对肉的产量和肉质亦有影响。一般来说，母牛的肉质较好，肌纤维较细，肉味柔嫩多汁，容易育肥。过去习惯对公犊去势后再育肥，认为可以降低性兴奋，性情温顺、迟钝，容易育肥，但近期国内外的研究表明，胴体重、屠宰率和净肉率的高低顺序依次为公牛、去势牛和母牛，同时随着胴体重量的增加，其脂肪沉积能力则以母牛最快，去势牛次之，公牛最慢。育成公牛比阉牛的眼肌面积大，对饲料有较高的转化率和较快的增重速度，一般生长率高，每增重1千克所需饲料比阉牛平均少12%。因而公牛的育肥逐渐得到重视，去势对肉牛产肉性能的影响见表9-2。

表 9-2 去势对肉牛产肉性能的影响

年龄	处理	屠宰率/%	净肉率/%	日增重/千克
18月龄	公牛	56.78	48.68	0.7
	去势	60.12	51.75	0.59
22.5月龄	公牛	64.84	53.17	0.64
	去势	60.50	51.92	0.49

采用公牛或阉牛育肥，还因饲养方式和饲喂习惯而异。美国的肉牛胴体质量等级，其中的一个重要依据是脂肪沉积，故以饲养阉牛为主；欧洲共同体国家以规模饲养的专业为主，多为"一条龙"的饲养方式，且在肉食习惯上注重并喜食瘦肉，所以以饲养公牛为主；日本讲究吃肥牛肉，以养阉牛为主。我国各地提出的雪花牛肉实际是肥牛的一种，随着我国经济的发展，适应我国人们消费习惯的牛肉可能是低脂肪的牛肉，特别是我国特有的地方黄牛品种生产的牛肉。

一般认为牛去势后育肥和不去势育肥，屠宰效果、肉用性能存在差别。有研究报道，架子牛去势后育肥比不去势育肥，屠宰率高0.64%，净肉率高1.83%，骨重低0.79%，肾脂肪重量高1.40%，优质肉重量高1.43%，前躯体肉重量低3.96%，脂肪（肉块间）重量高4.27%。公牛的日增重比阉牛平均提高13.5%，饲料利用率提高11.7%。公牛胴体的瘦肉含量比阉牛高8%，而脂肪含量则比阉牛低38%，公牛的胴体重、净肉率和眼肌面积均大于阉牛。

牛去势后育肥时，体内脂肪的沉积量远远高于不去势育肥牛，不论是腰窝（肾周边）脂肪重量、肉块之间的脂肪重量，还是胃肠系膜脂肪的重量都增加。牛去势后育肥时，高档牛肉生产量与牛不去势育肥相差微小，但质量的差异非常显著。牛去势后育肥时，前躯体肉产量不如不去势育肥牛。18月龄以后去势的牛育肥时，屠宰效果和肉用性能表现介于适时去势育肥牛和不去势育肥牛之间。

四、饲养水平和营养状况的影响

饲养水平是提高牛产肉能力和改善肉质的重要因素。据对幼阉牛以不同饲养水平（丰富组和贫乏组）饲喂并在1.5岁屠宰的试验表明，贫乏饲养组宰前活重平均为224千克、屠宰率为48.5%，丰富饲养组宰前活重平均为414千克、屠宰率为58.3%，可见丰富饲养组幼阉牛的体重和屠宰率较贫乏饲养组提高了84.82%和20.21%。每千克肉的发热量，丰富饲养组为10.416千焦，贫乏组为7.459千焦，提高了39.6%。胴体中骨的含量，丰富饲养组为18.4%，贫乏饲养组为22.4%。

育肥期牛的营养状况对产肉量和肉质影响也很大。营养状况好、育肥良好（肥胖）的牛比营养差、育肥不良（瘠瘦）的成年牛产肉量高，产油脂多，肉的质量好。所以，牛在屠宰前必须进行育肥和肥度的评定。

五、杂交对提高肉牛生产能力的影响

牛的经济杂交又称为生产性杂交，主要应用于黄牛改肉牛，肉用牛的改良以及母牛的肉用生产，牛的经济杂交是提高牛肉生产率的主要手段。肉牛经济杂交的主要方式包括肉牛品种间杂交、改良性杂交（肉用牛×本地牛）及肉用品种和乳用品种的杂交等。

1. 肉牛品种间杂交

肉牛的品种间杂交主要有两种品种间杂交和三种品种间杂交两种方式。其中，两种品种间杂交是两个品种肉牛杂交一次，一代杂种无论公母全部肉用；三种间杂交是先用两个品种肉牛杂交，产生的杂种一代公牛全部肉用，母牛再与第三个品种肉牛杂交，后代全部肉用。利用品种间杂交，可利用杂种优势以提高肉牛的增重速度、饲料转化效率和肉的品质，尤其是三品种间的杂交效果更佳。有研究证明，通过品种间杂交可使杂种后代生长快、饲料利用率提高、屠宰率和胴体出肉率增加，比原来纯种牛多产肉 10%～15%，高的达 20%。美国的试验表明，两个品种的杂交后代，其产肉能力一般比纯种提高 15%～20%。

2. 改良杂交

用肉用性能良好和适应性强的品种，对肉用性能较差的当地品种进行杂交，以改良肉用性能。我国曾用乳肉兼用品种（如短角牛、西门塔尔牛等）和肉用品种（如夏洛来牛、利木赞牛、海福特牛等），对本地黄牛杂交改良，取得了良好效果，促进了我国肉牛产业的发展。有报道，利用利木赞公牛改良蒙古牛，对利蒙杂种一代进行强度育肥，13 月龄体重达到 407.8 千克，在 82 天的育肥期平均增重 117 千克，平均日增重达 1.42 千克，屠宰率为 56.7%，净肉率为 47.3%；蒋洪茂等用蒙古牛与西门塔尔杂交公牛 33 头，强度育肥 13 个月，结果表明，平均日增重为 0.775 千克，每千克增重消耗精饲料 7.14 千克，屠宰率 58.01%，净肉率 48.95%，与蒙古牛相比，屠宰率、净肉率分别提高了 9.46% 和 9.75%。

3. 肉用和乳用品种间杂交

用肉用品种对乳用品种进行杂交，乳用母牛产奶而杂交后代产肉，有利于提高饲料转变为畜产品的利用效益。其原因，首先在于肉牛产肉的饲料转化率不如母牛产奶高，母牛将饲料中能量（代谢能）和蛋白质转化为牛奶中能量、蛋白质的效率分别为 60%～70% 和 30%，而肉牛将饲料能量、蛋白质转化为肉中能量，蛋白质的转化率分别为 40%～50% 和 15%；其次，专门化生产肉牛的基础母牛仅用于产犊，直到年老不能繁殖时才屠宰肉用，肉品质差。乳用牛则不同，母牛产犊，每年的产奶除喂犊牛以外，还可提供数量可观的商品奶，增加经济效益；其三，乳牛肉脂肪较少，与肉用品种杂交可提高杂种后代的瘦肉率；其四，用乳用品种改良黄牛，可提高杂种后代的产乳量，有利于新品种的培育，肉用品种与乳用品种间的杂交，其杂种优势明显，增重快，饲料利用率高，胴体质量好。据黑龙江省军垦农场用海福特公牛与荷斯坦母牛进行杂交试验，结果杂交一代去势小公牛 22 月龄时活重达 478.5 千克，屠宰率为 56.26%，净肉率为 45.02%，效果良好。

肉用品种和乳用品种杂交，生产方法有两种：一是饲养乳肉兼用品种牛，母牛产奶，公犊饲养育肥后肉用，如兼用型荷斯坦母牛，兼用型西门塔尔牛都是较适用的品种；二是在母牛品种数量已有一定基础的情况下，基础母牛群为乳用牛，除每年选配 30%～40% 最优良的母牛进行纯种繁育作为母牛群的更新外，其余的母牛都用肉用牛品种杂交，利用杂种优势，杂交犊牛全部作肉用。

目前，为了保持土地的高利用效率和养牛业的高经济效益，发展乳肉兼用或肉用型牛已成为一种趋势，尤其在欧洲一些国家更是发展较快，如英国利用荷斯坦公牛早期断乳后用大麦催肥生产优质牛肉称"大麦牛肉"；荷兰、丹麦几乎不饲养专门化的肉牛品种，特别重视发展乳肉兼用牛，每年约生产 220 万头犊牛，主要用于生产"小白牛肉"；法国的奶牛公犊基本上作肉用来生产"小牛肉"。

第十章

生态肉牛养殖中的疾病防治技术

第一节 疫病防控措施

一、防疫工作的基本原则

1. 建立和健全牛场防疫制度和保健计划

兽医防疫工作与饲养、繁育工作密切相关，兽医工作者应熟悉各个环节，依据牛场的不同生产阶段特点，合理制定兽医保健防疫计划。

2. 坚持预防为主，采用综合性的防疫措施

搞好饲养管理、防疫卫生、预防接种、检疫、隔离、消毒等综合性防疫措施，以提高牛群的健康水平和抗病能力，控制和杜绝传染病的传播蔓延，降低发病率和死亡率。

3. 认真贯彻执行兽医法律法规

在疾病的防治中应严格按照《绿色食品 兽药使用准则》、《兽药管理条例》的规定用药。不得使用氟喹诺酮类、四环素类、磺胺类和人类专用抗生素等。在使用药物添加剂时，应先制成预混剂再添加到饲料中，不得将成药或制药原料直接拌喂。对牛的预防接种必须明确该疾病已在该地发生过，而且在使用其他方法不能控制的情况下，方可采用预防接种。

4. 严格控制生态环境

生态环境优良，没有工业"三废"污染。大气环境标准必须符合大气环境质量标准 GB3095—1996 中新国标一级要求；用水标准须按牛禽饮用水标准 NY 5027—2001 的要求。水无色透明，无异味，中性或微碱性，含有适度的矿物质，不含有害物质（如铅、汞等重金属，农药，亚硝酸盐）、病原体和寄生虫卵等；土壤不含放射性物质，有害物质（如汞、砷）不得超过国家标准。

5. 应用绿色环保饲养技术

饲养中应选用绿色环保饲养技术，如采用日粮氨基酸的水平和氨基酸平衡日粮，既不影响肉牛的生产性能，又减少粪尿氮量。使用植酸酶，可显著提高植酸磷和某些矿物质及蛋白质的消化吸收率，减少磷的添加量，从而减少粪便磷排出对环境的污染。使用酶制剂，使粪便中的臭气物质（氨气和硫化氢）减少，减轻对外环境的污染，改善牛舍卫生环境。添加植物提取物或 EM 生物制剂，减少牛舍的氨气的释放量，减少牛舍的臭气，减少夏季蚊蝇的密度，提高牛场周围环境空气质量。妥善处理和利用生产中的废弃物，走可持续发展之路。

二、防疫工作的基本内容

1. 日常预防措施

（1）防止疫病传播

① 坚持"自繁自养"　必须调运牛群时，要从非疫区购买。购买前须经当地兽医部门检疫，购买的牛全身消毒和驱虫后方可引入。引入后继续隔离观察至少 1 个月，进一步确认健康后，再并群饲养。引入种牛时，必须对疯牛病、口蹄疫、结核病、布鲁氏菌病、蓝舌病、牛白血病、副结核病、牛传染性胸膜肺炎、牛传染性鼻气管炎和黏膜病进行检疫。引入育肥牛时，必须对口蹄疫、结核病、布鲁氏菌病、副结核病、牛传染性胸膜肺炎进行检疫。

② 建立健全防疫制度　场外车辆、用具等禁止入场；谢绝无关人员进入；进入牛场时必须换鞋和穿戴工作服、帽；不从疫区和自由市场上购买草料；患有结核病和布鲁氏菌病的人不得从事饲养和挤奶工作；不准把生肉带入生产区，不允许在生产区内宰杀和解剖牛；消毒池的消毒药水要定期更换，保持有效浓度。

③ 坚持消毒、灭鼠、杀虫　结合平时的饲养管理对牛舍、场地、用具和饮水等进行定期消毒，以达到预防一般传染病的目的。老鼠、蚊、蝇和其他吸血昆虫是病原体的宿主和携带者，能传播多种传染病和寄生虫病。清除牛舍周围的杂物、垃圾等，填平死水坑。开展杀

虫、灭鼠工作。

④ 加强饲养管理，提高牛群抵抗力　健康牛群对疾病有较强的抵抗力，因此需要在日常管理中严格执行饲养管理制度，合理地饲喂，严禁饲喂霉烂的谷草、变质的糟渣、有毒的植物、带毒的饼粕，改善饲养环境，给予牛充分的饮水。

（2）严格消毒制度　根据生产实际，制定消毒制度，严格执行，消毒制度包括预防性消毒、临时消毒和终末消毒。预防性消毒是结合平时的饲养管理对牛舍、场地、用具和饮水等进行定期消毒，以达到预防一般传染病的目的。临时消毒是发生传染病时，为了及时消灭刚从病牛体内排出的病原体而进行的消毒。终末消毒是患病动物解除隔离、痊愈或死亡后，或者在疫区解除封锁前为了消灭疫区可能残存的病原体而进行的全面彻底消毒。

（3）预防接种　在预防接种时，首先了解当地传染病的发生和流行情况，针对所掌握的情况，制订出免疫接种计划，根据免疫接种计划进行免疫接种。如有输入和运出家畜时也可进行计划外的预防接种。预防接种前，应对被接种的牛群进行详细的检查，了解其健康状况、年龄、是否正处于妊娠期或泌乳期以及饲养管理好坏等，在牛处于最佳的健康状态时进行免疫接种。采用多联苗时，要根据多联苗的特点合理制定接种的次数和间隔时间，以获得最佳免疫效果。

（4）定期驱虫　应在发病季节到来之前，给牛群进行预防性驱虫。结合本地情况，选择驱虫药物。一般是每年春秋两季各进行一次全牛群的驱虫，平常结合转群时实施。犊牛在 1 月龄和 6 月龄各驱虫一次。驱虫前应进行粪便虫卵检查，弄清牛群内寄生虫的种类和危害程度，或根据当地寄生虫病发生情况，有针对性地选择驱虫药。驱虫过程中发现病牛，应及时进行对症治疗，解救出现毒副作用的牛。目前常用驱虫药有丙硫苯咪唑，每千克体重 10～15 毫克，驱牛新蛔虫、胃肠线虫、肺线虫；吡喹酮，每千克体重 30～50 毫克，驱牛血吸虫和绦虫；硫双二氯酚（别丁），每千克体重 40～50 毫克，驱肝片吸虫；血虫净（贝尼尔），每千克体重 5～7 毫克，配成 5%～7% 的溶液，深部肌注驱伊氏锥虫和牛焦虫；碘胺二甲嘧啶，每千克体重 100毫克，驱牛球虫。

（5）药物预防　为了预防某种疫病，在牛群的饲料饮水中加入某种安全的药物进行预防，在一定时间内可以避免易感动物受害。常用的药物有磺胺类药物、抗生素和硝基呋喃类药物。长期使用化学药物预防，容易产生耐药性菌株，影响药物的预防效果。因此，要经常进行药敏试验，选择敏感性较高的药物用于防治。

2. 牛场发生疫病时的紧急措施

（1）早发现，早隔离　饲养人员在平时饲养过程中要留心观察牛群，发现疑似传染病的病牛时应马上告知兽医人员，并迅速将病牛和可疑牛进行隔离。

（2）早诊断，早确诊　兽医人员接到报告后，应迅速赶到现场进行诊断，采取综合性诊断措施，尽快确诊，迅速上报。病原不明或不能确诊时，应采集相关病料送有关部门检验。

（3）根据诊断结果，采取具体防治措施

① 对非传染性的内科病、外科病、营养代谢病等，根据不同疾病采取相应的治疗措施。

② 对中毒性疾病，应立即停喂可疑的饲草、饮水、药物等，并采样进行相关化验，对病牛采取一些解毒措施。

③ 对寄生虫病，应立即用抗寄生虫药物进行防治，并对粪便进行发酵处理，杀灭虫卵。

④ 发现疑似的急性传染病的病牛后，应及时将其隔离，并尽快确诊。对全群进行检疫，病牛隔离治疗或淘汰屠宰，对健康牛群进行预防接种或药物预防。被病牛和可疑病牛污染的场地、用具及其他污染物等必须彻底消毒，吃剩的草料、病牛圈的粪便及垫草应烧毁或进行无害化处理。病牛及疑似病牛的皮、肉、内脏和奶，根据规定分别经无害化处理后或利用或焚毁、深埋。屠宰病牛应在远离牛舍的地点进行，屠宰后的场地、用具及污染物，必须严格消毒。对于结核病、副结核病和布鲁氏菌病等慢性病，采取系列防疫措施，达到更新牛群的目的。

第二节　肉牛常见传染病的防治技术

一、炭疽

1. 致病原因

炭疽是由炭疽杆菌引起的一种人、畜共患的急性、热性、败血性传染病。该病常为散发，但传播面很广，尤其是放牧的牛容易感染炭疽。

2. 主要症状

以突然发病、高热不退、呼吸困难、濒死期天然孔出血为主要临床特征。其病变特点是局部突发肿胀，初热痛，后凉，而后无痛，最后形成楔形坏死（疔）；脾脏显著肿大，皮下结缔组织及浆膜出血性浸润；血液凝固不良呈煤焦油状，尸僵不全，天然孔出血（图 10-1）。

图 10-1　患炭疽病的牛鼻孔留出焦炭样血

3. 治疗方法

对病牛及可疑病牛要严格隔离。死亡的病牛尸体严禁解剖检疫和食用。尸体要深埋或者火化。病牛用过的栏舍和用具都要用 10% 的烧碱水、20% 的漂白粉溶液或者 20% 的石灰水进行消毒。急性和最急性病例因病程短往往来不及治疗。对于早期病例和较少见的局部炭疽，大剂量的青霉素和四环素是有效的，同时应用抗炭疽血清注射效果更佳，连续用药 3 天以上。

4. 预防措施

一旦发现偶发散在病例，要本着"控制蔓延扩散，力争就地扑灭"的原则，首先向主管部门报告疫情，由政府机关划定疫区，疫点封锁隔离。将炭疽患牛尸体用不透水的容器包装，到指定地点销毁，禁止活牛运输交易。同群牛逐头测温，凡体温升高的可疑患牛用青霉素或抗炭疽血清注射，或二者同时应用以防病情进一步发展。对病死牛污染的场地、用具，要进行彻底有效的消毒。垫料、粪便等要焚毁；病死牛躺卧的地面应将 20 厘米的表层土挖出，与 20％漂白粉混合后深埋。有关人员除作防护外，必要时可注射青霉素预防。对同群牛及周边 3 千米以内的易感家畜，用无毒炭疽芽孢苗免疫注射。

每年春末夏初注射一次炭疽无毒芽孢苗，成年牛 1 毫升，犊牛 0.5 毫升。或用Ⅱ号炭疽芽孢苗皮下注射，不论大小牛一律 1 毫升。免疫期一年。不满 1 个月的幼牛，妊娠期最后 2 个月的母牛，瘦弱、发热及其他病牛不宜注射。

二、布鲁氏菌病

1. 致病原因

布鲁氏菌病是由布鲁氏菌引起的人、畜共患的接触性传染病。

2. 主要症状

主要特征是侵害生殖系统，临床上表现为母牛发生流产和不孕，公牛发生睾丸炎、附睾炎和不育，又称为传染性流产。潜伏期为 2 周至 6 个月，母牛最显著的症状就是发生流产，且多发生于妊娠后期，当该病原体进入牛群时会暴发流产，产出死胎或弱胎（图 10-2），流产后多伴有胎衣不下、子宫内膜炎、阴道不断流出污脏的、棕红色或灰白色的恶露，甚至子宫蓄脓等（图 10-3）。公牛主要发生睾丸炎和附睾炎，肿大，触之疼痛坚硬，有时可见阴茎潮红肿胀，长期发热、关节炎等（图 10-4），并失去配种能力。

3. 治疗方法

一般对病牛作淘汰处理。病原菌主要在细胞内繁殖，抗菌药和抗体不易进入，试验性治疗感染牛可用四环素或氯霉素药物与链霉素联合用药，给予治疗。

4. 预防措施

该病坚持预防为主的原则，采取常年预防免疫注射、检疫、隔离、扑杀淘汰阳性牛的综合性预防措施，控制和消灭传染源，切断传播途径，保护易感牛群。

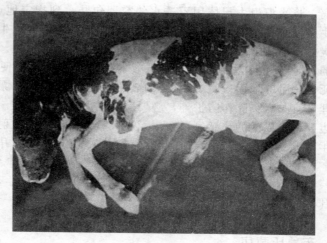

图 10-2　母牛流产产出的发育比较完全的死胎

图 10-3　流产母牛阴道排出有恶臭的分泌物

（1）加强健康牛群的饲养管理，增强抵抗力。

（2）坚持自繁自养，培育健康牛群，禁止从疫区引进牛，禁止到疫区内放牧。必须引进种牛或补充牛群时，要严格执行检疫，对新进牛应进行隔离 2 个月，进行 2 次检疫，检疫均为阴性后混群。健康的

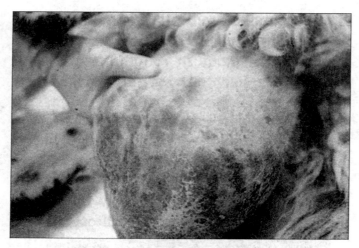

图 10-4　病牛睾丸肿大

牛群，应定期检疫（至少一年一次），一经发现，即应淘汰。

（3）牛群中如果发现流产，除隔离流产牛和消毒环境及流产胎儿、胎衣外，应尽快作出诊断。确诊为布鲁氏菌病或在牛群检疫中发现本病，均应采取措施，将其消灭。消灭布鲁氏菌病的措施是检疫、隔离、控制传染源、切断传播途径、培养健康牛群及主动免疫接种。

（4）免疫预防。用布鲁氏菌 19 号苗，5～8 月龄免疫 1 次，18～20 月龄再免疫 1 次，免疫效果可达数年。

三、结核病

1. 致病原因

结核病是由结核分枝杆菌感染引起的一种人、畜共患的慢性传染病。

2. 主要症状

该病主要病理特点是在多种组织器官形成肉芽肿、干酪样、钙化结节病变。结核分枝杆菌对牛的毒力较弱，多引起局限性病灶。牛常发生的是肺结核，其次是淋巴结核（图 10-5）、肠结核、乳房结核等（图 10-6），其他脏器结核较少见到。典型症状是病牛逐渐消瘦和生产性能下降。该病的潜伏期长短不一，一般为 10～15 天，有时可达

图 10-5　牛下颌淋巴结核

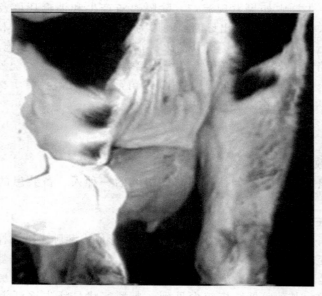

图 10-6　牛乳房结核

数月甚至长达数年。病程呈慢性经过，故病初症状不明显，不易察觉。表现为进行性消瘦，生产性能降低，咳嗽、呼吸困难，体温一般正常，有的体温稍高。病程较长时，因受害器官不同，也有不同的症状出现。肺结核最为常见，病初有短促干咳、痛咳，渐变为湿性咳嗽而疼痛减轻，伴发黏性或脓性鼻液。

3. 治疗方法

对个别症状轻微或病初病牛用异烟肼混在精料中饲喂，症状重者可口服异烟肼，同时肌内注射链霉素，也可以使用适量的降温药等，缓解身体体温过高、脱水、酸中毒等症状。

4. 预防措施

主要采用兽医综合防疫措施，防止疾病传入、净化污染群、培育健康牛群。每年在春、秋季对牛群进行2次检疫。对检出的阳性病牛立即隔离，对开放性结核之病牛宜扑杀，优良种牛应治疗。可疑病牛间隔25～30天复检。阳性隔离群距离健康牛群应在1千米以外。扑杀症状明显的开放性病牛，内脏深埋或焚烧，肉经高温处理后可食用。

对被污染的地面、饲槽进行彻底消毒，对粪便进行发酵处理。经常性使用5%漂白粉乳剂、20%新鲜石灰乳、2%氢氧化钠等消毒剂都能严防病原扩散。

当牛群中病牛较多时，可在犊牛出生后先进行体表消毒，再由病牛群中隔离出来，人工对其进行饲喂健康母牛乳或消毒乳，犊牛应于20日龄时进行第一次监测，100～120日龄时进行第二次监测。凡连续两次以上监测结果均为阴性者，可认为是牛结核病净化群。受威胁的犊牛满月后可在胸垂皮下注射50～100毫升的卡介苗，可维持12～18个月。

四、口蹄疫

1. 致病原因

口蹄疫是由口蹄疫病毒引起的急性高度接触性传染病。

2. 主要症状

口蹄疫病毒感染牛体后，潜伏期一般是2～4天，最长可达一周左右。口蹄疫对肉牛的危害性主要表现为食欲减退以及口腔黏膜、鼻、蹄部和乳房皮肤发生水疱和溃烂（图10-7）。除口腔和蹄部病变外，还可见到咽喉、气管、支气管、食道和瘤胃黏膜有水疱和烂斑；胃肠有出血性炎症；肺呈浆液性浸润；心包内有大量混浊而黏稠的液体。恶性口蹄疫可在心肌切面上见到灰白色或淡黄色斑点或条纹，好似老虎皮上的斑纹，俗称"虎斑心"。

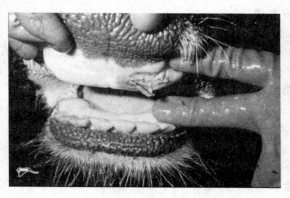

图10-7　牛口蹄疫口腔黏膜溃烂

3. 治疗方法

患良性口蹄疫病牛，一般经一周左右多能自愈。为缩短病程、防止继发感染，可对症治疗。口腔病变可用清水、食盐水或0.1%高锰酸钾溶液清洗，后涂以1%～2%明矾溶液或碘甘油，也可涂撒中药冰硼撒于口腔病变处。蹄部病变可先用3%来苏儿清洗，后涂擦龙胆紫溶液、碘甘油、青霉素软膏等，用绷带包扎。乳房病变可用肥皂水或2%～3%硼酸水清洗，后涂以青霉素软膏。患恶性口蹄疫病牛，除采用上述局部措施外，可用强心剂（如安钠咖）和滋补剂（如葡萄糖盐水）等。

4. 预防措施

需用与当地流行的相同病毒型、亚型的弱毒疫苗或灭活疫苗进行免疫接种。同时需要严格执行日常的消毒工作。

五、牛巴氏杆菌病

1. 致病原因

巴氏杆菌病是主要由多杀性巴氏杆菌所引起的发生于各种家畜、

家禽和野生动物的一种传染病的总称。牛巴氏杆菌病又称牛出血性败血症，是牛的一种急性传染病。

2. 主要症状

牛巴氏杆菌病以发生高热、肺炎和内脏广泛出血为特征。潜伏期一般为 2～5 天，临床上可分为急性败血型、肺炎型、水肿型。败血型表现突然发病，高热（40～42℃），精神沉郁，结膜潮红，鼻镜干燥，食欲减退，腹痛下痢，初期粪便为粥状，后呈液状并混有黏液、假膜和血液，有恶臭；有时鼻孔和尿液中有血。拉稀开始后，体温随之下降，迅速死亡。病期多在 12～24 小时。肺炎型较为多发，病牛表现为纤维素性胸膜肺炎症状，痛性干咳，叩诊胸部浊音，听诊有支气管啰音、胸膜摩擦音，流泡沫样鼻液，2 岁以内犊牛伴有下痢，并伴有血液，常因衰竭而死亡，病程 3～7 天。水肿型除表现全身症状外，病牛的头颈部胸前皮下水肿，指压时热、硬痛感；后变凉，痛感减轻，舌、咽及周围组织高度肿胀，呼吸困难，黏膜发绀，流泪，流涎，磨牙，有时出现血便，常因窒息和下痢而死，病程多为 12～36 小时。

3. 治疗方法

加强饲养管理，消除发病诱因和及时治疗可收到良好的效果。多种抗生素可用于治疗该病，包括青霉素、氨苄西林、红霉素和四环素等。磺胺类药物也可应用于该病的治疗，可单独使用或与抗生素如四环素、青霉素联合应用，效果很好。如配合使用抗出血性败血症多价血清，效果更好。对有窒息危险的病牛，可做气管切开术。但使用抗生素时应注意各种药物的休药期。

4. 预防措施

（1）加强饲养管理，增强肉牛机体抵抗力，注意环境卫生消毒工作，消除应激因素，避免牛群受惊、受热、潮湿和拥挤。对地方性流行性多杀性巴氏杆菌肺炎，应该注意加强通风。

（2）定期对牛群进行免疫，如注射出血性败血症氢氧化铝菌苗。体重 100 千克以上的皮下注射 6 毫升，100 千克以下的注射 5 毫升，注射后 14 天产生免疫力，免疫期 9 个月。

（3）对污染的厩舍和用具用 5%漂白粉或 10%石灰乳消毒。

（4）对病牛和疑似病牛，应进行严格隔离，积极治疗。

六、牛沙门氏杆菌病

1. 致病原因

牛沙门氏杆菌病也称牛沙门氏菌病，又称牛副伤寒，是由沙门氏菌属细菌引起的一种传染病。

2. 主要症状

牛沙门氏杆菌病以败血症和胃肠炎、腹泻、妊娠牛发生流产为特征，慢性病例还表现肺炎和关节炎。潜伏期因各种发病因素不同，一般 1～3 周不等。病死犊牛的心壁、腹膜及胃肠黏膜出血，肠系膜淋巴结水肿、淤血，肝脏、脾脏和肾脏出现坏死灶；成年牛主要呈急性出血性肠炎表现（图 10-8）。关节炎时腱鞘和关节腔内含有胶样液体；肺炎型的肺脏出现坏死灶。

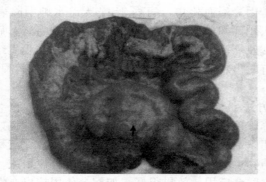

图 10-8　病牛现卡他性肠炎

3. 治疗方法

磺胺类、呋喃类及喹噁酮类等药物对本病有治疗作用。治疗时应注意早期连续用药，病初期用抗血清有效。由于本病导致的体液和电解质丢失较严重，所以要注意口服补液盐和静脉补液，并要注意纠正酸中毒，同时还应选用各种对症疗法。应交替使用治疗的药物，避免出现抗药性。

4. 预防措施

加强牛群的饲养管理，保持牛舍清洁卫生，坚持消毒制度，以消除病原体，加强对母牛和犊牛的饲养管理，增强抵抗力。其次是定期对牛群进行检疫，用直肠棉试纸查出并淘汰带菌牛。犊牛可用活菌苗预防。发病场应及时隔离病牛，圈舍、用具都应仔细消毒，粪便要堆积发酵，病死牛应焚烧或深埋。

七、犊牛大肠杆菌病

1. 致病原因

犊牛大肠杆菌病又称犊牛白痢，是由多种血清型的致病性大肠杆菌引起的新生幼犊的一种急性传染病。

2. 主要症状

犊牛大肠杆菌病的特征主要表现为排出灰白色稀便，最终由衰竭、脱水和酸中毒而引起死亡，或出现败血症症状。根据症状和病变可分为败血型和肠型。

败血型也称脓毒型。主要发生于产后 3 天内吃不到初乳的犊牛；大肠杆菌经消化道进入血液，引起急性败血症。发病急，病程短。其临床表现为病初发热，精神不振，不吃奶，间有腹泻，后期肛门失禁，排粪如注，体温偏低，呼吸、心跳加快，常于病后 1 天内因虚脱而死亡（图 10-9），也有未见腹泻即突然死亡的，死亡率达 80%～100%。痊愈者发育迟缓，有些出现肺炎和关节炎。

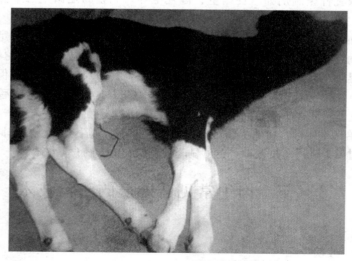

图 10-9　犊牛拉稀、脱水，严重者虚脱死亡

肠型多发生于1～2周龄的犊牛，病初体温升高达40℃，厌食，数小时后开始腹泻，病初排出的粪便呈淡黄色，粥样，有恶臭，随病情发展病牛排出呈水样、淡灰白色粪便，并混有凝血块、血丝和气泡。病情继续恶化，出现脱水现象，卧地不起，全身衰弱，此时如不及时医治，则会因虚脱或继发肺炎而导致死亡。个别病牛会自愈，但会引起病牛的发育迟缓。

3. 治疗方法

本病的治疗原则是抗菌、补液、调节胃肠机能和调整肠道微生态平衡。

（1）可用土霉素、新霉素等抗菌治疗。

（2）将补液的药液加温，使之接近体温进行补液。补液量以脱水程度而定，当有食欲或能自吮时，可用口服补液盐。同时要注意纠正酸中毒、电解质失衡等症状。

（3）用乳酸2克、鱼石脂20克、加水90毫升调匀，每次灌服5毫升，每天2～3次；或内服吸附剂和保护剂，保护肠黏膜，调节胃肠机能。

（4）抗菌药使用5天左右应停止继续用于病犊牛的治疗，并给予其口服乳杆菌制剂如（促菌生、健复生等）调整肠道微生态平衡。

4. 预防措施

加强牛舍清洁卫生，保持圈舍干燥，产前彻底消毒产房；定期消毒，勤换垫草，犊牛舍温度应保持16～19℃；加强妊娠母牛的饲养，提供足够的蛋白质、矿物质和维生素饲料，使母牛适当运动，保证初乳的质量和免疫球蛋白的含量。加强犊牛的饲养，使犊牛在出生后1～2小时吃上初乳，防止新生犊牛接触粪便与污水。用大肠杆菌苗在产前4～10周给母牛接种，初乳抗体可显著升高，可预防犊牛下痢。在相同时间段内对母牛进行免疫接种，也可显著提高初乳抗体的含量。

第三节　肉牛常见普通病的防治技术

一、前胃弛缓

1. 致病原因

原发性前胃弛缓又称单纯性消化不良，病因主要是饲养与管理不当；继发性前胃弛缓又称症状性消化不良，常继发于其他消化系统疾病、传染病、营养代谢病、侵袭性疾病等；在兽医临床上，治疗用药不当，如长期大量服用抗生素或磺胺类等抗菌药物，致使瘤胃内正常微生物区系受到破坏，而发生消化不良，也造成医源性前胃弛缓。

2. 主要症状

急性型病牛食欲减退或废绝，反刍减少、短促、无力，时而嗳气并带酸臭味，体温、呼吸、脉搏一般无明显异常。瘤胃蠕动音减弱，蠕动次数减少，有的患牛虽然蠕动次数不减少，但瘤胃蠕动音减弱或每次蠕动的持续时间缩短；瓣胃蠕动音微弱，触诊瘤胃，其内容物坚硬或呈粥状（图 10-10）。病初粪便变化不大，随后粪便变为干硬、色暗，被覆黏液，如果伴发前胃炎或酸中毒时，病情急剧恶化，患牛表现呻吟、磨牙、食欲废绝、反刍停止并排棕褐色糊状恶臭粪便，患牛精神沉郁，结膜发绀，皮温不整，体温下降，脉率增快，呼吸困难，鼻镜干燥，眼窝凹陷（图 10-11）。

图 10-10　瘤胃迟缓病牛
瘤胃触诊发硬

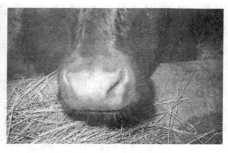

图 10-11　病牛鼻镜干燥

慢性型前胃弛缓通常由急性型前胃弛缓转变而来。患牛食欲不定，有时减退或废绝，常常虚嚼、磨牙、发生异嗜、舔砖、吃土或采食被粪尿污染的褥污物，反刍不规则，短促无力或停止。嗳气减少，嗳出的气体带臭味。病情弛张，时而好转，时而恶化，日渐消瘦，被毛干枯、无光泽，皮肤干燥、弹性减退。瘤胃蠕动音减弱或消失，内容物黏硬或稀软，轻度膨胀。腹部听诊，肠蠕动音微弱。患牛有时便秘，粪便干硬呈暗褐色，附有黏液，有时腹泻，粪便呈糊状，腥臭，或者腹泻与便秘交替出现，老牛病重时，呈现贫血与衰竭，常发生死亡。

3. 治疗方法

（1）除去病因是治疗本病的基础，如立即停止饲喂发霉变质饲料等。

（2）病初一般绝食 1～2 天（但给予充足的清洁饮水），再饲喂适量的易消化的青草或优质干草，轻症病例可在 1～2 天内自愈。

（3）为了促进胃肠内容物的运转与排除，可用硫酸钠（或硫酸镁）300～500 克、鱼石脂 20 克，酒精 100 毫升、温水 600～1000 毫升一次内服，或用液体石蜡 1000～3000 毫升、苦味酊 20～30 毫升，一次内服清理胃肠。对于采食多量精饲料而症状又比较重的患牛，可采用洗胃的方法，排除瘤胃内容物，洗胃后应向瘤胃内接种纤毛虫。重症病例应先强心、补液，再洗胃。

（4）应用 5％葡萄糖生理盐水注射液 500～1000 毫升、10％氯化钠注射液 100～200 毫升、5％氯化钙注射液 200～300 毫升、20％苯甲酸钠咖啡因注射液 10 毫升，一次静脉注射，并肌内注射维生素 B_1 促反刍液。因过敏性因素或应激反应所致的前胃弛缓，在应用促反刍液的同时，肌内注射 2％盐酸苯海拉明注射液 10 毫升。在洗胃后，可静脉注射 10％氯化钠注射液 150～300 毫升、20％苯甲酸钠咖啡因注射液 10 毫升，每天 1～2 次。此外，还可皮下注射新斯的明 10～20 毫克或毛果芸香碱 30～100 毫克，但对于病情重、心脏衰弱、老龄和妊娠母牛则禁止应用，以防虚脱和流产。

（5）当瘤胃内容物 pH 降低时，宜用氢氧化镁（或氢氧化铝）200～300 克、碳酸氢钠 50 克、常水适量，一次内服，也可应用碳酸盐缓冲剂、碳酸钠 50 克、碳酸氢钠 350～420 克、氯化钠 100 克、氯化钾 100～140 克、常水 10 升，一次内服，每天 1 次，可连用数天。当瘤胃内容物 pH 升高时，宜用稀醋酸 30～100 毫升或常醋 300～1000 毫升，加常水适量，一次内服。也可应用醋酸盐缓冲剂。必要时，给患牛投服从健康牛口中取得的反刍食团或灌服健康牛瘤胃液 4～8 升，进行接种。

（6）当患牛呈现轻度脱水和自体中毒时，应用 25％葡萄糖注射液 500～1000 毫升、40％乌洛托品注射液 20～50 毫升、20％安钠咖注射液 10～20 毫升，一次静脉注射，并用胰岛素 100～200 单位，皮下注射防止脱水和自体中毒。此外，还可用樟脑酒精注射液 100～300 毫升，静脉注射，并配合应用抗生素类药物。

4. 预防措施

注意饲料的选择、保管，防止霉败变质；依据日粮标准饲喂，不可任意增加饲料用量或突然变更饲料；圈舍须保持安静，避免奇异声音、光线和颜色等不利因素刺激和干扰，注意圈舍卫生和通风、保暖，做好预防接种工作。

二、瘤胃酸中毒

1. 致病原因

瘤胃酸中毒临床上又称酸性消化不良、乳酸中毒、精料中毒等，是因采食大量的谷类或其他富含碳水化合物的饲料后，导致瘤胃内产生大量乳酸而引起的一种急性代谢性酸中毒。舍饲牛若不按照由高粗饲料向高精饲料逐渐变换的方式，而是突然饲喂高精饲料时，也易发生瘤胃酸中毒。

2. 主要症状

瘤胃酸中毒的特征为消化障碍、瘤胃运动停滞、脱水、酸血症、运动失调、衰弱，本病一年四季均可发生，以冬春季节发病较多，多发于老龄、体弱肉牛，严重者常导致死亡。

最急性型往往在采食谷类饲料后 3～5 小时内无明显症状而突然死亡，有的仅见精神沉郁、昏迷，而后很快死亡。急性型病牛食欲废绝，蹒跚而行，碰撞物体，眼反射减弱或消失，瞳孔对光反射迟钝；卧地，头回顾腹部，对任何刺激的反应都明显下降；有的病牛兴奋不安，向前狂奔或转圈运动，视觉障碍，以角抵墙，无法控制。随病情发展，后肢麻痹、瘫痪、卧地不起（图 10-12）；最后角弓反张，若不及时救治，常在 24 小时内死亡。亚急性型患牛精神沉郁，食欲减退或废绝，鼻镜干燥，反刍停止，空口虚嚼，流涎，磨牙，粪便稀软或呈水样，有酸臭味。体温正常或偏低。瘤胃黏膜脱落（图 10-13），蠕动音减弱或消失，听叩诊结合检查有明显的钢管叩击音。患牛皮肤干燥，弹性降低，眼窝凹陷，尿液 pH 值降至 5 左右，尿量减少或无尿，血液暗红，黏稠，患牛虚弱或卧地不起。常伴发或继发蹄叶炎，病程 2～4 天。轻微型患牛表现神情恐惧，食欲减退，反刍减少，瘤胃蠕动减弱，瘤胃胀满，呈轻度腹痛（间或后肢踢腹），粪便松软或腹泻。若病情稳定，无需任何治疗，3～4天后能自动恢复进食。

图 10-12　病牛严重脱水，无法站立

图 10-13　瘤胃黏膜脱落

3. 治疗方法

（1）加强护理，清除瘤胃内容物，纠正酸中毒。可用5％碳酸氢钠溶液或1％食盐水或自来水反复洗胃，直至洗出液无酸臭，呈中性或碱性反应为止。同时可用5％碳酸氢钠溶液2000～3000毫升静脉注射，或口服氢氧化钙溶液纠正酸中毒。

（2）补充体液，恢复瘤胃蠕动。当脱水表现明显时，可用5％葡萄糖氯化钠注射液3000～5000毫升、20％安钠咖注射液10～20毫升、40％乌洛托品注射液40毫升，静脉注射。牛用液体石蜡500～1500毫升促进胃肠道内酸性物质的排除，促进胃肠机能恢复。

（3）重患病牛宜行瘤胃切开术，排空内容物，然后，向瘤胃内放置适量轻泻剂和优质干草。并静脉注射钙制剂和补液。过食黄豆的患牛，发生神经症状时，用镇静剂，如安溴注射液静脉注射或盐酸氯丙嗪肌内注射，再用10％硫代硫酸钠静脉注射，同时应用10％维生素C注射液肌内注射。为降低颅内压，防止脑水肿，缓解神经症状可应用甘露醇或山梨醇静脉注射。

4. 预防措施

加强饲养管理，合理配合日粮，控制富含碳水化合物的谷类饲料的摄入；青贮饲料酸度过高时，要中和后再饲喂；防止摄入过多精料。

三、大叶性肺炎

1. 致病原因

大叶性肺炎，又叫纤维素性肺炎，主要是感染性因素（如病原微生物）或非感染性因素（如变态反应）等引起的整个肺大叶以及肺泡内有大量纤维蛋白渗出为主的急性炎症。大叶性肺炎的病因复杂多变，其真正的病因及发病机理目前尚不明确，临床常见病因有：病原微生物如肺炎双球菌、葡萄球菌、巴氏杆菌等均可引起肺部感染，感染通过支气管扩散，并迅速波及肺泡，并通过肺泡间孔或呼吸性细支气管向临近肺组织蔓延、播散，感染整个或多个肺大叶，导致大叶性肺炎的发生。

2. 主要症状

本病一旦发生，体温迅速升高达 $40\sim41℃$ 以上，呈稽留热型，常于 $6\sim9$ 天后逐渐下降，可至常温；起初病牛精神沉郁，食欲减退，反刍减少，泌乳减少，心跳、脉搏、呼吸增加，可视黏膜潮红、咳嗽，有浆液性鼻液；随病情发展，病牛食欲废绝，反刍停止，呼吸急促，频率增加，严重时，呈现混合性呼吸困难，病牛鼻孔扩张，甚至张口呼吸，可视黏膜发绀，咳嗽加剧，有黏液性或脓性鼻液；后期泌乳停止，可见铁锈色鼻液的大叶性肺炎为典型症状，主要是由于渗出物中的红细胞被巨噬细胞吞噬，崩解后形成含铁血黄素混入鼻液所致，可视黏膜黄染，间或发出呻吟。

典型的大叶性肺炎发展有明显的阶段性，包括充血水肿期、红色肝变期、灰色肝变期和溶解消散期。充血水肿期剖检可见病变肺叶肿大，重量增加，表面光滑。红色肝变期剖检可见病变肺叶肿大，呈红色，肺脏实质切面稍干燥，呈粗糙颗粒状，近似肝脏，故有"红色肝变"之称。灰色肝变期剖检可见肺叶肿胀，实质切面干燥，呈粗糙颗粒状，实变区颜色由暗红色逐渐变为灰白色，病变肺组织呈贫血状。溶解消散期剖检可见肺叶体积复原，质地变软，病变肺部呈黄褐色，挤压有少量脓性混浊液体流出。

3. 治疗方法

（1）将病牛置于光线充足、通风良好、空气清新且温暖的牛舍内，单独管理；恢复期供给营养丰富、易消化的饲料并保证饮水。

（2）在有条件的情况下，应采集病牛支气管分泌物或鼻液进行微生物培养并进行药敏试验，选取敏感抗生素治疗。条件不允许的情况下，通常选用抗生素和磺胺类药物进行治疗，抗生素通常联合应用，可用青霉素 $40\sim80$ 毫克/千克，配合链霉素 $50\sim80$ 毫克/千克，肌内注射，每天两次，连用 5～7 天，或用 10％磺胺嘧啶钠注射液或 10％磺胺间甲氧嘧啶钠注射液 100～150 毫升肌内注射，每天 1 次，连用 5～7 天，一般不超过 7 天；对于支气管症状比较明显的病牛可用普鲁卡因青霉素溶液（青霉素 200 万～400 万单位，蒸馏水溶解，加普鲁卡因 40～60 毫升）气管内注射，每天 1 次，连用 2～4 天，或可用庆大霉素，鱼腥草和地塞米松联合雾化，每天 1 次，连用 2～4 天，常可取得良好效果；并发脓毒血症时，可用 5％葡萄糖 500～1000 毫升、10％磺胺嘧啶钠 100～150 毫升、40％乌洛托品 40～60 毫升一次静脉注射，每天 1 次，连用 3～5 天。

（3）用 25％葡萄糖注射液 50～100 毫升、10％葡萄糖 500～1000 毫升、10％氯化钙或 10％葡萄糖酸钙 100～150 毫升一次静脉注射，同时配合利尿剂肌内注射，每天 1 次，连用 3～5 天制止渗出，促进渗出物吸收。

（4）可肌内注射氨基比林 20～40 毫升或安乃近 20～40 毫升退热；出现呼吸困难的病牛，必要时可吸氧；对电解质、酸碱平衡紊乱、脱水的病牛，可口服补液盐或静脉输液纠正，同时注意输液不宜过快，以免发生心力衰竭和肺水肿；可静脉注射撒乌安液 50～100 毫升或樟脑酒精液 100～200 毫升防止自体中毒；可注射洋地黄毒苷等强心剂强心。

（5）可用清瘟败毒散：生石膏 120 克、犀角 6 克（或水牛角 30 克）、黄连 18 克、桔梗 24 克、鲜竹叶 60 克、甘草 9 克、生地 30 克、山栀 30 克、丹皮 30 克、黄芩 30 克、赤芍 30 克、玄参 30 克、知母 30 克、连翘 30 克，水煎，一次灌服。

4. 预防措施

加强饲养管理，改善牛舍环境，避免有害因素刺激，定期驱虫、体检，接种疫苗，保证牛群健康，提高抗病能力。

四、日射病及热射病

1. 致病原因

肉牛在炎热季节中，头部受到日光直射时，引起脑及脑膜充血和脑实质的急性病变，导致中枢神经系统机能严重障碍现象，通常称为日射病。在炎热季节潮湿闷热的环境中，新陈代谢旺盛，产热多，散热少，体内积热，引起严重的中枢神经系统功能紊乱现象，通常称为热射病。又因大量出汗、水盐损失过多，可引起肌肉痉挛性收缩，故又称为热痉挛。实际上，日射病、热射病及热痉挛，都是由于外界环境中的光、热、湿度等物理因素对动物体的侵害，导致体温调节功能障碍的一系列病理现象，故可称为中暑。主要是饲养管理不当，在炎热的夏季，肉牛运动场无遮阴篷，阳光直射，出汗过多，饮水不足；或因牛舍狭小，通风不良，潮湿闷热等，从而引起日射病或热射病的发生。

2. 主要症状

本病在炎热季节中较为多见，病牛产奶量迅速减少，病情发展急剧，甚至迅速死亡，以体温升高、神经症状为特征。病牛日射病的初期，精神沉郁，有时眩晕，四肢无力，步态不稳，共济失调，突然倒地，四肢作游泳样运动。目光狰狞，眼球突出，神情恐惧，有时全身出汗（图 10-14）。

图 10-14　炎热高温下牛卧地喘息

病情发展急剧，心血管运动中枢、呼吸中枢、体温调节中枢的机能紊乱，甚至麻痹。心力衰竭，静脉怒张，脉微欲绝；呼吸急促、节律失调，形成毕欧氏或陈、施式呼吸现象；有的体温升高，皮肤干燥，汗液分泌减少或无汗。瞳孔初散大，后缩小。兴奋发作，狂躁不安。有的突然全身性麻痹，皮肤、角膜、肛门反射减退或消失，腱反射亢进；常常发生剧烈的痉挛或抽搐，迅速死亡。

热射病体温急剧上升，甚至达到 44℃ 以上；皮温增高，直肠内温度升高，全身出汗。特别是潮湿闷热环境中劳役或运动时的牛、马，突然停步不前，鞭策不走，剧烈喘息，晕厥倒地，状似电击。

热痉挛的动物体温正常，神志清醒，全身出汗、烦渴、喜饮水、肌肉痉挛。导致阵发性剧烈疼痛的现象。

由于中暑，脑及脑膜充血，并因脑实质受到损害，产生急性病变，体温、呼吸与循环等重要的生命中枢陷于麻痹。所以，有一些病例，犹如电击一般，突然晕倒，甚至在数分钟内死亡。

3. 治疗方法

肉牛日射病、热射病及热痉挛，多突然发生，病情重，过程急，应及时抢救，方能避免病牛死亡。因此，必须根据防暑降温、镇静安神、强心利尿、缓解酸中毒，防止病情恶化，采取急救措施。

在野外或个体专业户养殖场，立即将患牛放置在阴凉通风地方，先用井水浇头或冷敷、灌肠，并给予饮服大量 1%～2% 的凉盐水；在规模化养殖场，头部尚可装置冰囊，促进体温放散。同时，加强护理，避免光、声音刺激和兴奋，力求安静。为了促进体温放散，可以用 2.5% 盐酸氯丙嗪溶液 10～20 毫升；也可先颈静脉泻血 1000～2000 毫升，再用 2.5% 盐酸氯丙嗪溶液 10～20 毫升，5% 葡萄糖生理盐水 1000～2000 毫升、20% 安钠咖溶液 10 毫升、静脉注射，效果显著。

伴发肺充血及肺水肿的病例，选用适量强心剂注射，立即静脉泻血，泻血后，即用复方氯化钠溶液，亦可用 5% 葡萄糖生理盐水或 25～50% 葡萄糖溶液，促进血液循环，缓解呼吸困难，减轻心肺负担，保护肝脏，增强解毒机能。

患牛心力衰竭，循环虚脱时，宜用 25% 尼可刹米溶液 10～20 毫升，皮下或静脉注射。或用 5% 硫酸苯异丙胺溶液 100～300 毫升皮下注射，兴奋中枢神经系统，促进血液循环，或用 0.1% 肾上腺素溶液 3～5 毫升、10%～25% 葡萄糖溶液静脉注射。

病程中，若出现自体中毒现象，可用 5% 碳酸氢钠溶 500～800 毫升静脉注射。病情好转时，宜用 10% 氯化钠溶液 200～300 毫升静脉注射；并用盐类泻剂，给予内服，改善水盐代谢，清理胃肠。同时加强饲养和护理，以利康复。

4. 预防措施

（1）制定饲养管理制度，在炎热季节中，不使肉牛中暑受热，注意补喂食盐，给予充足饮水；牛舍保持通风凉爽，防止潮湿、闷热和拥挤。

（2）随时注意牛群健康状态，发现精神迟钝、无神无力或姿态异常、停步不前、饮食减退，具有中暑现象时，即应检查和进行必要的防治。

（3）大群牛转移或运输时，应做好各项防暑和急救准备工作，防患于未然，保护牛群健康。

五、脓肿

1. 致病原因

在任何组织或器官内形成外有脓肿膜包裹，内有脓汁潴留的局限性脓腔时称为脓肿。它是致病菌感染后所引起的局限性炎症过程，如果在解剖腔内（胸膜腔、喉囊、关节腔、鼻窦）有脓汁潴留时则称之为蓄脓，如关节蓄脓、上颌窦蓄脓、胸膜腔蓄脓等。大多数脓肿是由感染引起的，最常继发于急性化脓性感染的后期，注射时不遵守无菌操作规程，也会引起注射部位脓肿，血液或淋巴将致病菌由原发病灶转移至某一新的组织或器官也会形成转移性脓肿。

2. 主要症状

浅在急性脓肿初期表现为局部肿胀，无明显的界限。触诊局温增高、坚实有疼痛反应。以后肿胀的界限逐渐清晰成局限性，最后形成坚实样的分界线，在肿胀的中央部开始软化并出现波动，并可自溃排脓。浅在慢性脓肿一般发生缓慢，虽有明显的肿胀和波动感，但缺乏温热和疼痛反应或非常轻微（图10-15）。

深在急性脓肿，由于部位深，覆较厚的组织，局部增温不易触及。常出现皮肤及皮下结缔组织的炎性水肿，触诊时有疼痛反应并常有指压痕。当较大的深在性脓肿未能及时治疗，脓肿膜可发生坏死，最后在脓汁的压力下可穿破皮肤自行破溃，亦可向深部发展，压迫或侵入邻近的组织和器官，引起感染扩散，而呈现较明显的全身症状，严重时还可能引起败血症。

内脏器官的脓肿常常是转移性脓肿或败血症的结果，而严重地妨

图 10-15　病牛腹壁脓肿

碍发病器官的功能，如牛创伤性心包炎，心包、膈肌以及网胃和膈连接处常见到多发性脓肿，病牛慢性消瘦，体温升高，食欲和精神不振，血常规检查时白细胞数明显增多，最终导致心脏衰竭死亡。

3. 治疗方法

（1）当局部肿胀正处于急性炎性细胞浸润阶段可局部涂擦樟脑软膏，或用冷疗法（如复方醋酸铅溶液冷敷，鱼石脂酒精、栀子酒精冷敷），以抑制炎症渗出和具有止痛的作用。当炎性渗出停止后，可用温热疗法、短波透热疗法、超短波疗法以促进炎症产物的消散吸收。局部治疗的同时，可根据病牛的情况配合应用抗生素、磺胺类药物防止败血病的发生，并采用对症疗法。

（2）当局部炎症产物已无消散吸收的可能时，局部可用鱼石脂软膏、鱼石脂樟脑软膏、超短波疗法、温热疗法等以促进脓肿的成熟。待局部出现明显的波动时，应立即进行手术治疗。

（3）脓肿形成后其脓汁常不能自行消散吸收，因此，只有当脓肿自溃排脓或手术排脓后经过适当地处理才能治愈。脓肿时常用的手术疗法有：①脓汁抽出法，适用于关节部脓肿膜形成良好的小脓肿。其方法是利用注射器将脓肿腔内的脓汁抽出，然后用生理盐水反复冲洗脓腔，抽净腔中的液体，最后灌注混有青霉素的溶液。②脓肿切开法，脓肿成熟出现波动后立即切开。切口应选择波动最明显且容易排脓的部位。按手术常规对局部进行剪毛消毒后再根据情况作局部或全身麻醉。切开前为了防止脓肿内压力过大脓汁向外喷射，可先用粗针头将脓汁排出一部分。切开时一定要防止外科刀损伤对侧的脓肿膜。

切口要有一定的长度并作纵向切口以保证在治疗过程中脓汁能顺利地排出。③脓肿摘除法，常用以治疗脓肿膜完整的浅在性小脓肿。此时需注意勿刺破脓肿膜，预防新鲜手术创口被脓汁感染。

六、创伤

1. 致病原因

创伤是因锐性外力或强烈的钝性外力作用于机体组织或器官，使受伤部皮肤或黏膜出现伤口及深在组织与外界相通的机械性损伤。

2. 主要症状

创伤的症状有出血、创口裂开、疼痛及机能障碍等（图 10-16）。

图 10-16　牛角创伤

3. 治疗方法

（1）创伤治疗的一般原则为抗休克、防止感染、纠正水与电解质失衡、消除不利愈合影响和加强饲养管理。

（2）创围清洁法。清洁创围的目的在于防止创伤感染，促进创伤愈合。清洁创围时，先用数层灭菌纱布块覆盖创面，防止异物落入创口内。后用剪毛剪将创围被毛剪去，剪毛面积以距创缘周围 10 厘米左右为宜。创围被毛如被血液或分泌物黏着时，可用 3％过氧化氢和氨水（200∶4）混合液将其除去。再用 70％酒精棉球反复擦拭紧靠创缘的皮肤，直至清洁干净为止。离创缘较远的皮肤，可用肥皂水和消毒液洗刷干净，但应防止洗刷液落入创口内。最后用5％碘酊或5％酒精福尔马林溶液以5分钟的间隔，多次涂擦创围皮肤。

（3）创面清洗法。揭去覆盖创面的纱布块，用生理盐水冲洗创面后，持消毒镊子除去创面上的异物、血凝块或脓痂。再用生理盐水或防腐液反复清洗创伤，直至清洁为止。

（4）用外科手术的方法将创口内所有的失活组织切除，除去可见的异物、血凝块，消灭创囊、凹壁，扩大创口（或作辅助切口），保证排液畅通，力求使新鲜污染创伤变为近似手术创伤，争取创伤的第一期愈合。

（5）创伤用药。创伤用药的目的在于防止创伤感染，加速炎性净化，促进肉芽组织和上皮新生。药物的选择和应用决定于创伤的性状、感染的性质、创伤愈合过程的阶段等。如创伤污染严重、外科处理不彻底、不及时和因解剖特点不能施行外科处理时，为了消灭细菌，防止创伤感染，早期应用广谱抗菌性药物；对创伤感染严重的化脓创，为了消灭病原菌和加速炎性净化的目的，应用抗菌性药物和加速炎性净化的药物；对肉芽创应使用保护肉芽组织和促进肉芽组织生长以及加速上皮新生的药物。适用于创伤的药物，应具有既能抗菌，又能抗毒与消炎，且对机体组织细胞损害作用小者为最佳。

（6）创伤缝合。根据创伤情况可分为初期缝合、延期缝合和肉芽创缝合。初期缝合是对受伤后数小时的清洁创口或经彻底外科处理的新鲜污染创口施行缝合，其目的在于保护创伤不受继发感染，有助于止血，消除创口裂开，使两侧创缘和创壁相互接着，为组织再生创造良好条件。适合于初期缝合的创伤条件是创伤无严重污染，创缘及创壁完整，且具有生活力，创内无较大的出血和较大的血凝块，缝合时创缘不致因牵引而过分紧张，且不妨碍局部的血液循环等。临床实践中，常根据创伤的不同情况，分别采取不同的缝合措施。有的施行创伤初期密闭缝合；有的作创伤部分缝合，于创口下角留一排液口，便于创液的排出；有的施行创口上下角的数个疏散结节缝合，以减少创口裂开和弥补皮肤的缺损；有的先用药物治疗3～5天，无创伤感染后，再施行缝合，称此为延期缝合。经初期缝合后的创伤，如出现剧烈疼痛、肿胀显著，甚至体温升高时，说明已出现创伤感染，应及时部分或全部拆线，进行开放疗法。肉芽创缝合又叫二次缝合，用以加速创口愈合，减少疤痕形成。适合于肉芽创，创内应无坏死组织，肉芽组织呈红色平整颗粒状，肉芽组织上被覆的少量脓汁内无厌氧菌存在。对肉芽创经适当的外科处理后，根据创伤的状况施行接近缝合或密闭缝合。

（7）创伤引流。当创腔深、创道长、创内有坏死组织或创底潴留渗出物等时，使创内炎性渗出物流出创外为目的。常用引流疗法以纱布条引流最为常用，多用于深在化脓感染创的炎性净化阶段。纱布条引流具有毛细管引流的特性，只要把纱布条适当地导入创底和弯曲的创道，就能将创内的炎性渗出物引流至创外。作为引流物的纱布条，根据创腔的大小和创道的长短，可做成不同的宽度和长度。纱布条越长，则其条幅也应宽些。将细长的纱布条导入创内时，因其形成圆球而不起引流作用。引流纱布应浸以药液（如青霉素溶液、中性盐类高渗溶液、奥立夫柯夫氏液、魏斯聂夫斯基氏流膏等），用长镊子将引流纱布条的两端分别夹住，先将一端疏松地导入创底，另一端游离于创口下角。临床上除用纱布条作为主动引流之外，也常用胶管、塑料管做被动引流。

（8）创伤包扎。创伤包扎，应根据创伤具体情况而定。一般经外科处理后的新鲜创都要包扎。当创内有大量脓汁、厌氧性及腐败性感染以及炎性净化后出现良好肉芽组织的创伤，一般可不包扎，采取开放疗法。创伤包扎不仅可以保护创伤免于继发损伤和感染，且能保持创伤安静、保温，有利于创伤愈合。创伤绷带用三层，即从内向外由吸收层（灭菌纱布块）、接受层（灭菌脱脂棉块）和固定层（卷轴带、三角巾、复绷带或胶绷带等）组成。对创伤作外科处理后，根据创伤的解剖部位和创伤的大小，选择适当大小的吸收层和接受层放于创部，固定层则根据解剖部位而定。四肢部用卷轴带或三角巾包扎；躯干部用三角巾、复绷带或胶绷带固定。

（9）当受伤病牛出现体温升高、精神沉郁、食欲减退、白细胞增多等全身症状时，则应施行必要的全身性治疗，防止病情恶化。对伴有大出血和创伤愈合迟缓的病牛，应输入血浆代用品或全血；对严重污染而很难避免创伤感染的新鲜创，应使用抗生素或磺胺类药物，并根据伤情的严重程度，进行必要的输液、强心措施，注射破伤风抗毒素或类毒素；对局部化脓性炎症剧烈的病牛，为了减少炎性渗出和防止酸中毒，可静脉注射 10％氯化钙溶液 100～150 毫升和 5％碳酸氢钠溶液 500～1000 毫升，必要时连续使用抗生素或磺胺类制剂以及进行强心、输液、解毒等措施。

七、腐蹄病

1. 致病原因

腐蹄病是指（趾）间皮肤及皮下组织发生炎症，特征是皮肤坏死和裂开。它的发生多是由于指（趾）间隙异物造成挫伤或刺伤，或粪尿和稀泥浸渍，使指（趾）间皮肤的抵抗力减低，微生物从指（趾）间进入，坏死杆菌是最常见的微生物，所以本病又称指（趾）间坏死杆菌病。

2. 主要症状

初期病牛轻度跛行，系部和球节屈曲，患肢以蹄尖轻轻负重，约 75％的病例发生在后肢。在 18～36 小时之后，指（趾）间隙和冠部出现肿胀，皮肤上有小的裂口，有难闻的恶臭气味，表面有伪膜形成。在 36～72 小时后，指（趾）间皮肤坏死、腐脱，指（趾）明显分开，指（趾）部甚至球节出现明显肿胀，剧烈疼痛，病肢常试图提起。体温常常升高，食欲减退，泌乳量明显下降。有的病牛蹄冠部高度肿胀，卧地不起（图 10-17）。

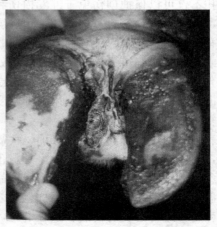

图 10-17　病牛趾间软组织坏死

3. 治疗方法

可全身应用抗生素和磺胺给药。局部用防腐液清洗，去除游离的指（趾）间坏死组织，伤口内放置抗生素或消炎药，用绷带环绕两指（趾）包扎，不能装在指（趾）间，否则妨碍引流和创伤开放。口服硫酸锌，可取得满意效果。

4. 预防措施

除去牧场上各种致伤的原因，保证牛舍和运动场的干燥和清洁。定期用硫酸铜或甲醛浴蹄。饲料内亦可添加抗生素或化学抑菌剂进行预防。

八、流产

1. 致病原因

流产是指未到预产期，但由于胎儿或母体异常而导致妊娠过程发生紊乱，或两者之间的正常关系受到破坏而导致的妊娠中断。妊娠的各阶段均有流产的可能，以妊娠早期较为常见，夏季高发。引起肉牛流产的原因大致可分为感染性流产和非感染性流产。非感染性流产的原因包括营养性流产、损伤性流产、中毒性流产、药物性流产等。传染性流产包括传染性疾病引发的流产，如布氏杆菌病、钩端螺旋体病、弧菌病、病毒性腹泻、传染性气管炎；霉菌性流产，如衣原体病、李氏杆菌病、流行性热等；寄生虫性流产，如滴虫病、肉孢子虫病、新孢子虫病等。

2. 主要症状

（1）隐性流产是配种后经检查确诊怀孕的母牛，过一段时间复查妊娠现象消失。受精卵附植前后，胚胎组织液化被母体吸收，子宫内部不残留任何痕迹。常无临床症状，多在母牛重新发情时被发现。

（2）小产母牛流产前，阴道流出透明或半透明的胶冻样黏液，偶尔混有血液，具有分娩的临床征兆但不明显；直肠检查胎动不安；阴道检查子宫颈口闭锁，黏液塞尚未流失。母牛的乳房和阴唇在流产前2～3天才肿胀。

（3）早产是排出不足月的活犊，与正常分娩具有相似的征兆。早产胎儿体格虽小，体质虽差，但若经精心护理，仍有成活的可能，胎儿如有吸吮反射，应尽力挽救，帮助吮食母乳或人工乳，并注意保暖。

（4）胎儿干尸化，又称木乃伊，多发于妊娠 4 个月左右。胎儿死在子宫内，因子宫颈口仍关闭，无细菌侵入感染子宫，胎水及死胎的组织水分被母体吸收，呈干尸样。母牛妊娠现象不随时间延长而发展，也不出现发情，到分娩期不见产犊，直肠检查发现子宫内有坚硬固体，无胎动和胎水波动，卵巢有黄体。阴道检查子宫阴道部无妊娠变化。

（5）胎儿浸溶是妊娠中断后，死亡胎儿的软组织分解为液体流出，而骨骼仍留在子宫内。病牛精神沉郁，体温升高，食欲减退或废绝，消瘦，腹泻；常努责并从阴门流出红褐色黏稠污秽的液体，具有腐臭味，内含细小骨片，最后仅排出脓液，尾根及坐骨节结上黏附着黏液的干痂。直肠检查，可摸到子宫内有骨片，捏挤子宫有摩擦音。阴道检查，子宫颈口开张，阴道内有红褐色黏液、骨碎片或脓汁淤积。

（6）胎儿腐败是胎儿死亡后，腐败菌侵入，引起胎儿软组织腐败分解，产生二氧化碳、硫化氢和氨等气体，积于胎儿皮下、胸腹腔和肠管内。临床症状类似于胎儿浸溶，母牛精神不振，腹围增大，强烈努责，阴道内有污褐色不洁液体排出，具腐败味。直肠检查，可触摸到胎儿胎体膨大，有捻发音。

3. 治疗方法

（1）对外观有流产征兆，但子宫颈塞尚未溶解的母牛，应以保胎为主。使用抑制子宫收缩药予以保胎，每隔 5 天肌内注射孕酮 100～200 毫克，或每隔 2 天皮下注射 1% 硫酸阿托品 15～20 毫克。禁止阴道检查和直肠检查，保证安静的饲养环境。如果母牛起卧不安，胎囊已进入产道或胎水已破，应尽快助产，肌内注射垂体后叶素或新麦角碱。必要时可截胎取出胎儿，用消毒液反复冲洗子宫，并投入抗生素。

（2）对于不可挽回性流产，如果子宫颈口已开，有黏液流出，则以引产为主。使用雌二醇 20～30 毫升，肌内或皮下注射，同时皮下注射催产素 40～50 毫克。

（3）对于胎儿干尸化，如子宫颈已开，可先向子宫内灌入大量温肥皂水或液状石蜡，再取出干尸化的胎儿；如子宫颈尚未打开，可肌内注射雌二醇 20～30 毫克，一般 2～5 小时后可排出胎儿。经上述方法处理无效时可以反复注射，或人为打开宫颈取出胎儿；子宫颈口打开后可以配合使用促子宫收缩药，增强子宫张力。最后要用消毒液冲洗子宫，或投入抗生素。

（4）对于胎儿浸溶，可肌内注射雌二醇使子宫颈扩张，子宫颈扩张后向子宫内注入温的 0.1%高锰酸钾溶液，反复冲洗，用手指或器械取出胎儿残骨。最后用生理盐水冲洗子宫，投入抗生素，同时注射促子宫收缩药，促使液体排出。

（5）对胎儿腐败分解的，可切开胎儿皮肤排气，必要时可行截胎术。要用消毒液反复冲洗子宫，并投入抗生素。

（6）对于习惯性流产的，应在习惯性流产的妊娠期前半月持续注射黄体酮 50～100 毫克/天。

4. 预防措施

加强饲养管理，提高肉牛体质，避免各种意外事故、应激反应和中暑等情况的发生。对于传染性流产，关键是加强免疫、定期做好疫情普查，淘汰或隔离流产的病牛。

九、阴道脱出

1. 致病原因

阴道壁部分或完全从正常位置突出于阴门之外，称为阴道脱出，中兽医称之为掉肫。有些牛阴道全脱出后，露出子宫颈外口，又称子宫颈脱。本病多发生于肉牛妊娠后期，年老体弱的经产肉牛发病率较高。妊娠后期，雌激素分泌过多，或产后患卵巢囊肿产生过量雌激素，导致骨盆内固定阴道的韧带松弛，引起阴道脱出；体弱消瘦或年老经产的营养不良母牛，运动不足导致全身组织特别是盆腔内的支持组织、张力减弱。妊娠后期胎儿过大、胎水过多、双胎、瘤胃鼓胀等情况，导致腹内压增高诱发此病。便秘、腹泻、分娩瘫痪、直肠脱出等均可能继发此病。

2. 主要症状

阴道部分脱出多发生于产前，肉牛卧地时，可见两侧阴唇之间夹着一个拳头大的粉红色球状物体，或露出于阴门之外，站立时多能自行复位。治疗不及时，则脱出的部分越来越大，发展为阴道完全脱出，甚至反复脱出，且脱出后需要较长时间自行缩回，或者不能自行缩回。严重者可能出现膀胱通过尿道外口脱出。

脱出早期，阴道黏膜呈粉红色，表面光滑湿润。脱出时间过久，黏膜发生淤血、水肿、干燥，呈紫红色或暗红色甚至出现龟裂，流出带血的液体。如果脱出黏膜被粪便、垫草和泥土等擦伤、污染，则极易感染、坏死，感染区域有炎性渗出物或血液流出。

3. 治疗方法

(1) 对轻度阴道部分脱出的病牛，特别是距离分娩较近时，可将母牛饲养在前低后高的地方，使后躯高于前驱。避免卧地过久，每天适量增加运动，给予易消化的饲料，添加钙剂（乳酸钙，80 克/次，每天 3 次）。可将病牛尾巴拴在一侧，防止擦伤和感染。脱出部分可以涂抹抗生素软膏。妊娠期的阴道脱出，可每日注射孕酮 50～100 毫克。

(2) 对于阴道完全脱出和不能自行复位的病例，要进行局部清理和整复手术。方法是：①将脱出部分用生理盐水或 0.1％高锰酸钾溶液或 0.05％～0.1％新洁尔灭溶液消毒，再用 3％温明矾溶液清洗，使其收缩变软。水肿严重的可用毛巾热敷 10～20 分钟，使其体积变小。②将病牛取前低后高体位，努责强烈的施行荐尾或尾椎间隙的轻度硬膜外麻醉。感染发炎部位涂布抗生素软膏或油膏，损伤部位创口较大的应予缝合。对于阴道脱出部分出现坏死的病牛，应行阴道黏膜下层切除手术。阴道黏膜用 0.25％普鲁卡因局部麻醉，将坏死部位的黏膜和肌层切除，注意不能伤到浆膜。对于膀胱扩张突入阴道和即将分娩或有流产迹象的患牛不能应用此法。③用消毒纱布将脱出的阴道托起至阴门部，趁患牛不努责时将脱出的阴道从子宫颈开始往阴门内推送。待全部送入后，再用拳头将阴道顶回原位。手臂应在阴道内停留一段时间，也可以将装满温水的饮料瓶放在阴道内，防止努责时阴道再次脱出。④采用双内翻缝合固定法缝合阴门。使用医用 18 号缝合线四股，从右侧阴唇距阴门裂 3.5～4 厘米处的外侧皮肤进针，在同侧距阴门裂 3.5～4 厘米内侧黏膜处出针。同样，在左侧距阴门裂 3.5～4 厘米处内侧黏膜进针，在同侧距阴门裂 3.5～4 厘米外侧皮肤处出针。阴门下 1/3 不缝合，便于排尿。另外，为了防止强烈努责时缝线勒伤组织，在阴门两侧外露的缝线上套一段细胶管。妊娠后期的患牛，出现分娩征兆应立即拆除缝线。⑤术后病牛保持前低后高的体位，避免趴卧，适量运动。每日用碘甘油或抗生素软膏涂布阴道。为防止继续努责，可适当使用镇静剂，如有全身症状，应连续注射 3 天抗生素，完全愈合后再拆线。

十、生产瘫痪

1. 致病原因

生产瘫痪是肉牛分娩前后突然发生的一种严重的营养代谢性疾病，又称乳热病或低血钙症。一般母牛产后血钙水平都会降低，但患牛的血钙水平下降尤其明显，比正常情况下降 30% 左右；同时血磷和血镁含量也会降低。目前，认为导致母牛产后血钙降低的因素有多种，生产瘫痪的发生可能是其中一种或多种因素共同作用的结果。

2. 主要症状

多数患牛是产后 3 天内发病，少数在分娩过程中或分娩前数小时发病，根据临床表现可分为典型（重型）和非典型（轻型）两种。典型的生产瘫痪，从发病到出现典型症状不超过 12 小时。初期食欲减退或废绝，不反刍，排尿、排粪停止，泌乳量迅速下降。患牛站立不稳，四肢肌肉震颤，不愿走动，后肢交替踏脚（图 10-18）。1～2 小时内患牛即出现瘫痪症状，不久即出现意识障碍，甚至昏迷，眼睑反射减弱或消失，瞳孔散大，对光线照射无反应，皮肤对疼痛刺激无反应，肛门松弛，个别发生喉头及舌麻痹。听诊心音及脉搏减弱。非典

图 10-18　母牛产后瘫痪

型病例主要是头颈姿势不自然,头颈部呈现"S"状弯曲,患牛精神极度沉郁,但不昏睡,食欲废绝,各种反射减弱,但不完全消失,有时能勉强站立,但站立不稳,行动困难,步态摇摆。体温一般正常,不低于37℃。

3. 治疗方法

(1)糖钙疗法 用10%葡萄糖酸钙300~500毫升静脉注射(在其中加入4%的硼酸可以提高葡萄糖酸钙的溶解度和溶液稳定性)。为了防止发生低血镁症,同时静注25%硫酸镁100毫升。钙制剂注射要注意注射速度,并且要观察心脏的情况。钙制剂可重复注射,但最多不能超过3次,如3次注射无效说明补钙疗法不适应此个体。也可以将50%葡萄糖200毫升、5%葡萄糖1000毫升、20%安钠咖20毫升、10%葡萄糖酸钙400毫升,混合一次静注,同时,用10毫克硝酸士的宁作荐尾硬膜外腔注射,该法可以缩短疗程,提高效果。

(2)乳房送风疗法 本法特别适用于对糖钙疗法反应不佳或者复发的病例。乳房送风可使流入乳房的血液减少,随血液流入初乳而丧失的钙也减少,血钙水平得以提高。打入空气前要挤净乳房中的牛奶,并用酒精消毒乳头。四个乳区均应打满空气,直至乳房皮肤紧张,乳房基部的边缘清楚隆起,轻敲乳房呈现鼓音为标准,再用纱布扎住乳头,防止空气逸出。通常,乳房送风30分钟后,患牛全身状况好转,可以苏醒站立,1小时后可将结扎布条除去。如乳房已有感染,可先注入1%碘化钾溶液,然后再进行打气。

(3)乳房内注入鲜奶法 本法原理与乳房送风法相同,效果比送风法更好。向患牛乳房内注入新鲜的乳汁,每个乳区各500~1000毫升。所用鲜乳汁必须无乳房炎且严格消毒。

4. 预防措施

(1)母牛分娩前1~2个月控制精料喂量,保证蛋白质供应,但蛋白不能过高;增加粗饲料的喂量。为防止母牛产后能量储备不足或过肥,能量水平不应过低或过高,对于营养良好的母牛,从产前两周开始减少蛋白质饲料。同时,应给母牛补充充足的维生素和微量元素。加强饲养管理,保持牛舍卫生清洁和空气流通,舍饲牛经常晒太阳,以利于维生素D_3的合成和促进饲料中钙的吸收,适当增加妊娠母牛的运动量。

（2）分娩前注意控制饲料中钙、磷的比例，二者比例保持在1.5∶1至1∶1之间为宜，特别是产前两周，钙水平不宜过高。产前四周到产后一周，每天在饲料中添加 30 克氧化镁，可以防止血钙降低时出现的抽搐症状，对低血镁症有较好的预防效果。也可在产前3～5 天内每天静脉注射 20％葡萄糖酸钙、25％葡萄糖液各 500 毫升，以预防产后瘫痪。

（3）分娩后最初 3 天不要把初乳挤得太干净，保留一半左右，以维持乳房内有一定的压力和防止钙损失过多。

十一、母牛不孕症

1. 致病原因

母牛不孕症是指母牛暂时性的不能生育，而不育则是指永久性的不能生育。引起母牛不孕症的原因有饲养管理不当，产科、卵巢疾病，发情鉴定不准确，输精时间、部位不当，精液品质差，环境热应激以及一些传染性疾病所引起的繁殖障碍。不孕症是多种因素作用于机体而引起的一种综合表现，是母牛的一个常发病和多发病。

2. 主要症状

母牛达到配种年龄后或产后 6 个月不能配种受胎者均属不孕症。实际生产中，20 月龄以上的育成母牛饲养管理不当、产后 80 天以内的经产母牛均可发生不孕。

3. 防治措施

（1）正确判定母牛发情。不漏掉发情牛，不错过发情期，是防止母牛不孕症的先决条件。对母牛应在每天的早、午、晚做好仔细的发情观察，对不发情或隐性发情的牛，应进行阴道检查，观察阴道黏膜、黏膜状态及子宫颈口开张情况；直肠检查，触摸子宫、卵巢及卵泡的状况；适当用催情药进行催情，如肌内注射氯前列烯醇注射液 4毫升或肌内注射孕马血清进行催情促排。

（2）在正确发情鉴定的前提下，严格遵守人工授精的无菌操作和精液品质检查。对配种 2～3 次尚未受孕的母牛，可采取在临输精前向子宫中送入青霉素 40 万～60 万单位的方法。

（3）临产母牛应该尽量做到自然分娩，避免过早的人工助产。必须助产时，要让兽医进行助产。助产时要做好卫生消毒工作，防止产道损伤，减少产道感染。

（4）对胎衣不下的牛应及时进行治疗。凡胎衣不下的牛，剥离后用抗生素进行子宫灌注。如胎衣粘连过紧，不易剥离者，向子宫中及时灌注抗生素或子宫净化专用药（金霉素 2 克或土霉素 4 克或宫康注射液），隔日或每日一次，直到阴道流出的分泌物清亮为止。凡子宫内膜炎或胎衣不下者，一律在产房内治愈后才能出产房。

（5）加强饲养管理，增强牛体健康。母牛若精料过多又运动不足，则容易导致母牛过肥，造成母牛发情异常，妨碍受孕。运动与日光浴对防止母牛不孕有重要作用，牛舍通风换气不好、空气污浊、过度潮湿、夏季闷热等恶劣环境，不仅危害牛体健康，还会造成母牛发情停止。因此，在饲养管理上要保证优质全价，保证充足的维生素、矿物质，饲料要多样化。当发现不孕症病牛时，应对全身状况仔细检查，找出病因，并采取相应的治疗措施。

（6）犊牛生长期营养不良，发育受阻，会影响生殖器官的发育，易造成初情期推迟，初产时出现难产或死胎，既影响繁殖性能，也影响生产性能。

十二、酮病

1. 致病原因

酮病又叫酮尿病、醋酮血症，是碳水化合物和脂肪代谢紊乱所引起的一种全身功能失调的代谢性疾病，以酮血、酮尿及低血糖为特征的一种糖代谢障碍性疾病。本病致病因素比较复杂，一般认为，高产母牛过饲高蛋白和高脂肪饲料，如精料和油饼类供给太多，而碳水化合物饲料（粗料、块根、多汁饲料）不足，或者饲料品质不佳，特别是生酮物质含量较多的劣质饲料、患产后瘫痪或产乳热等疾病时，也可继发本病。

2. 主要症状

病初呈现消化不良症状，突然或逐渐减食，异嗜，不愿吃精料，喜吃褥草，食墙壁，啃咬背毛。常表现前胃弛缓症状，反刍减弱或停止，瘤胃蠕动减弱或消失，便秘或腹泻，日渐消瘦。病情进一步发展，常出现神经症状，初兴奋，听觉过敏，背腰部皮肤敏感，嚎叫、冲撞；不久转为抑制，拱背垂头，反应迟钝，步态蹒跚，后躯麻痹，乃至卧地不起，头颈弯曲，抵于胸廓呈昏迷状，形似生产瘫痪。呼出气、尿液及乳汁均有丙酮味（烂苹果味），尿液、乳汁加热时，其味更浓。乳汁常起泡沫，为本病特征性病状。

3. 治疗方法

治疗原则是改善饲养，补糖抑酮。减少或短期停喂高蛋白、高脂肪饲料，增喂甜菜、胡萝卜、干草等富含糖和维生素的饲料。药物疗法主要是补充糖类和生糖物质。每天口服红糖或白糖 300～500 克。或静脉注射 25% 葡萄糖液 500～1000 毫升。补充生糖物质可用丙酸钠 120～200 克，混于饲料中，连喂 7～10 天；也可用乳酸钠或乳酸钙 450 克内服，每天 1 次，连用 2 天。配合应用氢化可的松 1.5 克，皮下注射。还可配合使用维生素 B_{12} 和维生素 B_1 对兴奋不安、胃肠机能扰乱、酸中毒进行对症治疗。

4. 预防措施

主要是加强妊娠牛母牛的饲养管理，产前一个季度中就需给予丰富的碳水化合物。

十三、黄曲霉毒素中毒

1. 致病原因

黄曲霉毒素中毒是人、畜共患病，且有严重危害性的一种霉败饲料中毒病。牛黄曲霉毒素中毒是牛采食产毒霉菌污染的花生、玉米、豆类、麦类及其副产品所致。

2. 主要症状

牛中毒后以肝脏损害为主，同时还伴有血管通透性破坏和中枢神经损伤等，因此临床特征性表现为黄疸、出血、水肿和神经症状。由于牛品种、性别、年龄、营养状况及个体耐受性、毒素剂量大小等的不同，黄曲霉毒素中毒的程度和临床表现也有显著差异。成年牛多呈慢性经过，死亡率较低，往往表现厌食、磨牙、前胃弛缓、瘤胃鼓胀、间歇性腹泻、妊娠母牛早产和流产。犊牛对黄曲霉毒素较敏感，死亡率高，特征性的病变是肝脏纤维化及肝细胞瘤胆管上皮增生，胆囊扩张，胆汁变稠。肾脏色淡或呈黄色。

3. 治疗方法

治疗对本病尚无特效疗法。发现牛中毒时，应立即停喂霉败饲料，改喂富含碳水化合物的青绿饲料和高蛋白饲料，减少含脂肪过多的饲料。一般轻型病例，不给任何药可逐渐康复；重度病例，应及时投服泻剂（如硫酸钠、人工盐等），加速胃肠道毒物的排出。同时，采用保肝和止血疗法，可用 20%～50%葡萄糖溶液、维生素 C、葡萄糖酸钙或 10%氯化钙溶液肌内注射。心脏衰弱时，皮下或肌内注射强心剂。为了防止继发感染，可应用抗生素制剂，但严禁使用磺胺类药物。

4. 预防措施

（1）防止饲草、饲料发霉。

（2）霉变饲料的去毒处理：连续水洗法、化学去毒法、物理吸附法、微生物去毒法。

（3）定期监测饲料，严格实施饲料中黄曲霉毒素最高容许量标准。

第十一章

生态肉牛规模化养殖场的经营管理

　　牛场的经营管理是牛场生产的重要组成部分，是运用科学的管理方法、先进的技术手段统一指挥生产，合理地优化资源配置，大幅度提升牛场的管理水平，节约劳动力，降低成本，增加效益。使其发挥最大潜能，生产出更多的产品，以达到预期的经济效益和社会效益。生态肉牛规模化养殖，通过科学的管理还可提高生态效益。

　　经营管理是在国家政策、法令和计划的指导下，面对市场的需要，根据肉牛场内、外部的环境和条件，合理地确定肉牛场的生产方向和经营总目标；合理组织肉牛场的产、供、销活动，以求用最少的人、财、物消耗取得最多的产出和最大的经济效益。管理是指根据肉牛场经营的总目标，对肉牛场生产总过程的经济活动进行计划、组织、指挥、调节、控制、监督和协调等工作。经营确定管理的目的，管理是实现经营目标的手段，只有将两者有机地结合起来，才能获得最大的经济效益。只讲管理，不讲经营，或只讲经营，不讲管理，均会使肉牛场生产水平低，经济效益差，甚至亏损，使肉牛场难以生存。因此，肉牛场管理者不仅要注意生产技术方面的提高，还要抓好肉牛场的经营管理。

第一节　生态肉牛规模化养殖的生产管理

一、建立经营机构和制度

1. 肉牛场的组织结构

根据肉牛场的经营范围和规模，设立相应的组织机构。机构的设置一要精简，二要责任明确。实行场长负责制。组织机构基本包括指挥机构和职能机构。组织结构主要是指场长、副场长、主任或科长、班组长等；职能机构是指生产部门（包括肉牛生产、饲料生产、生态资源保护和开发等）、购销部门（产品的销售、原材料的采购等）、后勤服务部门（生产和生活方面的物质供应、管理、维修等）及财务部门等。此外，还应设畜牧师、兽医师、产品质量监督员若干。

2. 肉牛场的劳动组织管理

肉牛场的劳动组织管理的主要任务是科学安排和使用劳动力，合理组织劳动分工和协作，提高劳动效率。确定合理的劳动定额和劳动报酬；建立岗位责任制，明确规定各部门各岗位人员的职责范围。对干部实行聘任制。

（1）建立健全规章制度　为不断提高经营管理水平，充分调动职工的积极性，肉牛场必须建立一套简明扼要的规章制度。合理的规章制度，是提高牛场生产管理水平和调动工人积极性的有效措施，是办好养牛场的重要环节。我国各养牛场一般都建立有以下几种规章制度：一是岗位责任制，使每个工作人员都明确其职责范围，有利于生产任务的完成；二是建立分级管理、分级核算的经济体制，充分发挥各组织特别是基层班组的主动性，有利于增产节约、降低生产成本；三是制定简明的养牛生产技术操作规程，使各项工作有章可循，有利于互相监督，检查评比；四是建立奖惩制度。其中养牛生产技术操作规程是各项规章制度的核心，是提高饲养管理技术水平，贯彻科学养牛，提高养牛生产，促进养牛业大发展不可缺少的有效措施和重要保证。

（2）肉牛场人员岗位责任制　明确规定各部门各岗位人员的职责范围。

（3）生产承包责任制和股份制　肉牛场生产实行承包责任制或股份制，其目的是明确责、权、利三者的关系，调动各方面的积极性，有效地提高经济效益。养牛生产肉牛场责任制的形式多种多样。

① 按责任制的承包对象划分　包括集体（班组、科、室）责任制，即把责任制落实到集体单位，并以合同形式实行承包，如包生产指标、包费用、超产奖励、减产扣奖等。个人责任制：将养牛生产或产品加工的责任落实到个人，承包的指标包括产量和上缴利润，完成

承包指标拿基本工资。在此基础上，按超产部分提取奖金。

②按责任制的承包内容划分　包括目标管理责任制、联产计酬责任制、联产联质目标管理责任制。体现了按劳取酬、多劳多得的原则。制定承包方案时应根据本肉牛场具体情况，制定出主要考核指标。此外，还需定物耗（耗电量等）、定安全。实行超产奖励。完不成指标，按比例扣发奖金。

（4）绩效工资制　绩效工资制包括计分工资、计件工资和浮动工资。计分工资是在工资分配上实行计分计奖，即根据岗位责任制和完成指标进行打分，然后按分计奖。计件工资是根据生产工人完成合格产品的数量按照一定的计件单价支付工资。浮动工资是从每个职工的基本工资和奖金中拿出一定比例，作为浮动工资，个人所得按肉牛场经济效益和个人贡献大小按月浮动，奖勤罚懒。

二、日常工作规章制度框架

1. 职工守则

（1）以经济建设为中心，努力学习，不断提高自己的政治、文化、科技和业务素质。

（2）团结同志，尊师爱徒，服从领导。

（3）遵纪守法，艰苦奋斗，增收节支，努力提高经济效益。

（4）树立集体主义观念，积极为肉牛场的发展和振兴献计献策。

2. 劳动纪律

（1）严格遵守肉牛场内部各项规章制度，坚守岗位，尽责尽职，积极完成本职工作。

（2）服从领导，听从指挥，严格执行作息时间，做好出勤登记。

（3）认真执行生产技术操作规程，做好交接班手续。

（4）上班时间严禁喧哗打闹，不擅离职守。

（5）上班时间必须穿工作服。

（6）严禁在养殖区吸烟及明火作业，安全文明生产，爱护牛只，爱护公物。

3. 防疫消毒制度

（1）坚持防重于治的原则，要制定完善的防疫计划。即根据各种传染病在本地区目前和以前的发生与流行情况，结合本地具体条件，制定切实而合理的防疫计划。

（2）加强兽医监督，防止传染病由外地带入本场。对新购入的牛，必须隔离检疫，观察一段时间后，在确定无病情况下，方可归入本场。

（3）定期检疫。对健康牛原则上每四个月检疫一次，及早发现传染病，防止传播。

（4）加强预防接种。每年接种布氏杆菌病弱毒疫苗一次（犊牛时注射 1 次终生免疫）、卡介苗一次、口蹄疫疫苗 2.5 次，其他疫苗根据当地情况再定。

（5）发现疫情，及时报告有关领导，采取隔离、封锁等措施，防止传播，并根据危害性大小采取相应的扑灭措施。

（6）对牛舍、运动场、车间应定期消毒，如每年对牛经常活动的地面用 1%～2%火碱消毒 1 次，每季度用生石灰消毒 1 次。

（7）生产区与生活区分开。

（8）场门设消毒室（池），并经常保持有效消毒作用。

（9）对牛群每年进行定时检疫和防疫。

（10）严禁饲喂霉变或其他有毒饲料。

4. 饲养管理规程

（1）岗前培训　对养牛生产及牛产品加工的各个环节，提出基本要求，制定技术操作规程。要求职工共同遵守执行。可实行岗位培训。

（2）肉牛养殖场工作日程　肉牛场的工作日程，依劳动组织形式和饲喂次数而不同。

（3）牛场各月份管理工作的要点

一月份：首先要调查牛群的年龄、妊娠月份、胎次分布、膘情、健康状况等，摸清底数，指导工作。其次，要做好防寒保暖工作，尤其要注意弱牛、妊娠牛和犊牛的安全越冬。舍内要勤换垫草、勤除粪尿，保持清洁干燥，防止寒风贼风侵袭。尽可能饮温水，采取措施保证高产、稳产。草地生态资源的安全越冬、冬季施肥等。

二月份：继续搞好防寒越冬，积极开展春季防疫、检疫工作。

三月份：进行彻底消毒。从环境到牛舍，都要彻底清扫、消毒。

要抓住时机搞好植树造林、绿化牛场工作等生态系统建设。

四月份：加强管理，安排好饲料，防止发生断青绿饲料的现象，做好饲草料变动的过渡，以免发生消化失调、瘤胃鼓胀等，以提高产奶量和促进幼牛生长发育。繁殖母牛驱虫。安排修蹄工作。

五月份：应增喂青饲料，如大麦苗、早苜蓿等青饲料的应用，也可制作青贮饲料。检查干草贮存情况，露天干草要垛好封泥，防止雨季到来被淋湿而发生霉烂变质。在地沟和低湿处洒杀虫剂，消灭蚊蝇。天气转热，注意牛奶及时冷却，防止酸败。

六月份：天气日渐炎热，要做好防暑降温的准备工作。牛本月可吃到大量青绿饲料，日粮要随之变更，逐渐减少精料定量。

七月份：全年最热时期，重点工作应放在防暑降温上，做到水槽不断水、运动场不积水，日粮要求少而质量好，给牛创造一个舒适的条件。青草季长的地区，可制作头茬青贮。

八月份：雨季来临，除继续做好防暑降温工作外，要注意牛舍及周围环境的排水，保持牛舍、运动场的清洁和干燥。

九月份：检修青饲切割机和青贮窖，抓紧准备过冬的草料，制作青贮饲料，调制青干草，草地生态资源维护。

十月份：继续制作青贮。组织好人力、物力集中打歼灭战，争取在较短时间内保质、保量地完成青贮饲料工作。加强不孕牛的治疗工作。

十一月份：从本月后半月起可开始正常配料。做好块根饲料胡萝卜等的贮存工作。繁殖母牛群秋季驱虫。

十二月份：总结全年工作，制定下年的生产计划。做好防寒工作，牛舍门窗、运动场的防风墙要检修。冬季日粮要进行调整，适当增加精料喂量。

5. 财务制度

（1）严格遵守国家规定的财经制度，树立核算观念，建立核算制度，各生产单位、基层班组都要实行经济核算。

（2）建立物资、产品进出、验收、保管、领发等制度。

（3）年初和年终向职代会公布全场财务预算、决算，每季度汇报生产财务执行情况。

（4）做好各项统计工作。

三、岗位责任制度

1. 场长的主要职责

（1）贯彻执行国家有关发展养牛生产的路线、方针、政策。

（2）负责制定年度生产计划和长远规划，审查本单位基本建设和投资计划，掌握生产进度，提出增产降耗措施。

（3）制定各项畜牧兽医技术规程，并检查其执行情况。

（4）对于违反技术规程和不符合技术要求的事项有权制止和纠正。

（5）对重大技术事故，要负责作出结论，并承担应负的责任。

（6）负责拟定全场各项物资（饲料、兽药等）的调拨计划，并检查其使用情况。

（7）组织肉牛场职工进行技术培训和科学试验工作。

（8）对生产方向、改革等重大问题向董事会提供决策意见。

（9）每周亲自分析研究牛群健康与繁殖动态变化，发现问题，及时解决。

（10）对肉牛场畜牧、兽医等技术人员的任免、调动、升级、奖惩，提出意见和建议。

（11）执行劳动部各种法规，合理安排职工上岗、生活等。

（12）做好员工思想政治工作、关心员工的疾苦，使员工情绪饱满地投入工作。

（13）提高警惕，做好防盗、防火、安全生产工作。

2. 畜牧技术人员的主要职责

（1）根据牛场生产任务和饲料条件，拟定本场的肉牛生产计划和牛群周转计划。

（2）制定牛的饲料配合方案、生态资源利用保护及选种选配方案。

（3）总结生产经验，传授新的科技知识。

（4）填写好种牛档案，认真做好各项技术记录。

（5）对养牛生产中出现的事故，及时向场领导提出报告，并承担应负的责任。

3. 人工授精员的主要职责

（1）制定牛群配种产犊计划。

（2）每年年底制定翌年的逐月配种繁殖计划，每月末制定下月的逐日配种计划，同时参与制定选配计划。负责做好发情鉴定、人工授精、妊娠诊断、不孕症的防治及进出产房的管理工作。

（3）严格按技术操作规程进行无菌操作，不漏配一头牛。

（4）严格执行选种选配计划，防止近亲配种。

（5）认真做好发情、配种、妊娠、流产、产犊等各项记录，填写繁殖卡片等。建立发情鉴定和妊娠制度。

（6）经常检查精液活力和液氮贮量，发现问题及时上报，并积极采取措施；人工授精器械必须保持清洁。

（7）整理、分析各种繁殖技术资料，掌握科技信息，推广先进经验。

4. 兽医的主要职责

（1）负责牛群卫生保健、疾病监控和治疗，贯彻防疫制度，做好牛群的定期检（免）疫工作。

（2）每天对进出场的人员、车辆进行消毒检查，监督并做好每周一下午牛场的一次大消毒工作。建立每天现场检查牛群健康的制度。

（3）制定药品和器械购置计划。

（4）认真细致地进行疾病诊治，填写病历。每次上槽巡视牛群，发现问题及时处理。

（5）配合人工授精员做好产科病的及时治疗，减少不孕牛。

（6）做好乳房炎的防治工作。

（7）配合畜牧技术人员共同搞好饲养管理，预防疾病的发生。

（8）掌握科技动态，开展科研工作，推广先进技术。

（9）对购进、销售活牛进行监卸监装，负责隔离观察进出场牛的健康状况、驱虫、加施耳牌号，填写活牛健康卡，建立牛只档案。

（10）按规定做好活牛的传染病免疫接种，并做好记录，包括免疫接种日期、疫苗种类、免疫方式、剂量、负责接种人的姓名等工作。

（11）遵守国家的有关规定，不得使用任何明文规定的禁用药品。将使用的药品名称、种类、使用时间、剂量、给药方式等填入监管手册。

（12）发现疫情立即报告有关人员，做好紧急防范工作。

（13）要做到场内不发生严重传染病；场内每头牛的平均年医疗费小于计划水平；牛群的体内外寄生虫病发病率接近零。

5. 配料员的主要职责

（1）严格按照科技人员制定的饲料配方配合饲料，保质保量供应到车间。

（2）搞好饲料的贮备、保管，保证饲料不霉不烂。

（3）保证饲料清洁、卫生，严禁饲料中混入铁钉等锐利异物和被有毒物质污染。

6. 饲养员的主要职责

（1）饲养员应依章行事，一切行动从牛体着想，体贴、关心、爱护牛，不允许虐待、打骂牛，按时作息。

（2）引槽应先关闭其他的门，盖好精料袋，添入饲草，再打开运动场门，赶犊牛入槽，定槽，拴槽，清扫过道。

（3）对哺乳的犊牛，按照场方的哺乳期和哺乳量计划的规定喂奶。先把牛奶加热到95℃，持续3分钟，凉到38℃再喂牛，喂奶持续时间不少于1分钟，喂毕后擦干净牛嘴，及时纠正有吸吮恶癖的犊牛。

（4）对不哺乳的犊牛，按照场方规定，做到定量饲喂精饲料。

（5）对每一头牛按一定顺序（如按牛号或位置等）刷拭，保留头部不刷拭，重点刷拭臀部。

（6）犊牛10日龄后即开始调教吃草料，直至能正常采食为止。

（7）在调教吃草料的同时，接种瘤胃微生物。

（8）勤添饲草，在牛下槽时，牛槽内应剩有可吃的剩草。注意检查饲草料中有无铁钉、铁丝、碎玻璃、塑料布和霉烂的饲草料等，一经发现，立即清除。

（9）牛下槽后，清除粪便，清扫牛床，关灯、关窗，经过检查后方可离开牛舍。

（10）对运动场的水槽及时放水。

（11）定期清洗运动场上的水槽。

（12）发现牛有发病等异常情况，立即报告有关人员，并协助有关人员解决。

（13）协助有关人员驱虫、去角、防疫注射等。

（14）勤俭节约饲草饲料，爱护公共财物，经常检修牛运动场等活动场所。

四、劳动定额管理

为了保证肉牛场有序、高效地进行生产，需要统一组织、计划和调控。首先，肉牛场需要有科学合理的人员配置。规模较小的牛场不设置专门的职能机构，可采用直线制进行管理，即场长负责一切指挥和管理。规模较大的牛场，根据需要可设置相应的其他管理人员，一般按场长、副场长、生产技术人员、兽医、财会人员、后勤人员、饲料加工人员、饲养人员和检验化验人员设置。在不违反国家有关劳动法规下，人员配置越少越好，小型牛场必须采用一人多职，简化机构，提高效率，冗员往往是肉牛场失败的主要原因之一。

牛场必须制定合理的劳动定额，这样可以做到具体分工、专人负责，有利于饲养员了解自己所管牛只的个体特性、生活习性、生理机能和生产能力等，以便在了解牛只情况的基础上，进行针对性的饲养管理，可以有计划地提高每头牛的生产能力，并可充分发挥饲养人员的积极性和创造性。制定劳动定额，主要指标应包括饲养头数、膘情等级、母牛的配种产犊率、犊牛成活率、日增重、饲料定额和成本定额等。然后根据完成定额的好坏，确定报酬。在规定各项定额时，应根据各地具体条件而有所区别。一般牛场可按成年母牛、妊娠母牛、犊牛、青年牛或育肥牛等不同牛群，分别组成养牛小组或承包到个人。

总之，制定劳动定额时，必须从实际出发，以有利于调动饲养人员的积极性和提高劳动生产效率为原则。

五、制订及执行生产计划

1. 计划的基本要求

（1）预见性　这是计划最明显的特点之一。计划不是对已经形成的事实和状况的描述，而是在行动之前对行动的任务、目标、方法、措施所作出的预见性确认。但这种预想不是盲目的、空想的，而是以上级部门的规定和指示为指导，以本单位的实际条件为基础，以过去的成绩和问题为依据，对今后的发展趋势作出科学预测之后作出的。

可以说，预见是否准确，决定了计划的成败。

（2）针对性　计划，一是根据党和国家的方针政策、上级部门的工作安排和指示精神而定，二是针对本单位的工作任务、主客观条件和相应能力而定。总之，从实际出发制定出来的计划，才是有意义、有价值的计划。

（3）可行性　可行性是和预见性、针对性紧密联系在一起的，预见准确、针对性强的计划，在现实中才真正可行。如果目标定得过高、措施无力实施，这个计划就是空中楼阁；反过来说，目标定得过低，措施方法都没有创见性，实现虽然很容易，并不能因而取得有价值的成就，那也算不上有可行性。

（4）约束性　计划一经通过、批准或认定，在其所指向的范围内就具有了约束作用，在这一范围内无论是集体还是个人，都必须按计划的内容开展工作和活动，不得违背和拖延。

2. 计划的基本类型

按照不同的分类标准，计划可分为多种类型。按其所指向的工作、活动的领域来分，可分为工作计划、生产计划、销售计划、采购计划、分配计划、财务计划等。按适用范围的大小不同，可分为单位计划、班组计划等。按适用时间的长短不同，可分为长期计划、中期计划、短期计划三类，具体还可以称为十年计划、五年计划、年度计划、季度计划、月度计划等。

3. 生态肉牛养殖企业计划体系的内容

（1）肉牛数量增殖指标。

（2）肉牛生产质量指标。

（3）牛产品指标。

（4）产品销售指标。

（5）综合性指标。

4. 牛群配种产犊计划

牛群配种产犊计划是生态肉牛规模化养殖企业的核心计划，是制定牛群周转计划、饲料供给计划、生态资源利用计划、资金周转计划、产品销售计划、生产计划和卫生防疫计划的基础和依据。配种产犊计划主要表明计划期内不同时间段内参加配种的母牛头数和产犊头数，力求做到计划品种和生产。产犊配种计划是最常用的年度计划。

编制年度配种产犊计划需要掌握的资料是牛场本年度母牛的分娩和配种记录、牛场育成母牛出生日期记录、计划年度内预计淘汰的成年母牛和育成母牛的数量和预计淘汰时间、牛场配种产犊类型、饲养管理条件、牛群的繁殖性能以及健康状况等。牛群配种产犊计划见表11-1。

表 11-1　牛群配种产犊计划表

	月份	1	2	3	4	5	6	7	8	9	10	11	12	合计
上年怀胎母牛头数	成母牛													
	育成牛													
	小计													
本年怀胎母牛头数	成母牛													
	育成牛													
	小计													
本年产犊母牛头数	成母牛													
	育成牛													
	实有复配牛													
	实际复配牛													
	小计													

5. 牛群周转计划编制

编制牛群周转计划是编好其他各项计划的基础，它是以生产任务、远景规划和配种分娩初步计划作为主要根据而编制的。由于牛群在一年内有繁殖、购入、转组、淘汰、出售、死亡等情况，因此，头数经常发生变化，编制计划的任务是使头数的增减变化与年终结存头数保持着牛群合理的组成结构，以便有计划地进行生产。例如，合理安排饲料生产，合理使用劳动力、机械力和牛舍设备等，防止生产中出现混乱现象，杜绝一切浪费。牛场牛群分类周转计划见表 11-2。

表 11-2　牛群分类周转计划表

月份			1	2	3	4	5	6	7	8	9	10	11	12
犊牛	期初													
	增加	繁殖												
		购入												
	减少	转出												
		售出												
		淘汰												
	期末													
育成牛	期初													
	增加	繁殖												
		购入												
	减少	转出												
		售出												
		淘汰												
	期末													
育肥牛	期初													
	增加	繁殖												
		购入												
	减少	转出												
		售出												
		淘汰												
	期末													
成母牛	期初													
	增加	繁殖												
		购入												
	减少	转出												
		售出												
		淘汰												
	期末													
合计	期初													
	期末													

6. 饲料计划编制

为了使养牛生产在可靠的基础上发展，每个牛场都要制定饲料计划。编制饲料计划时，先要有牛群周转计划（标定时期、各类牛的饲养头数）、各类牛群饲料定额等资料，按照牛的生产计划定出每个月饲养牛的头数×每头日消耗的草料数，再增加 5%～10% 的损耗量，求得每个月的草料需求量，各月累加获得年总需求量。即为全年该种饲料的总需要量。

各种饲料的年需要量得出后，根据本场饲料自给程度和来源，按各月份条件决定本场饲草料生产（种植）计划及外购计划，即可安排饲料种植计划和供应计划（表 11-3）。

表 11-3 生态肉牛企业饲料供给计划表

	月份		1	2	3	4	5	6	7	8	9	10	11	12
种类来源		面积/公顷												
		数量/千克												
青饲料	大田复种轮作生产	面积/公顷												
		数量/千克												
	专用饲料地生产	面积/公顷												
		数量/千克												
	草地放牧或刈割	面积/公顷												
		数量/千克												
	购入	数量/千克												
粗饲料	秸秆	面积/公顷												
		数量/千克												
	糟渣	数量/千克												
	秕壳	面积/公顷												
		数量/千克												
	购入	数量/千克												

月份			1	2	3	4	5	6	7	8	9	10	11	12
精饲料	能量	面积/公顷												
		数量/千克												
	蛋白	面积/公顷												
		数量/千克												
	添加剂	数量/千克												
	购入	数量/千克												
合计	青饲料	数量/千克												
	粗饲料	数量/千克												
	精饲料	数量/千克												

第二节　生态肉牛规模化养殖的经济核算

经济核算是对企业进行管理的重要方法，它通过记账、算账对生产过程中的劳动消耗和劳动成果进行分析、对比和考核，以求提高经济效益。经济核算有利于肉牛企业提高管理水平；有利于宏观调控和加强计划管理；有利于企业运用和学习科学技术；可以防止和打击经济领域的各种违法犯罪活动，维护财经纪律和财务制度。

一、经济核算内容

主要包括设置账户、复式记账、填制和审核凭证、登记账簿、成本计算、财产清查、编制会计报表等内容。

1. 设置账户

设置账户是指对会计对象具体内容进行分类核算的专门方法。要对复杂多样的会计对象的具体内容核算与监督，就必须首先对会计对象所包括的具体内容进行科学的分类，按照会计要素的变动情况和结果设置一定的账户，以便取得各种不同性质的核算指标。

2. 复式记账

复式记账是指对每一项经济业务都必须在两个或两个以上相关联

的账户，按照相等的金额，同时进行双重记录的专门方法。为了清晰地反映每一笔经济业务的来龙去脉，需要通过复式记账来达到账户记录的正确性。复式记账不仅能够全面地再现相关账户之间的对应关系，而且也便于对各项经济活动进行监督。

3. 填制和审核凭证

填制和审核凭证是指对经济业务的合法合理性和会计记录的正确完整性进行审查所采用的专门方法。会计凭证是登记账簿的基本依据，发生经济业务所取得的外来凭证和填制的内部凭证只有经过会计部门和会计人员的严格审核，在正确无误的前提下才能作为记账的依据。填制和审核会计凭证，是经济业务核算真实性、正确性、合法性和合理性的重要保证。

4. 登记账簿

登记账簿是指根据审核无误的会计凭证，通过复式记账将经济业务按其发生的先后次序，及时地记入有关账簿中去的专门方法。通过登记账簿能够将分散的经济业务进行必要的汇总和整理，从而为经济管理编制会计报表提供系统完整的会计数据资料。

5. 成本计算

成本计算是指按照一定的对象和管理的要求归集和分配生产经营过程各个阶段所发生的费用，计算并确定该对象总成本和单位成本的专门方法。通过正确的成本计算不仅能够综合地反映企业的生产经营成果，而且有利于全面掌握和控制经营过程各阶段的费用支出，促进企业加强核算，寻求降低和节约成本的途径，不断提供经济效益。

6. 财产清查

财产清查是指通过盘点实物，核对账目，保持财产物资账实相符的专门方法。通过财产清查能够保护国家和法人财产的安全完整、促使企业改进管理方法，挖掘财产物资的潜力，加速资金的周转速度，提高资金的使用效益。

7. 编制会计报表

编制会计报表是指以书面报告的形式，对日常会计核算的资料定期进行总结，总括地反映企业或单位在一个特定时点或时期财务状况和经营成果的专门方法。会计报表所提供的会计资料是编制该会计报表的企业或单位经济活动中最重要的财务信息，是分析考核本期和编制下期财务计划和预算执行情况的基本依据，也是进行投资和经营者进行决策的必要参考资料。

上述会计方法构成了会计核算完整的方法体系。当经济业务发生后，有关当事人员首先要填制或取得会计凭证；然后经过会计人员审核整理后按照预先设置的账户，运用复式记账的规则编制记账凭证，据以登记账簿；对生产经营过程中发生的各种费用进行归集，计算出成本；通过财产清查进行账实核对，在保证账实相符的基础上最后编制会计报表。

二、财务报表

1. 资产负债表

资产负债表是总括反映单位在某一特定日期资产、负债和所有者权益及其构成情况的会计报表。该报表分为基本内容和补充资料两部分，其格式有账户式和报告式。

2. 损益表

（1）损益表的类型和特点　损益表是反映企业一定期间生产经营成果及其分配情况的会计报表。损益表把一定期间的营业收入与其同一会计期间相关的营业费用进行配比，以计算出企业一定期间的净收益或者净亏损，是动态会计报表。通过损益表反映的收入、费用等情况，能够反映企业生产、经营的收益和成本费用情况，表明企业生产经营成果。同时，通过损益表提供的不同时期的比较数字，可以分析企业今后利润的发展趋势及获利能力，了解投资人投入资本的完整性。该表分为两个部分，一部分反映企业的收入与费用，说明在会计期间企业利润或亏损的数额，据此可分析企业的经济效益及盈利能力，另一部分反映企业财务成果的分配过程和结果。损益表的编制方法根据损益表的格式，大体可以分为一步式损益表和多步式损益表两种。

一步式损益表和多步式损益表按不同的方法编制而成，它们基于不同的理由，各有优缺点。一步式损益表比较简明，而且，由于这种格式对一切收入和费用、支出一视同仁，不分彼此和先后，可避免使人误认为收入与费用的配比有先后顺序。其缺点是一些有意义的中间性信息，如销售毛利、营业利润、利润总额等均未直接反映，不利于不同企业或同一企业不同时期相应项目的比较。多步式损益表对收入与费用、支出项目加以归类，列出一些中间性的利润指标，分步反映本期净利的计算过程，可提供比一步式损益表更丰富的信息，而且有助于不同企业或同一企业不同时期相应项目的比较分析。但多步式损益表较难理解，而且容易使人产生收入与费用的配比有先后顺序的误解，对收入、费用、支出项目的归类、分步难免带有主观性。

（2）一步式损益表的编制　在一步式损益表中，首先要将企业一定期间内的所有收入及所有费用、支出分别汇总，两者相减而得出本期净利润或所得税后利润。

（3）多步式损益表的编制　多步式损益表将损益表的内容作多项分类，从销售总额开始，多步式损益表分以下几步展示企业的经营成果及其影响因素。

第一步，反映销售净额，即销售总额减销货退回与折让，以及销售税金后的余额。

第二步，反映销售毛利，即销售净额减销售成本后的余额。

第三步，反映销售利润，即销售毛利减销售费用、管理费用、财务费用等期间费用后的余额。

第四步，反映营业利润，即销售利润减其他业务利润后的余额。

第五步，反映利润总额，即营业利润加（减）投资净收益，营业外收支，会计方法变更对前期损益的累积影响等项目后的余额。

第六步，反映所得税后利润，即利润总额减应计所得税（支出）后的余额。

3. 现金流量表

现金流量表是以现金为基础编制的财务状况变动表。现金流量表以现金的流入和流出反映企业在一定期间内的经营活动、投资活动和筹资活动的动态情况，反映企业现金流入和流出的全貌，表明企业获得现金和现金等价物（除特别说明外，以下所称的现金均包括现金等价物）的能力。

4. 流动比率

流动比率可以反映公司的短期偿债能力，计算公式如下：流动比率＝流动资产÷流动负债。流动比率代表企业以流动资产偿还流动负债的综合能力。流动比率越低，则意味着企业短期偿债能力不强，但如果比率过高，说明企业可能不善举债经营，经营者过于保守，将导致企业短期资金的利用效率较差。

速动比率代表企业以速动资产偿还流动负债的综合能力。速动比率通常以（流动资产－存货）÷流动负债表示。速动资产是指从流动资产中扣除变现速度最慢的存货等资产后，可以直接用于偿还流动负债的那部分流动资产。

5. 资产负债率

资产负债率是一项衡量公司利用债权人资金进行经营活动能力的指标，也反映债权人发放贷款的安全程度。计算公式为：资产负债率＝负债总额/资产总额×100％。这个比率对于债权人来说越低越好。因为公司的所有者（股东）一般只承担有限责任，而一旦公司破产清算时，资产变现所得很可能低于其账面价值。所以，如果此指标过高，债权人可能遭受损失。当资产负债率大于100％，表明公司已经资不抵债，对于债权人来说风险非常大。

三、经济效果评价

经济效果评价的基本理论是盈亏平衡分析原理。盈亏平衡分析的核心是寻找盈亏平衡点，即确定能使企业盈亏平衡的产量。在这个产量水平上，总收入等于总成本（图11-1）。

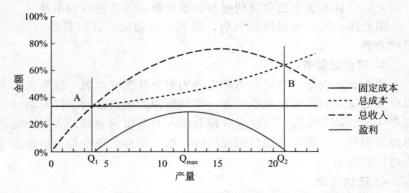

图 11-1　企业盈亏与产量关系图

图 11-1 中绘出了总收入曲线和总成本曲线，它们有两个交点 A 和 B。A 和 B 分别是下、上盈亏平衡点。A、B 及其对应的产量把企

业的盈亏随产量变化的过程划分为三个阶段，即亏损区、盈利区和亏损区。Q_1、Q_2 和 Qmax 将盈利区分为两部分，即随产量增加盈利上升区和随产量增加盈利下降区。

盈亏平衡点就是企业销售收入与总成本相等的一点，即图 11-1 的 A 和 B 两个点。在此点上利润为零，既不盈利也不亏损。这一点可以是产量，也可以是其他收支平衡点。这一点是盈利与亏损的转折点，高于 A 点低于 B 点盈利，低于 A 点高于 B 点则亏损。企业掌握盈亏平衡点，对管理决策是十分重要的。企业在生产经营活动过程中，必须使产量处于两个盈亏平衡点之间的产量范围内。只有这样，才能取得盈利，产量过小或过大，都会导致亏损。所以，企业既要注意防止"小企业病"，也要防止"大企业病"。生态肉牛规模化养殖企业，要经常对企业进行经济效果评价。

参 考 文 献

[1] 周广生.牛场兽医.北京:中国农业出版社,2004.

[2] 赵广永.反刍动物营养.北京:中国农业大学出版社,2012.

[3] 张忠诚,朱士恩.牛繁殖实用新技术.北京:中国农业出版社,2003.

[4] 张志新,王志富.架子牛育肥技术.北京:科学技术文献出版社,2010.

[5] 昝林森.牛生产学.北京:中国农业出版社,2007.

[6] 杨效民.种草养牛技术手册.北京:金盾出版社,2011.

[7] 吴秋珏,王建平,徐廷生等.豫西地区几种野生牧草营养成分的分析.饲料与畜牧,2007,8:41-42.

[8] 魏建英,方占山.肉牛高效饲养管理技术.北京:中国农业出版社,2005.

[9] 王振来,钟艳玲,李晓东.肉牛育肥技术指南.北京:中国农业大学出版社,2004.

[10] 王建平,刘宁.白地霉饲料的生产技术及利用方法.黑龙江畜牧兽医,1997,(012):18-19.

[11] 王建平.紫花苜蓿栽培管理中的关键技术.河南畜牧兽医,2003,24(009):37-37.

[12] 王建平.架子牛快速育肥的关键技术.畜禽业,2001,(02):43-43.

[13] 王建平.不同年龄牛的育肥方法.农村养殖技术,1999,12:4-5.

[14] 王建平,徐廷生,刘宁等.架子牛快速育肥技术要点.黄牛杂志,2001,27(2):60-62.

[15] 王建平,王加启,李发弟.脂肪对奶牛采食量及瘤胃消化的影响.中国畜牧兽医,2009,(004):129-133.

[16] 王建平,王加启,卜登攀等.脂肪的生理功能及作用机制.中国畜牧兽医,2009,(002):42-45.

[17] 王建平,梁儒刚,段军.犊牛哺喂初乳技术.河南畜牧兽医,2003,24(001):21-22.

[18] 王加启.肉牛高效饲养技术.北京:金盾出版社,1997.

[19] 王根林.养牛学.北京:中国农业出版社,2006.

[20] 田如金.实用肉牛饲养新技术.郑州:中原农民出版社,1996.

[21] 全国畜牧总站.肉牛标准化养殖技术图册.北京:中国农业科学技术出版社,2012.

[22] 邱怀.中国牛品种志.上海:上海科学技术出版社,1988.

[23] 秦志锐,蒋洪茂,向华.科学养牛指南.北京:金盾出版社,2011.

[24] 莫放.养牛生产学.北京:中国农业大学出版社,2010.

[25] 梅俊.现代肉牛养殖综合技术.北京:化学工业出版社,2010.

[26] 刘兆阳,李元晓,王建平等.康奈尔净糖类－蛋白质体系研究进展.饲料研究,2013,(3):23-24.

[27] 廖新俤,陈玉林.家畜生态学.北京:中国农业出版社,2009.

[28] 梁祖铎.饲料生产学.北京:中国农业出版社,2002.

[29] 李延云．农作物秸秆饲料加工技术．北京：中国轻工业出版社，2005.

[30] 康玉凡，王建平，甘洪涛等．洛阳市饲料青贮质量的调查报告．洛阳农业高等专科学校学报，2000，20（1）：24-26.

[31] 蒋高明．生态农场纪实．北京：中国科学技术出版社，2013.

[32] 霍小凯，李喜艳，王加启等．不同加工方式玉米的干物质和淀粉瘤胃降解率及过瘤胃淀粉含量的测定．中国奶牛，2009，（7）：11-15.

[33] 黄应祥．肉牛无公害综合饲养技术．北京：中国农业大学出版社，2004.

[34] 郭同军，王加启，卜登攀等．维基尼亚霉素对肉牛瘤胃乳酸杆菌数量和 L-乳酸浓度的影响．中国奶牛，2009，（5）：4.

[35] 冯仰廉．肉牛营养需要与饲养标准．中华人民共和国农业行业标准，NY/T814—2004.

[36] 刁其玉．科学自配牛饲料．北京：化学工业出版社，2010.

[37] 陈幼春，吴克谦．实用养牛大全．北京：中国农业出版社，2007.

[38] 陈幼春．现代肉牛生产．北京：中国农业出版社，1999.

[39] 曹宁贤．肉牛饲料与饲养新技术．北京：中国农业科学技术出版社，2008.

[40] Theodorou M K，France J. Feeding Systems and Feed Evaluation Models. New York：CABI Publishing，1999.

[41] Stephen Damron W. Introduction to Animal Science. Upper Saddle River：Prentice Hall，2000.

[42] Sejrsen K，Hvelplund T，Nielsen M O. Ruminant Physiology. Wageningen：Wageningen Academic Publishers，2006.

[43] Richard O Kellems，Church D C. Livestock Feeds and Feeding (5th ed). Pearson EducationInc，2002.

[44] Nationa Research Council. Nutrient requirements of beef cattle (7th ed). National Academy of Sciences，1996.

[45] Harinder P S M，Christopher S M. Methods in Gut Microbial Ecology for Ruminants. Wageningen：Springer，2005.

[46] Guo T J，J Q Wang，D P Bu，et al. Evaluation of the microbial population in ruminal fluid using real time PCR in steers treated with virginiamycin. Czech Journal of Animal Science-UZEI，2010，55 (7)：276-285.

[47] Ensminger M E. Animal Science. Danville：Interstate Publishers，1991.

[48] Dan U，David R M，Nancy T. Forage Analyses Procedures. Omaha：National Forage Testing Association，1993.

化学工业出版社同类优秀图书推荐目录

书号	书名	定价(元)
19122	无公害畜禽产品安全生产技术丛书——无公害牛奶安全生产技术	35
18926	如何提高畜禽养殖效益——如何提高奶牛场养殖效益	36
18339	无公害畜禽产品安全生产技术丛书——无公害牛肉安全生产技术	25
18055	农作物秸秆养牛手册	25
15944	标准化规模肉牛养殖技术	38
15925	规模化养殖场兽医手册系列——规模化养牛场兽医手册	35
15713	如何提高畜禽场养殖效益——如何提高肉牛场养殖效益	29.8
13966	畜禽安全高效生产技术丛书——肉牛安全高效生产技术	25
14103	优质牛奶安全生产技术	28
13599	畜禽养殖科学安全用药指南丛书——养牛科学安全用药指南	26
12978	奶牛场饲养管理与疾病防控最新实用技术	22
12781	畜禽疾病速诊快治技术丛书——牛羊病速诊快治技术	18
10687	家庭养殖致富丛书——家庭高效肉牛生产技术	19.9
10488	牛肉食品加工	28
09431	架子牛快速育肥生产技术	16
08818	科学自配畜禽饲料丛书——科学自配牛饲料	18
08355	畜禽高效健康养殖关键技术丛书——肉牛高效健康养殖关键技术	20
07535	畜禽高效健康养殖关键技术丛书——奶牛高效健康养殖关键技术	26
04679	新编畜禽饲料配方600例丛书——新编肉牛饲料配方600例	19.8
04553	新编畜禽养殖场疾病控制技术丛书——新编牛场疾病控制技术	28
04230	简明畜禽疾病诊断与防治图谱丛书——简明牛病诊断与防治原色图谱	27
04174	新编畜禽饲料配方600例丛书——新编奶牛饲料配方600例	19
01958	农村书屋系列——牛病防治问答	13

邮购地址：北京市东城区青年湖南街13号化学工业出版社（100011）

服务电话：010-64518888/8800（销售中心）

如要出版新著，请与编辑联系。联系电话：010-64519829，E-mail：qiyanp@126.com。

如需更多图书信息，请登录 www.cip.com.cn。